rapid biological inventories : 12

Perú: Ampiyacu, Apayacu, Yaguas, Medio Putumayo

Nigel Pitman, Richard Chase Smith, Corine Vriesendorp, Debra Moskovits, Renzo Piana, Guillermo Knell y/and Tyana Wachter, editores/editors

ABRIL/APRIL 2004

Instituciones y Comunidades Participantes/ Participating Institutions and Communities

The Field Museum

Comunidades Nativas de los ríos Ampiyacu, Apayacu y Medio Putumayo/Indigenous Communities of the Ampiyacu, Apayacu and Medio Putumayo rivers

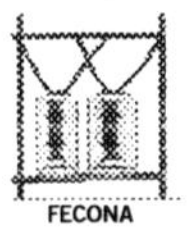

Instituto del Bien Común

Servicio Holandés de Cooperación al Desarrollo/ SNV Netherlands Development Organization

---

Centro de Conservación, Investigación y Manejo de Áreas Naturales (CIMA-Cordillera Azul)

Museo de Historia Natural de la Universidad Nacional Mayor de San Marcos

LOS INVENTARIOS BIOLÓGICOS RÁPIDOS SON PUBLICADOS POR / RAPID BIOLOGICAL INVENTORIES REPORTS ARE PUBLISHED BY:

THE FIELD MUSEUM
Environmental and Conservation Programs
1400 South Lake Shore Drive
Chicago, Illinois 60605-2496 USA
T 312.665.7430, F 312.665.7433
www.fieldmuseum.org

Editores/Editors: Nigel Pitman, Richard Chase Smith, Corine Vriesendorp, Debra Moskovits, Renzo Piana, Guillermo Knell, Tyana Wachter

Diseño/Design: Costello Communications, Chicago

Mapas: Richard Smith, Renzo Piana, Ermeto Tuesta, Mario Pariona, Willy Llactayo, Nigel Pitman, Sergio Rabiela

Fotografía de la portada/Cover photo: Alvaro del Campo

Traducciones/Translations: Patricia Álvarez, Nigel Pitman, Corine Vriesendorp, Tatiana Pequeño, Guillermo Knell, Tyana Wachter, Debra Moskovits

El Field Museum es una institución sin fines de lucro exenta de impuestos federales bajo la sección 501 (c) (3) del Código Fiscal Interno./ The Field Museum is a non-profit organization exempt from federal income tax under section 501 (c) (3) of the Internal Revenue Code.
ISBN number 0-914868-66-7

Esta publicación ha sido financiada en parte por Gordon and Betty Moore Foundation./This publication has been funded in part by the Gordon and Betty Moore Foundation.

Cita Sugerida/Suggested Citation: Pitman, N., R. C. Smith, C. Vriesendorp, D. Moskovits, R. Piana, G. Knell & T. Wachter (eds.). 2004. Perú: Ampiyacu, Apayacu, Yaguas, Medio Putumayo. Rapid Biological Inventories Report 12. Chicago, Illinois: The Field Museum.

Créditos Fotográficos/Photography credits:

Carátula/Cover: Un padre Bora con sus hijos atienden un taller en Boras de Brillo Nuevo. Foto de Alvaro del Campo./A Bora father and his children attend a workshop in Boras de Brillo Nuevo. Photo by Alvaro del Campo.

Carátula interior/Inner-cover: Bosque de tierra firme al norte del río Amazonas. Foto de Alvaro del Campo./Terra firme forest north of the Amazon. Photo by Alvaro del Campo.

Interior/Interior pages: Fig. 8A, F. P. Bennett, Jr.; Figs. 1, 2A-C, 3A, 4A-C, 4E, 6H, 7A-B, 7E-F, 8B, 8D, 9A-B, 10A, A. del Campo; Figs. 2E, 5A-B, 5E-H, R.B. Foster; Figs. 3B, 4D, J. Gitler; Figs. 6A-G, M. Hidalgo; Figs. 7C-D, G. Knell; Fig. 9C, O. Montenegro; Fig. 5C, N. Pitman; Figs. 8C, 8F, D. Stotz; Figs. 2D, 5D, 8E, 10B, C. Vriesendorp.

Impreso sobre papel reciclado./Printed on recycled paper.

CONTENIDO/CONTENTS

ESPAÑOL

ENGLISH

BILINGÜE / BILINGUAL

INTEGRANTES DEL EQUIPO

EQUIPO DE CAMPO

Margarita Benavides (*investigación/organización social*)
Instituto del Bien Común
Lima, Perú

Daniel Brinkmeier (*comunicaciones*)
Environmental and Conservation Programs
The Field Museum, Chicago, IL, USA

Álvaro del Campo (*logística de campo*)
Environmental and Conservation Programs
The Field Museum, Chicago, IL, USA

Hilary del Campo (*caracterización social*)
Center for Cultural Understanding and Change
The Field Museum, Chicago, IL, USA

Mario Escobedo Torres (*mamíferos*)
Universidad Nacional de la Amazonía Peruana
Iquitos, Perú

Robin B. Foster (*plantas*)
Environmental and Conservation Programs
The Field Museum, Chicago, IL, USA

Max H. Hidalgo (*peces*)
Museo de Historia Natural
Universidad Nacional Mayor de San Marcos
Lima, Perú

Dario Hurtado (*logística de vuelos*)
Policia Nacional del Perú

Guillermo Knell (*anfibios y reptiles, logística de campo*)
CIMA-Cordillera Azul
Lima, Perú

Ítalo Mesones (*plantas*)
Facultad de Ingeniería Forestal
Universidad Nacional de la Amazonía Peruana
Iquitos, Perú

Olga Montenegro (*mamíferos*)
Department of Wildlife Ecology and Conservation
University of Florida, Gainesville, FL, USA

Debra K. Moskovits (*coordinadora*)
Environmental and Conservation Programs
The Field Museum, Chicago, IL, USA

Robinson Olivera Espinoza (*peces*)
Museo de Historia Natural
Universidad Nacional Mayor de San Marcos
Lima, Perú

Mario Pariona (*caracterización social*)
Servicio Holandés de Cooperación al Desarrollo (SNV-Perú)
Iquitos, Perú

Tatiana Pequeño (*aves*)
Museo de Historia Natural
Universidad Nacional Mayor de San Marcos
Lima, Perú

Renzo Piana (*caracterización social*)
Instituto del Bien Común
Lima, Perú

Nigel Pitman (*plantas*)
Center for Tropical Conservation
Duke University, Durham, NC, USA

Marcos Ríos Paredes (*plantas*)
Universidad Nacional de la Amazonía Peruana
Iquitos, Perú

Lily O. Rodríguez (*anfibios y reptiles*)
CIMA-Cordillera Azul
Lima, Perú

Richard Chase Smith (*logística general/organización social*)
Instituto del Bien Común
Lima, Perú

Douglas F. Stotz (*aves*)
Environmental and Conservation Programs
The Field Museum, Chicago, IL, USA

Aldo Villanueva (*logística de campo*)
Universidad Ricardo Palma
Lima, Perú

Corine Vriesendorp (*plantas*)
Environmental and Conservation Programs
The Field Museum, Chicago, IL, USA

COLABORADORES/COLLABORATORS

Instituto Nacional de Recursos Naturales (INRENA)
Lima, Perú

Herbario Amazonense (AMAZ)
Universidad Nacional de la Amazonía Peruana
Iquitos, Perú

Rik Overmars
Servicio Holandés de Cooperación al Desarrollo (SNV-Perú)
Iquitos, Perú

Ermeto Tuesta
Instituto del Bien Común
Lima, Perú

PERFILES INSTITUCIONALES

The Field Museum

El Field Museum es una institución de educación y de investigación, basada en colecciones de historia natural, que se dedica a la diversidad natural y cultural. Combinando las diferentes especialidades de Antropología, Botánica, Geología, Zoología y Biología de Conservación, los científicos del museo investigan asuntos relacionados a evolución, biología del medio ambiente y antropología cultural. El Programa de Conservación y Medio Ambiente (ECP) es la rama del museo dedicada a convertir la ciencia en acción que crea y apoya una conservación duradera. ECP colabora con el Centro de Entendimiento y Cambio Cultural en el museo para involucrar a los residentes locales en esfuerzos de protección a largo plazo de las tierras en que dependen. Con la acelerada pérdida de la diversidad biológica en todo el mundo, la misión de ECP es dirigir los recursos del museo—conocimientos científicos, colecciones mundiales, programas educativos innovativos—hacia las necesidades inmediatas de conservación a nivel local, regional, e internacional.

The Field Museum
1400 S. Lake Shore Drive
Chicago, Illinois 60605-2496
Estados Unidos
312.922.9410 tel
www.fieldmuseum.org

Comunidades Nativas de los ríos Ampiyacu, Apayacu, Yaguas y Medio Putumayo

Veintiocho comunidades indígenas viven a lo largo de los linderos de la Zona Reservada propuesta. Estas comunidades pertenecen a las etnias Yagua, Huitoto, Bora, Quichua, Cocama, Ocaina, Mayjuna, Resígaro y Ticuna. La mayoría de estas culturas han vivido en la zona por varias generaciones; otras llegaron en el siglo XIX como esclavos de la industria del caucho. En las décadas de los ochenta y noventa, las comunidades se agruparon en tres federaciones para defender sus derechos y territorios. La Federación de Comunidades Nativas del Ampiyacu (FECONA) representa varias comunidades en la cuenca del Ampiyacu. La Federación de Pueblos Yagua de los Ríos Orosa y Apayacu (FEPYROA) representa comunidades en los ríos Apayacu, Napo y Orosa. La Federación de Comunidades Nativas Fronterizas del Putumayo (FECONAFROPU) representa varias comunidades en los ríos Putumayo y Algodón. Las tres federaciones pertenecen a la organización regional indígena ORAI: la Organización Regional AIDESEP Iquitos.

Organización Regional AIDESEP Iquitos
Avenida del Ejército 1718
Iquitos, Perú
51.65.808.124 tel
orai@amauta.rcp.net.pe

Instituto del Bien Común

El Instituto del Bien Común es una asociación civil peruana sin fines de lucro, cuya preocupación central es la gestión óptima de los bienes comunes. De ella depende nuestro bienestar común para hoy y para el futuro como pueblo y como país. De ella también depende el bienestar de la numerosa población que habita las zonas rurales, boscosas y litorales, así como la salud y continuidad de la oferta ambiental de los diversos ecosistemas que nos sustentan. De ella depende, finalmente, la viabilidad y calidad de la vida urbana de todos los sectores sociales. En la actualidad, el Instituto está realizando tres iniciativas dirigidas hacia la gestión óptima de los bienes comunes: el Proyecto Pro Pachitea enfocado en la gestión local del agua y los peces; el Proyecto Mapeo de Comunidades Nativas, enfocado en la defensa de los territorios indígenas; y el proyecto con las comunidades y organizaciones del Ampiyacu, Apayacu y Putumayo para el manejo sostenible de los territorios colindantes a sus comunidades nativas a través de la creación de una Zona Reservada y su categorización. El IBC ha concluido el proyecto ACRI enfocado en el estudio del manejo comunitario de recursos naturales, el cual tuvo como resultado varias publicaciones que están a disposición del público.

Instituto del Bien Común
Avenida Petit Thouars 4377
Miraflores, Lima 18, Perú
51.1.421.7579 tel
51.1.440.0006 tel
51.1.440.6688 fax

www.biencomun-peru.org

Servicio Holandés de Cooperación para el Desarrollo (SNV-Perú)

SNV es una organización holandesa dedicada a apoyar el desarrollo, mejorar la gobernabilidad y reducir la pobreza en los países en vías de desarrollo. Mediante su asesoría, expertos internacionales comparten conocimientos, habilidades y experiencias con las instituciones locales dedicadas al desarrollo en 28 países de Asia, África, Europa y América Latina. En el Perú, el SNV inició actividades hace 36 años, brindando apoyo en el desarrollo económico, la gestión local y el manejo y uso sostenible de recursos naturales, y promoviendo la equidad intercultural, de género, y de medio ambiente. Para obtener resultados sostenibles a largo plazo, SNV trabaja también para reforzar las capacidades de proveedores locales de servicios de desarrollo de capacidades. Esta estrategia busca facilitar cambios en las organizaciones y en los distintos países, reducir desbalances estructurales de poder, y contribuir estructuralmente con la reducción de la pobreza.

Servicio Holandés de Cooperación al Desarrollo
Oficina Programa Amazonía
Calle Morona 147, Ap. 298
Iquitos, Perú
51.65.231.374 tel
51.65.243.078 tel
www.snv.org.pe
www.snvworld.org

PERFILES INSTITUCIONALES

Centro de Conservación, Investigación y Manejo de Áreas Naturales (CIMA-Cordillera Azul)

CIMA-Cordillera Azul es una organización peruana privada, sin fines de lucro, cuya misión es trabajar en favor de la conservación de la diversidad biológica, conduciendo el manejo de áreas naturales protegidas, promoviendo alternativas económicas compatibles con el ambiente, realizando y difundiendo investigaciones científicas y sociales, promoviendo las alianzas estratégicas y creando las capacidades necesarias para la participación privada y local en el manejo de las áreas naturales, y asegurando el financiamiento de las áreas bajo manejo directo.

CIMA-Cordillera Azul
San Fernando 537
Miraflores, Lima, Perú
51.1.444.3441, 242.7458 tel
51.1.445.4616 fax
www.cima-cordilleraazul.org

Museo de Historia Natural de la Universidad Nacional Mayor de San Marcos

El Museo de Historia Natural, fundado en 1918, es la fuente principal de información sobre la flora y fauna del Perú. Su sala de exposiciones permanentes es visitada por cerca de 50.000 escolares al año, mientras sus colecciones científicas—de aproximadamente un millón y medio de especímenes de plantas, aves, mamíferos, peces, anfibios, reptiles, así como de fósiles y minerales—sirven como una base de referencia para cientos de tesistas e investigadores peruanos y extranjeros. La misión del museo es ser un núcleo de conservación, educación e investigación de la biodiversidad peruana, y difundir el mensaje, a nivel nacional e internacional, de que el Perú es uno de los países con mayor diversidad de la Tierra y que el progreso económico dependerá de la conservación y uso sostenible de su riqueza natural. El museo forma parte de la Universidad Nacional Mayor de San Marcos, la cual fue fundada en 1551.

Museo de Historia Natural de la
Universidad Nacional Mayor de San Marcos
Avenida Arenales 1256
Lince, Lima 11 Perú
51.1.471.0117 tel
www.unmsm.edu.pe/hnatural.htm

AGRADECIMIENTOS

Estamos profundamente agradecidos a las comunidades indígenas de la región del Ampiyacu, Apayacu, Yaguas y Medio Putumayo, y a sus federaciones representativas, por invitarnos a realizar un inventario de sus bosques. Este proyecto seguiría estando aún en su fase conceptual de no haber sido por el generoso y constante apoyo que recibimos por parte de las comunidades nativas durante nuestras primeras reuniones de trabajo y sobrevuelos, en la construcción de campamentos al interior de remotos parajes, y en los inventarios mismos. Estamos profundamente agradecidos a los dirigentes de las federaciones indígenas, especialmente a Benjamín Rodríguez Grandes de ORAI, Hernán López de FECONA, Manuel Ramírez de FEPYROA y Germán Boraño de FECONAFROPU, para los cuales este inventario representa un pequeño paso adelante en su arduo y continuo batallar por la conservación. Estamos también sinceramente agradecidos a Margarita Benavides y al personal del Instituto del Bien Común; y a Mario Pariona, Rik Overmars y al personal de las oficinas en Iquitos del SNV-Perú, cuyos numerosos años de experiencia en la región establecieron el marco inicial de nuestro inventario y quienes facilitaron ilimitados detalles logísticos. Gracias al previo trabajo en conjunto realizado en el área, muchas de las inquietudes de aspecto social, cultural y político, con respecto al área de conservación propuesta fueron respondidas mucho antes de empezado el inventario.

En las remotas áreas visitadas por el equipo biológico, las partidas de incursión previas facilitaron el establecimiento de nuestros campamentos bajo difíciles condiciones. Le debemos un inmenso agradecimiento a Alvaro del Campo por su coordinación y manejo de todas las actividades y por su extraordinaria capacidad de resolver los problemas que se suscitaron a lo largo del inventario. Una vez más Dario Hurtado hizo milagros en proveernos con un transporte aéreo impecable entre helipuertos rústicos de campo, cargando bultos imposibles, con helicópteros de Copters Perú y de la Policía Nacional del Perú. Agradecemos también sinceramente a los pilotos y equipo de Copters Perú y de la PNP, y a Richard Alex Bracy de North American Float Planes en Iquitos y la Fuerza Aérea Peruana por su ayuda en los sobrevuelos previos al inventario.

Las comunidades nativas hicieron casi todo el trabajo de preparación para los campamentos. El campamento Yaguas fue construído por Walter Vega Quevare*, Melitón "Coronel" Díaz Vega*, Robinson Rivera Flores, Rigoberto Salas Peña, Haaker Mosquera Merino* y William Mosquera Merino de la comunidad de Pucaurquillo; Andrés Flores Tello, Cleber Panduro Ruiz, Elber Manuel Ruiz Sánchez y Linder Flores Arikari* de la comunidad de Brillo Nuevo, y Pedro Gonzales Guevara de Pebas, en coordinación con Alvaro del Campo. Los asteriscos indican a aquellos miembros de los equipos de avance que permanecieron en el campamento para ayudar al equipo biológico durante el inventario. Denis Mosquera Merino en Pucaurquillo prestó ayuda adicional al equipo de Yaguas durante la construcción del campamento.

El campamento Maronal fue construído por Hernán López Rodríguez*, Alfredo Meléndez López*, Aurelio Campos Chacayset*, Teobaldo Vásquez Pinedo, Carlos Vásquez Pinedo, Henderson Ruiz Imunda, Robert Panduro Mibeco, Víctor Ruiz Rodríguez, Jabán Nepire López, e Isaac Nepire Ejten, todos pobladores de Brillo Nuevo; Benavides Trigoso Peña, Jhonny Díaz Prado, Mauricio Rubio Ruiz, Pedro Mosquera Roque, y Guillermo Collantes Lligio* de Pucaurquillo; y Juan Carlos Silva Peña, Abelardo Cachique, Gregorio Tello Arirama de Ancon Colonia, en coordinación con Guillermo Knell.

El campamento Apayacu fue construído por Atilio Ruiz Barbosa*, Purificación Ruiz C.*, José Murayari C.*, Lindenber Gadea F.*, Manuel Ramírez López*, Emilio Ortiz S., Amancio Ruiz Barbosa, Orbe Noroña, Melchor Greffa F., Abraham Jaramillo C., y Reynaldo Greffa F., en coordinación con Aldo Villanueva.

En los tres campamentos, Eli Soria Vega y Hortensia Arirama Vega mantuvieron al equipo bien alimentado desde su impresionante cocina de campo, mientras que Alvaro del Campo, con el apoyo de Jennifer Eagleton y Rob McMillan en Chicago, se aseguraron de que la complicada logística funcionara sin tropiezos.

En el Herbario de Iquitos, estamos especialmente agradecidos a Mery Nancy Arévalo García y a Manuel Flores por su apoyo incondicional a nuestros proyectos. También agradecemos a Walter Ruiz Mesones, Ricardo Zarate, y Hilter Yumbato por el transporte y secado de las plantas. El equipo botánico también agradece a Jaana Vormisto y a Sanna-Kaisa Juvonen por proporcionarnos valiosas fuentes bibliográficas.

El equipo ornitológico recibió valiosas contribuciones de Tom Schulenberg para realizar el reporte de aves. El equipo ictiológico le agradece a Hernán Ortega por sus comentarios constructivos del manuscrito y por proveer de datos provenientes de la evaluación realizada en el Putumayo para propósitos de comparación. El equipo herpetológico agradece a Pekka Soini y a Jean Lescure por haber provisto el material bibliográfico del Museo de Historia Natural de Paris.

En Lima agradecemos a CIMA-Cordillera Azul por su ayuda en la coordinación de la expedición, especialmente a Jorge (Coqui) Aliaga. Tatiana Pequeño y Lily Rodríguez fueron de gran ayuda con las correcciones de la versión en español. Douglas Stotz y Olga Montenegro ayudaron tremendamente con las últimas leídas y correcciones. Jim Costello, como siempre, puso un esfuerzo extraordinario en este informe. Nuestro trabajo ha sido beneficiado enormemente gracias al apoyo constante de John W. McCarter, Jr., y en lo financiero a Gordon y Betty Moore Foundation.

La meta de los inventarios rápidos—biológicos y sociales—es catalizar acciones efectivas para la conservación en regiones amenazadas, las cuales tienen una alta riqueza y singularidad biológica.

Metodología

En los inventarios biológicos rápidos, el equipo científico se concentra principalmente en los grupos de organismos que sirven como buenos indicadores del tipo y condición de hábitat, y que pueden ser inventariados rápidamente y con precisión. Estos inventarios no buscan producir una lista completa de los organismos presentes. Más bien, usan un método integrado y rápido (1) para identificar comunidades biológicas importantes en el sitio o región de interés y (2) para determinar si estas comunidades son de excepcional y de alta prioridad a nivel regional o mundial.

En los inventarios rápidos de recursos y fortalezas culturales y sociales, científicos y comunidades trabajan juntos para identificar el patrón de organización social y las oportunidades de colaboración y capacitación. Los equipos usan observaciones de los participantes y entrevistas semi-estructuradas para evaluar rápidamente las fortalezas de las comunidades locales que servirán de punto de inicio para programas extensos de conservación.

Los científicos locales son clave para el equipo de campo. La experiencia de estos expertos es particularmente crítica para entender las áreas donde previamente ha habido poca o ninguna exploración científica. A partir del inventario, la investigación y protección de las comunidades naturales y el compromiso de las organizaciones y las fortalezas sociales ya existentes, dependen de las iniciativas de los científicos y conservacionistas locales.

Una vez completado el inventario rápido (por lo general en un mes), los equipos transmiten la información recopilada a las autoridades locales y nacionales, responsables de las decisiones, quienes pueden fijar las prioridades y los lineamientos para las acciones de conservación en el país anfitrión.

RESUMEN EJECUTIVO

Fechas del trabajo de campo	3-21 de agosto 2003
Región	Selva baja en el noreste de la Amazonía peruana, entre los ríos Amazonas y Putumayo, tres grados al sur de la línea ecuatorial. En estas cabeceras las comunidades indígenas, con los resultados de este inventario, proponen la protección de 1,9 millones de ha de los bosques que bordean sus territorios. La parte sur del área se encuentra a menos de 50 km de la ciudad de Iquitos, pero la parte norte que limita con la frontera con Colombia, es uno de los territorios más inaccesibles del Perú.
Sitios muestreados	Evaluamos tres lugares en el corazón de la Zona Reservada propuesta: las cabeceras altas del río Yaguas, las cabeceras del río Ampiyacu y las cabeceras del río Apayacu (Figura 2). El río Yaguas corre por un inmenso valle, casi despoblado, con asentamientos de colonos e indígenas ubicados sólo en la boca del río (Figura 3). El lugar que visitamos era bosque antiguo en la planicie inundable del río. El paisaje en los otros dos lugares estaba dominado por bosque relativamente homogéneo en colinas bajas, en su mayoría con una altitud menor a 200 m, y drenadas por pequeños arroyos y parches de bosque pantanoso. La Zona Reservada propuesta también incluye un tramo de 100 km del río Algodón, un ecosistema de aguas negras biológicamente distinto que sobrevolamos pero que no visitamos.
Organismos estudiados	Plantas vasculares, peces, reptiles y anfibios, aves, mamíferos grandes y murciélagos
Resultados principales	Las comunidades biológicas de la Zona Reservada propuesta se encuentran entre las más diversas del planeta, albergando hasta 1.500 especies de vertebrados y 3.500 especies de plantas. La diversidad animal y vegetal fue impresionanate en los tres lugares evaluados, pero consideramos el remoto e intocado valle del Yaguas como el de más alto valor para la conservación. **Plantas**: La diversidad de la flora que crece en estas colinas bajas es astronómica. Como en Yavarí, al sur del río Amazonas (Pitman et al. 2003), el equipo registró más de 1.500 especies de plantas en el campo y estimamos una flora regional de 2.500-3.500 especies. La diversidad de plantas leñosas a pequeña escala bien pudiera ser la más alta del planeta; uno de nuestros muestreos de 100 tallos tuvo 88 diferentes especies. Los bosques son florísticamente similares a aquellos en los alrededores de Yavarí e Iquitos, pero sin suelos de arena blanca. Sin embargo encontramos numerosas especies vegetales comunes, como *Clathrotropis macrocarpa* (Fabaceae), las cuales son taxones típicamente colombianos y que sólo llegan a alcanzar los rincones más septentrionales del territorio peruano y que no se encontraron al sur, en Yavarí.

Peces: En los arroyos de aguas negras y blancas, ríos y cochas de los tres lugares visitados el equipo registró 207 especies de peces. Estimamos que la ictiofauna de la reserva propuesta excede las 450 especies, más del 60% de todas las especies de peces de la Amazonía peruana. Quince de las especies colectadas probablemente son nuevas para el Perú y cinco son nuevas para la ciencia, incluyendo un pez eléctrico del género *Gymnotus* (Figura 6E). El nunca antes estudiado río Yaguas fue el lugar más diverso; la mitad de las especies que registramos allí no fueron colectadas en ningún otro lugar durante el inventario. En general, aproximadamente la mitad de las especies que encontramos en esta región del norte no ocurrían más al sur, en la región muestreada del Yavarí.

Reptiles y anfibios: El área de Iquitos es un epicentro mundial de la diversidad herpetológica, y se espera encontrar dentro de la Zona Reservada propuesta más de 300 especies de reptiles y anfibios. Se registraron 64 de las 115 especies estimadas de anfibios, incluyendo a una salamandra y un caecilido muy raro, probablemente nuevo para la ciencia, al igual que una rana arborícola *Osteocephalus*. Para los reptiles se encontraron 40 de las 194 especies, incluyendo 15 serpientes, 19 lagartijas, tres caimanes y tres tortugas.

Aves: El equipo ornitológico registró 362 especies de aves durante el inventario, de un estimado regional de 490 a 540 especies. Cinco de las especies registradas son restringidas a la Amazonía noroccidental. Además, otras 18 especies están presentes en el Perú sólo al norte del río Amazonas. Entre las especies que se espera encontrar en el río Putumayo está el ave de caza En Peligro Crítico *Crax globulosa.*

Mamíferos: Las comunidades de mamíferos en el río Yaguas no sufren presión de caza y siguen maravillosamente intactas. En Yaguas se encontró lo que tal vez sea la mayor densidad registrada de tapires de tierras bajas, avistándose 11 veces en menos de dos semanas, y grupos de huanganas (*Tayassu pecari*) con aproximadamente 500 individuos. Los otros dos lugares muestran los efectos de la caza ocasional realizada por las comunidades locales, pero aún así sostendrán una vida silvestre muy diversa bajo un programa de manejo sostenible. Estimamos que el número de mamíferos en la región es de por lo menos 119 especies, incluyendo al raro cánido *Atelocynus microtis*. En Perú, el primate *Saguinus nigricollis*, de rango restringido, sólo se encuentra en esta área, entre el Putumayo y Amazonas, y no se encuentra protegido dentro de ningún parque peruano.

RESUMEN EJECUTIVO

Comunidades humanas	La Zona Reservada propuesta limita al norte y al sur con 26 comunidades indígenas quienes tuvieron la iniciativa para la creación de un área protegida. Éstas incluyen las comunidades nativas de los Huitoto, Bora, Yagua, Ocaina, Quichua, Cocama y Mayjuna; otras dos comunidades Ticuna y Yagua se encuentran en la desembocadura del Yaguas. Estas comunidades tienen una población total de aproximadamente 3.000 personas y sus tierras tituladas suman más de 110.000 ha. Las federaciones indígenas que representan a estas comunidades han formado alianzas con la SNV Netherlands Development Organization, el Instituto del Bien Común, el Field Museum, CEDIA, y otras organizaciones para producir mapas detallados sobre el uso de los recursos naturales en el área y para promover la protección de sus tierras.
Amenazas principales	La mayoría de los bosques de la Zona Reservada propuesta están intactos, pero los localizados a lo largo de los ríos, con excepción del Yaguas, son visitados frecuentemente por cazadores, pescadores y madereros artesanales. No existen concesiones forestales propuestas que puedan originar conflictos con el área protegida propuesta. En 1999, el gobierno regional de Loreto consideró la propuesta de una empresa coreana para construir un complejo industrial de gran escala para la explotación forestal y minera en el área. En el norte de esta región, las remotas comunidades localizadas a lo largo de la frontera con Colombia sufren por el aislamiento, inestabilidad política y tráfico de drogas.
Estado actual	La propuesta de las comunidades indígenas del año 2001 para el establecimiento de una Reserva Comunal de 1,1 millones de hectáreas en sus territorios tradicionales no pudo ser aprobada por el Instituto Nacional de Recursos Naturales (INRENA), para quienes la protección de esta zona del Perú ha sido una prioridad nacional desde hace varios años, por falta de información biológica. Basándose en los resultados del inventario, la propuesta ha cambiado para incorporar la totalidad de la cuenca del río Yaguas, en vez de solamente sus cabeceras, incrementándose la Zona Reservada propuesta a 1,9 millones de hectáreas. El complejo de áreas propuesto para la conservación incluye Reservas Comunales y un Parque Nacional (ver abajo). La propuesta ha recibido comentarios favorables de INRENA.

RESUMEN EJECUTIVO

El plan para el futuro

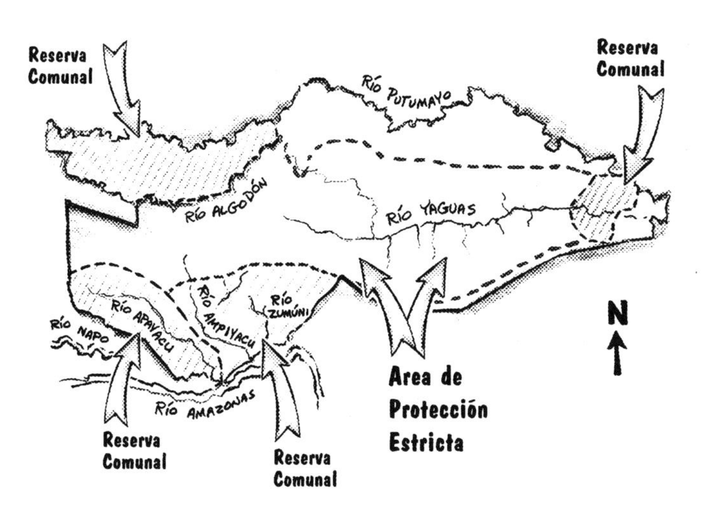

Principales recomendaciones para la protección y el manejo

01 *Establecer un área núcleo de protección estricta: el Parque Nacional Yaguas.* El parque nacional protegerá bosques intactos con el más alto valor de conservación del paisaje—cabeceras de los ríos Apayacu y Ampiyacu, una porción de los hábitats de las aguas negras a lo largo del río Algodón, y una pequeña porción inhabitada del río Yaguas.

02 *Establecer cuatro Reservas Comunales para ser manejadas por los residentes de las comunidades nativas (ver mapa y Figura 3).*

03 *Reajustar los límites de las comunidades nativas* para que reflejen el uso actual de sus bosques.

Beneficios de conservación a largo plazo

01 *Una nueva área de conservación de importancia global,* la cual protegerá los bosques amazónicos más diversos del mundo al norte del río Amazonas y atraerá fuentes de inversión a Loreto y al Perú, gracias a las actividades del ecoturismo y conservación.

02 *Preservación permanente de una fuente de peces y mamíferos de importancia económica,* vitales para la economía de Loreto.

03 *Protección de las cabeceras de cuatro ríos principales de Loreto.*

04 *Participación de las comunidades indígenas en el manejo de los recursos naturales de la región,* como tomadores de decisiones y beneficiarios de la protección a largo plazo y uso sostenible de la región del Ampiyacu, Apayacu, Yaguas y Medio Putumayo.

FIG.1 Una joven Yagua de Sabalillo, Apayacu/Young Yagua woman from Sabalillo, Apayacu

¿Por qué Ampiyacu, Apayacu, Yaguas y Medio Putumayo?

¿Y por qué un nombre tan complicado? Limitando por el norte y sur con tres grandes ríos—el Napo, Putumayo y Amazonas—y drenada por media docena de tributarios—el Apayacu, Ampiyacu, Yaguasyacu, Algodón y Yaguas—esta inmensa área selvática en el noreste peruano elude a una denominación concisa. Las nueve etnias indígenas que han ocupado estos bosques por numerosas generaciones tampoco tienen una respuesta fácil. Ellos concuerdan con un sólo nombre, considerado también como la base de su propuesta para crear aquí una nueva área protegida: le llaman *sachamama*, nombre del lugar sagrado en el remoto corazón de la región; de bosques inexplorados considerados tradicionalmente como un santuario para la flora y fauna y protegido por espíritus míticos.

Por un período de tres semanas en agosto del 2003, nuestro equipo biológico y social exploró estos bosques al lado de nuestros colegas indígenas de las comunidades aledañas. Un tapiz de colinas bajas ondulantes que se extiende hacia el horizonte, atravesado por arroyos y salpicado con pequeños aguajales, conforma un paisaje que alberga una de las comunidades biológicas más ricas del planeta. Sólo la diversidad de vertebrados probablemente alcanza las 1.500 especies, y muchas de ellas sólo ocurren al norte del río Amazonas. Los censos de mamíferos registraron la mayor densidad de tapires del planeta; los ictiólogos estimaron que un 40% de los peces de agua dulce del Perú viven en esta área; se estima la presencia de más de 500 especies de aves; y en un área de bosque similar a la de un campo de fútbol crecen más especies de árboles que todas las nativas de América del Norte.

Si los biólogos y los locales estamos de acuerdo sobre la naturaleza sagrada que hay en el corazón de este bosque, también concordamos en la necesidad de usar los productos forestales de los bosques aledaños, más cerca de las comunidades, de tal manera que se pueda beneficiar a la gente y a la vida silvestre a largo plazo. Para este fin, las comunidades han completado un mapa detallado del uso de los recursos en la región. El siguiente paso es designar un mosaico de uso de tierras en donde los bosques "sagrados" de protección estricta coexistan pacíficamente con los bosques de uso sostenible por y para la gente del área.

imagen compuesta de satélite destacamos los pueblos y ríos cercanos a los sitios del inventario biológico rapido. Adicionalmente, identificamos las 28 comunidades dentro y cercana a la Zona Reservada propuesta, e indicamos su afiliación a una de las tres federaciones indígenas en la región./ Immense stretches of upland forest on low, rolling hills dominate the Ampiyacu, Apayacu, Yaguas, and Medio Putumayo region, with swamp and floodplain forests patchily distributed across the landscape. In this composite satellite image we highlight the towns and major rivers close to the inventory sites. Additionally, we identify the 28 communities inside and near the proposed Reserved Zone, and indicate their affiliation with one of the three indigenous federations in the region.

FECONAFROPU: 1 Puerto Elvira, 2 Puerto Aurora, Costa Azul, 3 Mairidicai, 4 San Pablo de Totolla, 5 Nuevo Porvenir, 6 Nuevo Perú, 7 Puerto Milagro, 8 Esperanza, 9 La Florida, 10 Primavera, 11 Santa Rosa de Cauchillo

– Cuenca del Apayacu/Apayacu valley
FEPYROA: 1 Cuzco, 2 Sabalillo, 3 Yanayacu

– Cuenca del Ampiyacu/Ampiyacu valley
FECONA: 1 Nuevo Porvenir, 2 Tierra Firme, 3 Boras de Colonia, 4 Boras de Brillo Nuevo, 5 Nuevo Perú, 6 Puerto Isango, 7 Nueva Esperanza, 8 Estirón del Cuzco, 9 Huitotos de Estirón, 10 Huitotos de Pucaurquillo, 11 Boras de Pucaurquillo, 12 Betania, 13 Santa Lucia de Pro, 14 San José de Piri

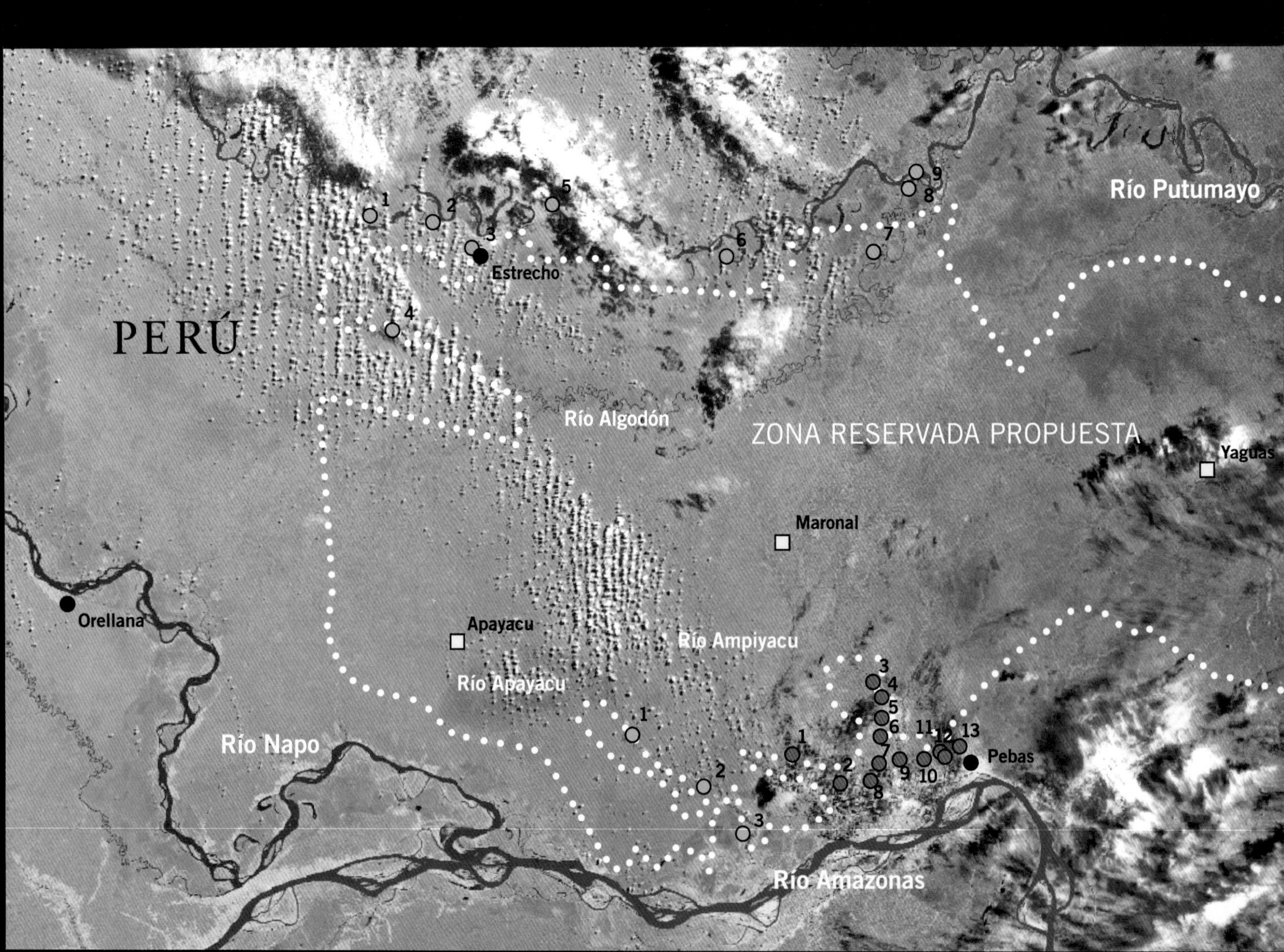

*fig.*2A La región del AAYMP protege las cabeceras de cinco ríos principales de Loreto. / The AAYMP region protects the headwaters of five major rivers in Loreto.

*fig.*2B Los hábitats acuáticos en la Zona Reservada propuesta se encuentran entre los más diversos a nivel mundial. / Aquatic habitats in the proposed Reserved Zone are some of the world's richest.

*fig.*2C Más del 80% del paisaje es bosque megadiverso de tierra firme. / More than 80% of the landscape is megadiverse terra firme forest.

*fig.*2D En lugar de formar extensiones grandes, los aguajales se encuentran en miles de pequeños parches a través del paisaje. / Instead of forming large blocks, palm swamps are scattered across the landscape in thousands of tiny patches.

*fig.*2E La hierba gigantesca *Phenakospermum guyannense* ha colonizado áreas grandes del bosque que han sido tumbadas por las tormentas de viento. / The giant herb *Phenakospermum guyannense* has colonized large patches of forest blown down by windstorms.

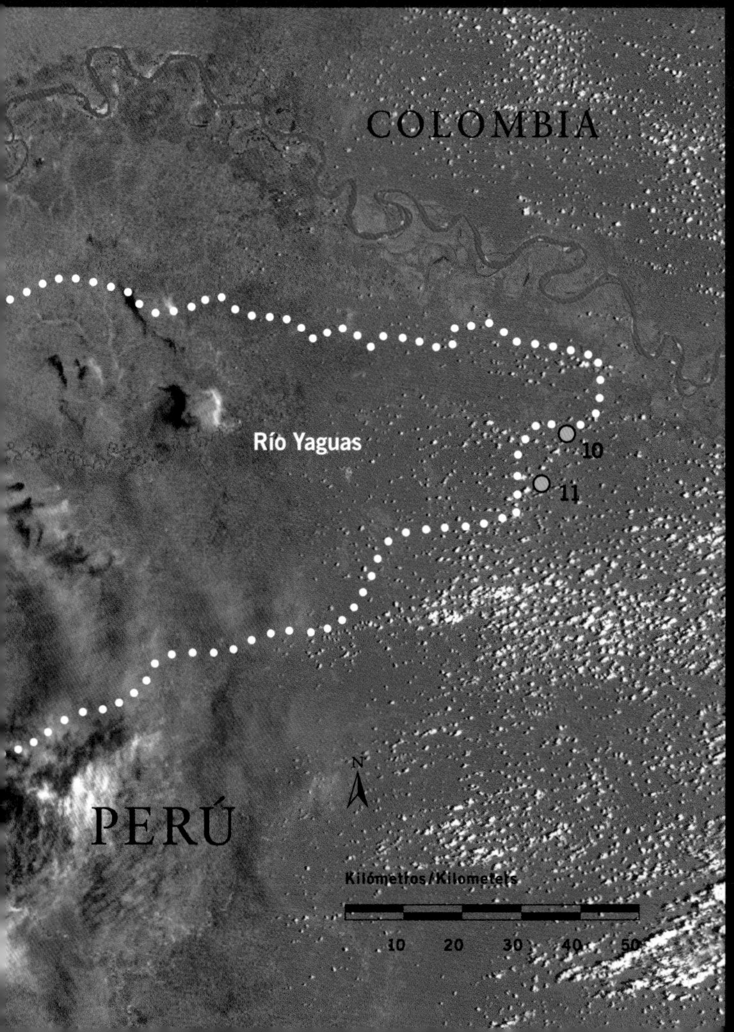

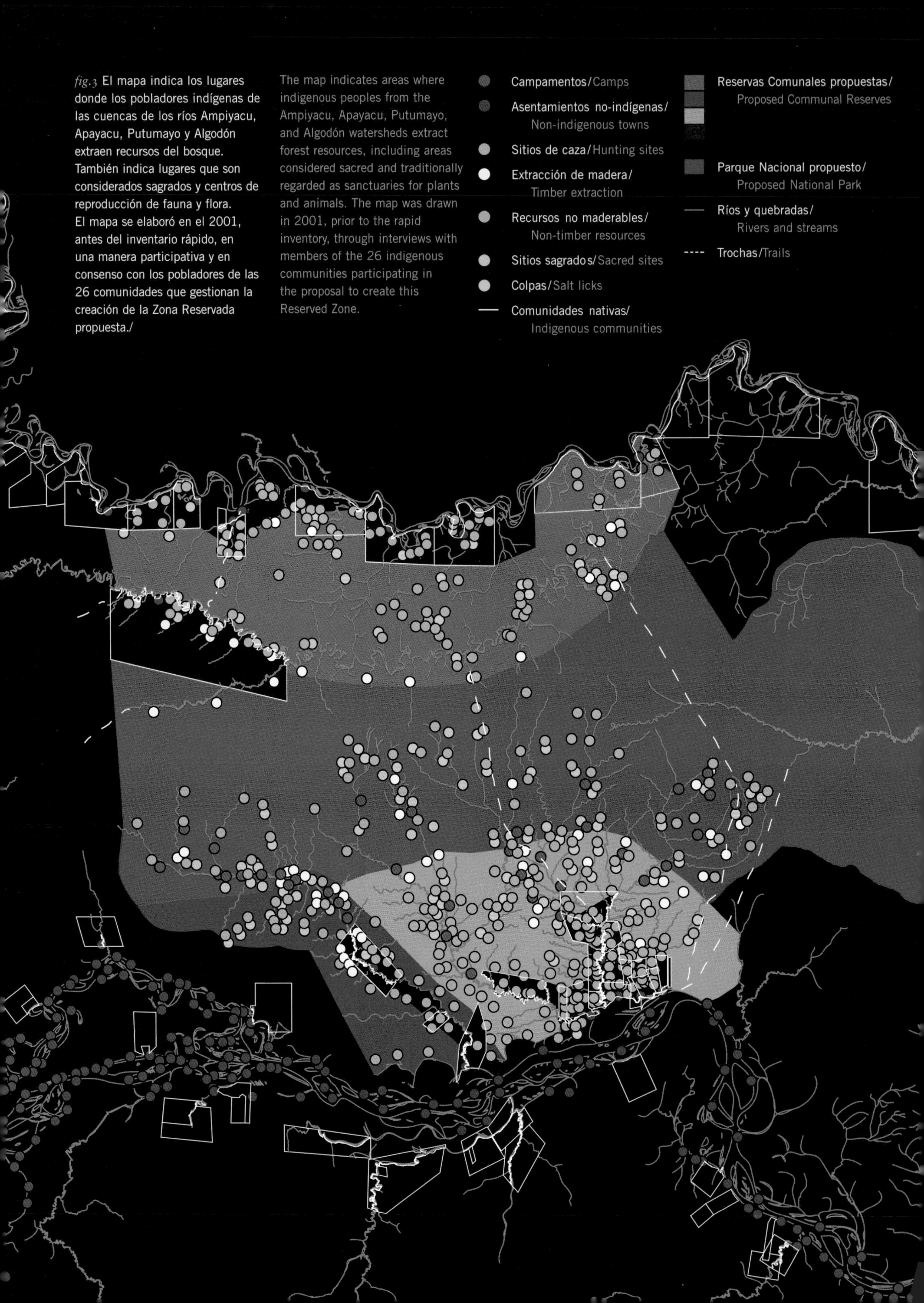

fig.3 El mapa indica los lugares donde los pobladores indígenas de las cuencas de los ríos Ampiyacu, Apayacu, Putumayo y Algodón extraen recursos del bosque. También indica lugares que son considerados sagrados y centros de reproducción de fauna y flora. El mapa se elaboró en el 2001, antes del inventario rápido, en una manera participativa y en consenso con los pobladores de las 26 comunidades que gestionan la creación de la Zona Reservada propuesta./

The map indicates areas where indigenous peoples from the Ampiyacu, Apayacu, Putumayo, and Algodón watersheds extract forest resources, including areas considered sacred and traditionally regarded as sanctuaries for plants and animals. The map was drawn in 2001, prior to the rapid inventory, through interviews with members of the 26 indigenous communities participating in the proposal to create this Reserved Zone.

La propuesta de creación de la Zona Reservada se inició en 26 comunidades indígenas pertenecientes a nueve pueblos diferentes. / The proposal to create a Reserved Zone initiated in 26 indigenous communities from nine different cultures.

*fig.*3A Una mujer Bora prepara el *casabe*, una comida tradicional, a base de la yuca. / A Bora woman prepares the traditional food *casabe*, made from manioc.

*fig.*3B Danza tradicional en Pucaurquillo, por miembros del pueblo Huitoto. / Huitoto men and women perform a traditional dance in Pucaurquillo.

4A

4B

4C

fig.4A La creación de una Zona Reservada permitirá la conservación de la biodiversidad para generaciones futuras. / Creation of a Reserved Zone will conserve the region's biodiversity for future generations.

fig.4B Las familias discuten la propuesta de creación de una Zona Reservada. / Families discuss the proposed Reserved Zone.

fig.4C La extracción de las fibras de la palmera *Astrocaryum chambira* es de gran importancia local. / Harvest of forest products, like these fibers from the *Astrocaryum chambira* palm, remains important for the local way of life.

fig.4D Las danzas tradicionales son mantenidas por las poblaciones indígenas locales. / Celebratory dances are a cultural tradition maintained by local indigenous people.

fig.4E En la cuenca del río Apayacu, los pobladores discuten la creación de la Zona Reservada. / In the Apayacu watershed, residents discuss the creation of the Reserved Zone.

fig.5A La caoba no es abundante en la región del AAYMP, pero especies como el tornillo (*Cedrelinga cateniformis*) atraen la actividad maderera a pequeña escala./Mahogany is not abundant in the AAYMP region, but other valuable timber trees like *Cedrelinga cateniformis* attract small-scale logging.

fig.5B Esta *Licania* es una de las ca. 3.500 especies de plantas presentes en estos bosques./This *Licania* is one of an estimated 3,500 plant species in these forests.

fig.5C El equipo botánico colectó 1.350 especímenes durante el inventario rápido./The botanical team made 1,350 plant collections during the rapid inventory.

fig.5D Observamos 17 especies de árboles—un número sorprendentemente alto—de la familia Clusiaceae./We recorded 17 species of trees—an unusually high number—in the Clusiaceae family.

fig.5E Este árbol que encontramos en el valle del río Yaguas, es una especie nueva para la ciencia—género *Lorostemon*./This tree from the Yaguas River valley is a new species in the genus *Lorostemon*.

fig.5F Esta hierba terrestre del género *Cyclanthus* es nueva para la ciencia./This understory herb in the genus *Cyclanthus* is new to science.

fig.5G La palmera grande *Oenocarpus bataua* es el árbol más común de estos bosques de tierra firme./The canopy palm *Oenocarpus bataua* is the most common tree in these upland forests.

fig.5H *Monophyllanthe araracuarensis*, una hierba terrestre común en estos bosques, es un registro nuevo para el Perú./Our records of the understory herb *Monophyllanthe araracuarensis*, common in these forests, are the first for Peru.

5E
5F
5G
5H

*fig.*6A ***Bunocephalus coracoideus*** **(sapo cunshi) vive en las partes tranquilas de quebradas de tierra firme.**/ *Bunocephalus coracoideus* (a banjo catfish) lives in calm waters in upland streams.

*fig.*6B ***Osteoglossum bicirrhosum*** **(arahuana), un pez de consumo importante, alcanza unos 1,5 m de largo.**/The important food fish *Osteoglossum bicirrhosum* (*arahuana*) reaches 1.5 m in length.

*fig.*6C **El depredador camuflado *Monocirrhus polyacanthus* (pez hoja) habita aguas tranquilas.**/ The well-disguised predator *Monocirrhus polyacanthus* (leaf-fish) inhabits calm waters.

*fig.*6D **Esta especie del género *Corydoras* (shirui) es una de muchas en la región con valor ornamental.**/This species in the genus *Corydoras* (*shirui*) is one of several in the region with ornamental value.

*fig.*6E **Este pez eléctrico del género *Gymnotus* registrado durante el inventario es posiblemente nuevo para la ciencia.**/ This electric fish in the genus *Gymnotus* recorded during the rapid inventory is likely new to science.

*fig.*6F **El pez lápiz (*Nannostomus* sp.) habita aguas tranquilas de quebradas y lagunas de agua negra.**/The pencil-fish (*Nannostomus* sp.) inhabits still waters in streams or blackwater lakes.

*fig.*6G **Este bello kere kere (*Tatia* sp.) podría ser manejado de manera sostenible para el uso ornamental.**/This striking naked catfish (*Tatia* sp.) could be sustainably harvested for ornamental trade.

*fig.*6H **Las comunidades indígenas locales dependen de los abundantes recursos pesqueros en esta región intacta de cabeceras.**/Local indigenous communities depend on the abundant fish stocks in this intact headwater region.

6A

tamaño ~ adulto/average adult length **= 8 cm**

6B

tamaño ~ adulto/average adult length **= 150 cm**

6C

tamaño ~ adulto/average adult length **= 7 cm**

6D

tamaño ~ adulto/average adult length **= 5 cm**

6E

tamaño ~ adulto/average adult length **= 8 cm**

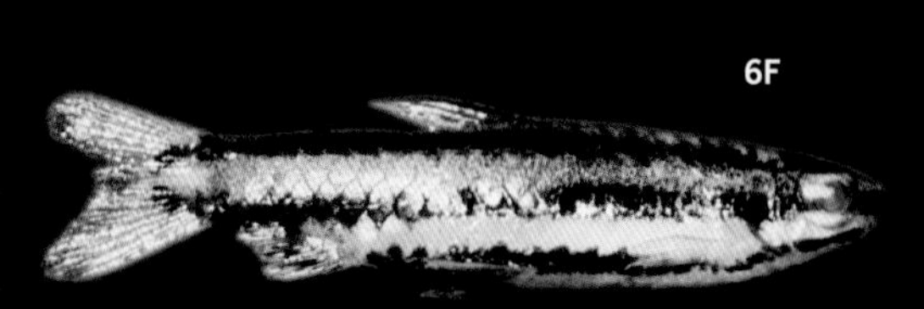

6F

tamaño ~ adulto/average adult length **= 3 cm**

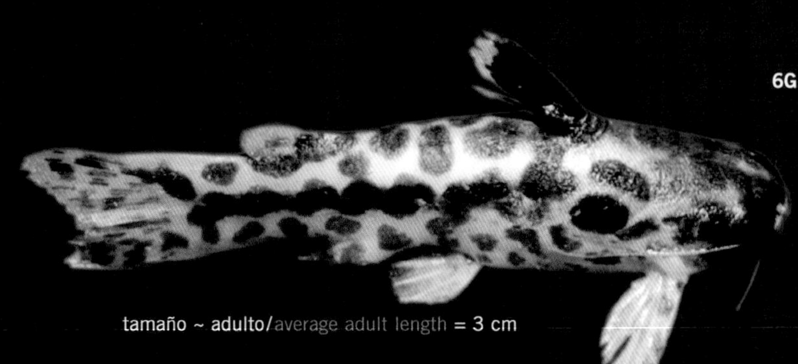

6G

tamaño ~ adulto/average adult length **= 3 cm**

6H

7A
7B
7C

fig.7A El caiman enano *Paleosuchus trigonatus* es poco común en las quebradas./ The dwarf caiman *Paleosuchus trigonatus* is infrequent in forest streams.

fig.7B La boa *Corallus hortulanus* es un depredador común del estrato arbóreo./The boa *Corallus hortulanus* is a common arboreal predator.

fig.7C Este es probablemente el tercer registro de *Rhinobothryum lentiginosum* en el Perú./ Our record of *Rhinobothryum lentiginosum* is probably the third for Peru.

fig.7D Este caecilido, descubierto alimentándose de lombrices, es probablemente nuevo para la ciencia./This caecilian, discovered eating earthworms, is probably new to science.

fig.7E Una de las ocho especies de *Osteocephalus* encontradas, esta rana es probablemente nueva para la ciencia./This *Osteocephalus*, one of the eight registered, is probably new to science.

fig.7F *Gonatodes concinnatus* es una lagartija nativa de la Amazonía del norte./*Gonatodes concinnatus* is a collared gecko native to northern Amazonia.

*fig.*8A Observamos individuos de *Topaza pyra* (Topacio de Fuego) defendiendo territorios florales en árboles de *Symphonia globulifera.* / We observed several individuals of *Topaza pyra* (Fiery Topaz) defending territories at flowering *Symphonia globulifera* trees.

*fig.*8B *Grallaria dignissima* (Tororoi Ocrelistado) y muchas otras especies de aves de la región no están protegidas en los parques existentes de la Amazonía peruana. / *Grallaria dignissima* (Ochre-striped Antpitta) is one of several birds in the region not protected by existing parks in Amazonian Peru.

*fig.*8C Conocido de pocas localidades en el Perú, *Microbates collaris* (Soterillo Acollarado) era relativamente común en Ampiyacu. / Known in Peru from only a handful of localities, *Microbates collaris* (Collared Gnatwren) was fairly common in Ampiyacu.

*fig.*8D *Grallaria varia* (Tororoi Variegado) es una de las 23 especies de aves que en Perú sólo se encuentran al norte del río Amazonas. / *Grallaria varia* (Variegated Antpitta) is one of 23 bird species whose distribution in Peru is restricted to forests north of the Amazon river.

*fig.*8E Este nido de *Grallaria varia* representa solo la segunda población de la especie registrada en el Perú. / This nest of *Grallaria varia* marks only the second known population in Peru.

*fig.*8F *Pithys albifrons* (Hormiguero de Plumón Blanco) es una de varias especies de aves que siguen hormigas legionarias en los bosques de tierra firme en Maronal. / *Pithys albifrons* (White-plumed Antbird) is one of several species of birds that follow the unusually common army ant swarms in the terra firme forests at Maronal.

8A

8B

8C

8D

8E

8F

fig.9A La comunidad de murciélagos de los bosques del AAYMP está intacta y es muy diversa. / The bat community of the AAYMP region is well-preserved and very diverse.

fig.9B Cuevas y caminos del majás (*Agouti paca*) y el añuje (*Dasyprocta fuliginosa*) son muy comunes en los bosques del Yaguas y Maronal. / Burrows and trails of paca (*Agouti paca*) and agouti (*Dasyprocta fuliginosa*) were very common at our Yaguas and Maronal camps.

fig.9C La abundancia de sachavacas en el río Yaguas es la más alta jamás registrada. / The density of lowland tapir on the Yaguas River is the highest ever registered anywhere.

fig.10A La Zona Reservada propuesta será un área fuente de primates y otros mamíferos grandes cazados en la región. / The proposed Reserved Zone will be a source area for primates and other large mammals hunted in the region.

fig.10B La extracción forestal a pequeña escala es común en las cabeceras de los ríos Ampiyacu y Apayacu. / Small-scale logging is common in the Ampiyacu and Apayacu headwaters.

*fig.*11 Cobertura de áreas de conservación en Loreto y en la selva baja de la Amazonía peruana. Para más detalles, ver la próxima página./Coverage of conservation areas in Loreto and across lowland Amazonian Peru. See page 122 for details.

LORETO < 500 m

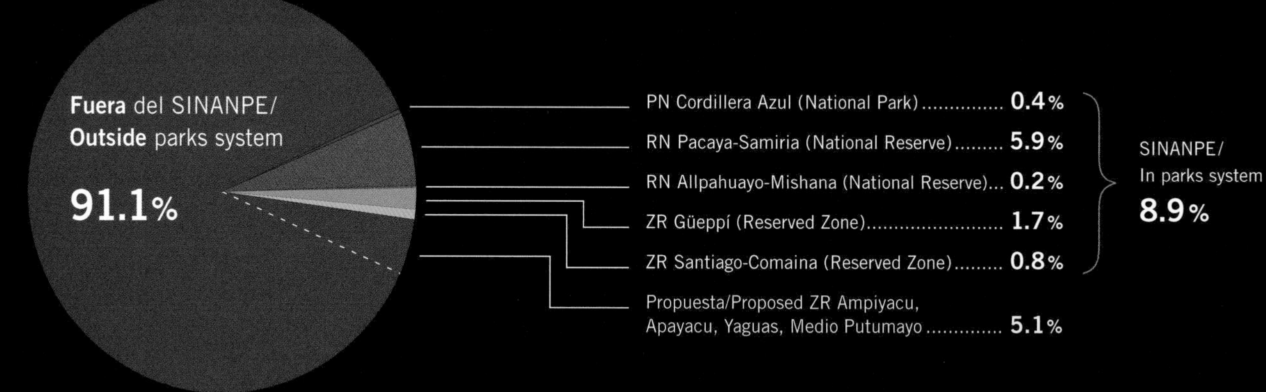

AMAZONÍA PERUANA < 500 m /
PERUVIAN AMAZON < 500 m

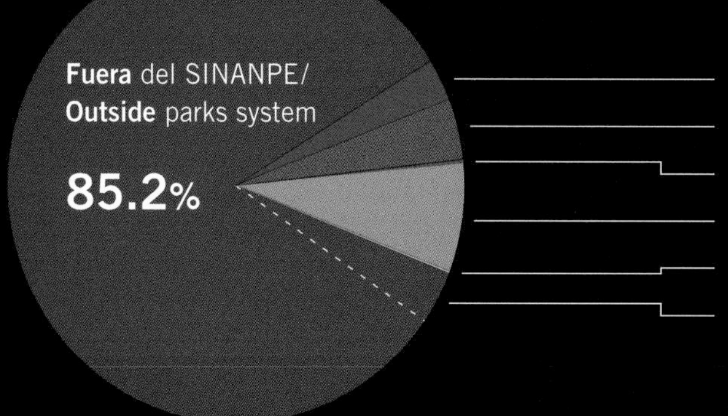

Parques Nacionales/National Parks 2.9%
Reservas Nacionales/National Reserves 4.1%
Reservas Comunales/Communal Reserves 0.3%
Zonas Reservadas/Reserved Zones 7.4%
Bosques de Protección/Forest Refuges 0.1%
Propuesta/Proposed ZR Ampiyacu,
Apayacu, Yaguas, Medio Putumayo 3.3%

SINANPE/
In parks system
14.8%

¿Por qué una nueva área protegida en la Amazonía Peruana?

La selva baja de la Amazonía del Perú tiene el tamaño de Madagascar y alberga en la actualidad 16 áreas protegidas. Las más conocidas—como el Parque Nacional Manu, el Parque Nacional Cordillera Azul y la Reserva Nacional Pacaya-Samiria—protegen vastas extensiones de selva amazónica. ¿Para qué establecer más?

La respuesta está en el hecho de que las reservas existentes todavía no cubren una adecuada proporción de la diversidad biológica en la región. Solamente una pequeña extensión de la Amazonía se encuentra conservada en el Perú; las áreas protegidas (enero 2004) totalizan un 14,9% de la selva baja (<500 m). Esta cobertura es mucho menor que el promedio sudamericano (22%), o la de otros países, desde Venezuela (47%) y Brasil (18%) hasta la República Dominicana (32%; ver Fig. 11). Más alarmante aún es que la proporción de selva baja que está estrictamente protegida en parques nacionales es de tan sólo 2,9%. Es cierto que los parques nacionales Manu y Cordillera Azul son inmensos, pero protegen más los bosques montanos andinos que la selva baja.

La cobertura de conservación es especialmente baja en el departamento de Loreto, donde se encuentran los bosques descritos en este informe. Del tamaño de Alemania y con una densidad poblacional baja, Loreto es probablemente el departamento más diverso del Perú. Sin embargo, sólo el 0,4% de su territorio está bajo protección estricta. Un 8,6% adicional se encuentra bajo otra categoría de conservación, pero la mayor parte de esto corresponde a Pacaya-Samiria, una gigantesca área inundable que no protege los bosques de tierra firme típicos de Loreto. En los bosques de tierra firme megadiversos al norte del Amazonas, sólo existe un área protegida y es relativamente pequeña para la Amazonía (la Zona Reservada de Güeppí, de 620.000 ha).

La Zona Reservada propuesta de la región del Ampiyacu, Apayacu, Yaguas y Medio Putumayo llena este vacío y protege así las plantas y animales que sólo habitan al norte del río Amazonas. El establecimiento de la reserva incrementará la cobertura de áreas protegidas de la selva baja de Loreto al 14,2% y la cobertura de la selva baja peruana al 18,2%.

Panorama General de los Resultados

PAISAJE Y SITIOS VISITADOS

En un lapso de tres semanas en el mes de agosto del 2003, el equipo del inventario biológico rápido evaluó los bosques, lagos, ríos y pantanos localizados en el corazón de la recién propuesta Zona Reservada, de 1,9 millones de hectáreas de extensión (Figura 2). El estudio se enfocó en tres lugares remotos de las cabeceras de los ríos Yaguas, Ampiyacu y Apayacu, una región que hasta la fecha no había sido biológicamente investigada. En las mismas fechas, el equipo social se encontraba visitando 18 comunidades indígenas que habitan los linderos de la Zona Reservada propuesta y se iniciaron conversaciones acerca de las iniciativas locales para el establecimiento de una nueva área de conservación en la región.

Aunque el norte del Perú es famoso por su heterogeneidad ecológica, de la cual el mejor ejemplo son las islas de arena blanca alrededor de Iquitos, el paisaje de la Zona Reservada propuesta, limitando con el río Putumayo por el norte y los ríos Amazonas y Napo por el sur, es relativamente homogéneo en cuanto a sus suelos, geología y clima. En las imágenes satelitales y sobrevuelos se observan extensiones ilimitadas de colinas bajas, jaspeadas con diminutos pantanos de palmeras. No encontramos ninguna gradiente ambiental obvia y tampoco arenas blancas en las áreas visitadas; sin embargo, el contraste entre el río de aguas negras que drena la región septentrional (el Algodón) y los ríos de aguas blancas que drenan la porción sur de la región, sugiere importantes diferencias a gran escala en cuanto a suelos.

El clima húmedo y cálido que predomina aquí y en todo Loreto es técnicamente no-estacional, ya que la precipitación promedio de todos los meses del año supera los 100 mm. La precipitación anual es de 3 m, alcanzando su nivel máximo en marzo y noviembre, y declinando en junio y febrero. Este marco climático poco variable se ve interrumpido ocasionalmente con cortas y catastróficas tempestades de viento, las cuales pueden arrasar miles de árboles en cuestión de minutos.

VEGETACIÓN Y FLORA

Debido a su proximidad a Iquitos, los bosques a lo largo del límite sur de la Zona Reservada propuesta, especialmente cerca a Pebas y el río Sucusari, han sido muy bien estudiados por los botánicos. Por el contrario, los bosques de la región central y septentrional han sido un enigma hasta la realización de esta evaluación. A pesar de nuestros esfuerzos en el campo—incluyendo las 1.350 colecciones, 1.900 fotografías y alrededor de 3.000 plantas registradas en las evaluaciones cuantitativas —la fantástica diversidad de plantas de la región y la brevedad de nuestra evaluación hicieron inevitable que el equipo botánico sólo registrara aproximadamente la mitad de la flora de la región.

De acuerdo con nuestros resultados, y con inventarios de áreas similares más cerca de Iquitos, se estima que unas 2.500 a 3.500 especies de plantas crecen en estos bosques. La mayoría son plantas leñosas—árboles, arbustos y lianas—con una pequeña porción compuesta de hierbas del sotobosque y epífitas. A pequeña escala, la riqueza de especies de estas comunidades de plantas leñosas es tal vez la más alta del planeta. Una muestra de 100 árboles y arbustos en un pequeño parche del sotobosque contuvo 88 especies diferentes; la especie más "común" fue representada tan sólo tres veces. Nuestros transectos de una hectárea de árboles grandes albergaron un *promedio* de 299 especies: un 70% más que los bosques del Parque Nacional del Manu.

Pocas de las especies colectadas durante el inventario han sido estudiadas por taxónomos hasta la fecha, pero igual se han dado a conocer taxones que son nuevos para la ciencia y para el Perú. Una especie aparentemente aún no descrita es una hierba del sotobosque del género monotípico *Cyclanthus*; otra es un árbol de la familia Clusiaceae. Nuestra colección de la hierba de sotobosque *Monophyllanthe araracuarensis* (Marantaceae) representa la segunda en existencia; la primera fue realizada en la cuenca del río Caquetá en Colombia.

Numerosas especies de estos bosques son elementos característicos de la flora colombiana en el otro lado del Putumayo, pero éstas se compensan con el número de especies bien representadas en el lado de Loreto. El mejor ejemplo de los taxones "colombianos" es el árbol *Clathrotropis macrocarpa* (Fabaceae), dominante en numerosos bosques colombianos y en los bosques peruanos al norte del Amazonas y el Napo, pero colectado muy poco al sur de estos ríos. Muchas de las otras especies dominantes de árboles en tierra firme son comunes a lo largo de la región de Iquitos, tales como *Oenocarpus bataua* (Arecaceae), *Senefeldera inclinata* (Euphorbiaceae), *Eschweilera coriacea* (Lecythidaceae), *Virola pavonis* (Myristicaceae), *Hevea guianensis* (Euphorbiaceae), *Protium amazonicum* (Burseraceae) y varias especies del género *Iryanthera* (Myristicaceae).

Los bosques pantanosos son comunes en el paisaje, pero no de una manera típica. En vez de dominar grandes porciones del terreno, los pantanos están dispersos en pequeños parches a lo largo de arroyos que drenan las colinas bajas de la región. La mayoría de estos bosques pantanosos están dominados por la palmera *Mauritia flexuosa*. Aunque esto les da una apariencia homogénea en las imágenes satelitales y durante los sobrevuelos, frecuentemente tienen una composición florística muy diferente entre si.

PECES

El equipo ictiológico estudió las comunidades de peces en 32 estaciones estandarizadas de muestreo en una variedad de hábitats acuáticos de la región. Se estudiaron canales de más de 40 m de ancho de los ríos Yaguas y Apayacu, arroyos de tierra firme lo suficientemente angostos como para cruzarlos de un solo paso, cochas, pantanos de palmeras y áreas ocasionalmente inundables, en hábitats de aguas negras, blancas y claras. Debido a que nuestro inventario se llevó a cabo en un mes relativamente seco, los niveles de los ríos fueron muy bajos y hubo pocas áreas inundables para el muestreo. Tampoco pudimos muestrear el río Algodón, un tributario grande de aguas negras del Putumayo que sigue siendo una de las mayores prioridades en cuanto a muestreo de peces.

Los 5.000 especímenes de peces colectados durante el inventario han sido clasificados en 207 especies, 33 familias y 11 órdenes. Como es común en las comunidades de peces altoamazónicas, la comunidad está dominada por dos órdenes—Characiformes y Siluriformes—los cuales conforman el 84% de las especies colectadas. Con las especies adicionales registradas por el equipo social mediante las entrevistas a las comunidades locales y las especies registradas en las expediciones anteriores a la parte baja del Apayacu, existen 289 especies registradas para la región del Ampiyacu, Apayacu, Yaguas y Medio Putumayo (AAYMP). Estimamos que con los inventarios adicionales, la región puede llegar a 450 especies de peces, o un 60% de la ictiofauna de la Amazonía peruana.

La diversidad de peces de la región es muy alta debido a que su ictiofauna es una mezcla de especies compartidas con los tributarios australes del Amazonas, como el río Yavarí, y especies del río Putumayo. Por lo tanto, casi la mitad de la ictiofauna de la región del AAYMP quedaría sin protección alguna si sólo se declarara protegida la Zona Reservada Yavarí, resaltando la importancia de proteger ambas regiones.

Colectamos por lo menos una nueva especie para el Perú, *Moenkhausia hemigrammoides*, así como otras 15 que podrían ser nuevas también. Cinco especies son potencialmente nuevas para la ciencia, incluyendo un pez eléctrico del género *Gymnotus* (Figura 6E) y un bagre del género *Cetopsorhamdia*.

La gran mayoría de especies registradas tienen un tamaño menor a 10 cm de largo en estado adulto, y muchas de ellas son económicamente valiosas como ornamentales. Entre los peces grandes y con valor comercial se registraron *Arapaima gigas* (paiche), *Osteoglossum bicirrhosum* (arahuana) y *Cichla monoculus* (tucunaré); también hay reportes de *Colossoma macropomum* (gamitana), *Piaractus brachypomus* (paco), *Pseudoplatystoma fasciatum* (doncella) y *Brachyplatystoma filamentosum* (saltón). Las comunidades locales reportaron que estas especies alimenticias importantes son sobre explotadas periódicamente por los grandes barcos pesqueros que trabajan ocasionalmente en los ríos de la región.

ANFIBIOS Y REPTILES

Los bosques de Iquitos representan un epicentro global de la diversidad herpetológica, albergando 115 especies de anfibios y 194 de reptiles. El equipo herpetológico dedicó dos semanas a la búsqueda de los anfibios y reptiles en una variedad de hábitats y microhábitats en los tres sitios, identificando algunas especies por su canto y colectando unos 66 especímenes para el Museo de Historia Natural en Lima.

La lista preliminar del inventario incluye 64 especies de anfibios y 40 de reptiles. Los géneros *Osteocephalus*, con ocho especies, y *Eleutherodactylus*, con 13 especies, eran especialmente diversos; el número de especies de *Osteocephalus* es el mayor jamás registrado para una sola área. No encontramos varias especies de ranas que han sido registradas en los bosques inundados de las cuencas bajas de los ríos Ampiyacu y Apayacu, lo que indica que existen altos niveles de diversidad beta relacionada al hábitat para la Zona Reservada propuesta.

Dos de los anfibios registrados aparentan ser especies nuevas para la ciencia, incluyendo una de las ocho especies de *Osteocephalus* (Figura 8F) y un caecílido del género *Oscaecilia* (Figura 8D), colectado mientras se alimentaba de lombrices durante una fuerte lluvia nocturna en el campamento de Yaguas. Los registros de *Osteocephalus mutabor* y *Lepidoblepharis hoogmoedi* representan extensiones de rango significativas para estas especies. Nuestra colección del falso coral *Rhinobotrium lentiginosum* (Figura 8C) parece ser sólo la tercera para el Perú.

AVES

Numerosos lugares en las riberas septentrionales de los ríos Napo y Amazonas, incluyendo Sucusari y Pebas, han sido bien estudiados en cuanto a su avifauna. Por el contrario, los ríos Putumayo, Algodón y Yaguas, y la gran mayoría de los bosques de tierra firme de la región del AAYMP permanecen desconocidos para los ornitólogos. Los tres lugares visitados nos permitieron echar un vistazo a la comunidad ornitológica más diversa de la región del AAYMP, precisamente la de los bosques de tierra firme. Sin embargo, no registramos varias aves de hábitats de aguas negras, aves de islas de río y aves de hábitats abiertos que probablemente sí habiten en el Putumayo o el Algodón.

En los dieciocho días de trabajo de campo registramos 362 especies de aves. En base a las listas de aves de lugares aledaños, estimamos una avifauna regional para la Zona Reservada propuesta de casi 500 especies. La mayoría de las 140 aves que no pudimos registrar, o son muy raras y requieren estudios a largo plazo para registrarse, o viven en hábitats riparios, los cuales no fueron comunes en nuestras áreas de estudio. Se esperan encontrar unas 40 especies de aves adicionales si se extendiera la Zona Reservada propuesta hasta incluir algunos hábitats a lo largo del Putumayo o la parte baja del Algodón.

La mayoría de las aves registradas son especies de amplia distribución, pero cinco son endémicas del noroccidente amazónico: Topacio de Fuego (*Topaza pyra*, Figura 7E), Paujil de Salvin (*Crax salvini*), Hormiguerito de Dugand (*Herpsilochmus dugandi*), Tororoi Ocrelistado (*Grallaria dignissima*, Figura 7D), y Cuco-terrestre Piquirojo (*Neomorphus pucheranii*). Otras 18 especies están presentes en el Perú sólo al norte del río Amazonas, y éstas no están protegidas por el actual sistema de áreas protegidas del Perú, (incluyendo la propuesta Zona Reservada del Yavarí). Siete de las especies registradas, incluyendo a la Águila Arpía (*Harpia harpyja*), se encuentran en la lista de especies amenazadas para el Perú. No encontramos el Paujil Carunculado (*Crax globulosa*), En Peligro Crítico a nivel global, pero ésta puede existir en las planicies inundables o las islas grandes del Putumayo.

Las comunidades de aves de la región del AAYMP al parecer no han sido muy disturbadas, y las aves de caza (pavas, paujiles, trompeteros y perdices) fueron comunes en los tres sitios visitados. La presión de caza es especialmente baja en el río Yaguas, donde pudimos observar diariamente parejas del Paujil de Salvin (*Crax salvini*). Sin la debida protección y manejo, estas condiciones desaparecerían, especialmente a lo largo de los ríos que proveen un fácil acceso para los cazadores y partidas de madereros. Una solución es el establecimiento de un mosaico de áreas protegidas, donde áreas estrictamente protegidas servirian como fuentes para las poblaciones de aves en zonas de caza bajo manejo. Cualquiera sea la ubicación de estas áreas de fuente y de caza, éstas representarían, en conjunto, la primera área de conservación grande en Loreto que protegería a las comunidades de aves de tierra firme. Ahora bien, si estas áreas incluyeran hábitats ribereños, la proporción de la megadiversa avifauna de Loreto bajo protección se incrementaría.

MAMÍFEROS

Las comunidades de mamíferos de los bosques entre el Napo, Amazonas, y Putumayo han sido poco estudiadas y los mapas del rango distribucional de numerosas especies muestran signos de interrogación para esta región. Nuestra evaluación se enfocó en los mamíferos grandes, y se complementó con la captura de murciélagos con redes. Registramos 39 mamíferos no voladores y 21 especies de murciélagos, totalizando casi la mitad de las 119 especies de mamíferos que se espera encontrar en la Zona Reservada propuesta. Esta diversidad esperada representa más de un cuarto de todos los mamíferos conocidos en el Perú.

Diez de las 13 especies esperadas de primates fueron registradas durante nuestro inventario. Dos primates del género *Saguinus* son de especial interés. *S. nigricollis* es tal vez el mamífero con el rango distribucional más restringido registrado durante nuestro inventario, con una distribución que se extiende estrechamente en las áreas vecinas de Ecuador, Colombia y Brasil y no se encuentra protegida en ninguna área protegida del Perú. Su congénere, *S. fuscicollis,* no había sido confirmado para la región entre el Amazonas y el Putumayo. Nuestras observaciones han llenado ese vacío en su distribución, uniendo así a las poblaciones peruanas del sur del Amazonas con las poblaciones colombianas al norte del Putumayo. Paradójicamente, *S. fuscicollis* se encontró en menor abundancia aquí que en cualquier otra población conocida, y fue mucho menos común que *S. nigricollis.*

Las poblaciones de primates grandes fueron más pequeñas de lo esperado, aún en los bosques poco disturbados del Yaguas; esto podría reflejar impactos persistentes de una depredación histórica. Por el contrario, las poblaciones de ungulados eran grandes, y hasta exageradas para algunas especies. En Yaguas documentamos lo que podría ser la densidad más alta de tapires de tierras bajas (*Tapirus terrestris*) del mundo, con más de 11 observaciones directas en un período de dos semanas. En este mismo lugar encontramos un grupo de huanganas (*Tayassu pecari*) con un estimado de 500 animales. Durante el inventario también registramos un gran número de especies de mamíferos amenazados y raros en la Amazonía, tales como el armadillo gigante (*Priodontes maximus*), perro de orejas cortas (*Atelocynus microtis*), oso hormiguero gigante (*Myrmecophaga tridactyla*) y otorongo (*Panthera onca*).

Nuestro muestreo limitado de murciélagos dio como resultado una lista preliminar de 21 especies, representando aproximadamente un tercio de los murciélagos esperados en la región. Entre los registros más notables están un espécimen no identificado del género *Myotis*, el cual podría ser nuevo para la ciencia, y un gran *Sturnira,* el cual coincide con *S. aratathomasi*, una especie que se creía mayormente de condiciones montanas. *S. aratathomasi* y *Artibeus obscurus* están consideradas como casi amenazadas a nivel global.

El lugar ubicado en el valle del río Yaguas fue el que se encontraba en mejores condiciones de los tres lugares visitados, y amerita una protección estricta como fuente de animales cinegéticos de las comunidades en el norte y sur de la región. Los impactos fueron obvios en los otros dos lugares, los cuales son visitados ocasionalmente por partidas de caza de las comunidades de la parte baja del Apayacu y Ampiyacu. En los sitios de Maronal y Apayacu, las comunidades de mamíferos fueron menos abundantes y diversas, y los animales se comportaban de manera más alerta ante la presencia de humanos. Si se estableciera en la región del AAYMP un mosaico de áreas estrictamente protegidas y áreas de uso manejado, se darían las condiciones ideales para implementar programas de manejo de caza en cooperación con los residentes locales.

COMUNIDADES HUMANAS

Debido a que la propuesta para el área de conservación en la región del AAYMP se originó en las comunidades indígenas que viven a lo largo de sus linderos, el contexto social de la Zona Reservada propuesta ya era conocido a la fecha del inventario biológico. Veinticinco comunidades indígenas viven a lo largo de los ríos Apayacu, Ampiyacu y Putumayo, con una comunidad en el Algodón y dos en la desembocadura del Yaguas. Estas comunidades albergan más o menos 3.000 personas de nueve grupos étnicos diferentes: Huitoto, Bora, Yagua, Ocaina, Cocama, Quichua, Mayjuna, Resígaro y Ticuna. Tres federaciones indígenas representan las comunidades en las cuencas del Apayacu, Ampiyacu y Putumayo respectivamente.

El equipo social visitó 18 de estas comunidades en el mes del agosto de 2003 para discutir las oportunidades para la conservación del área y para identificar prácticas y fortalezas locales relevantes a los esfuerzos de conservación en la región. Se reunió a los líderes y residentes de las comunidades del Apayacu y Putumayo en dos talleres de un día cada uno, donde se trataron las amenazas al ambiente social y natural de las comunidades, soluciones a esas amenazas, varias opciones para la conservación bajo el amparo de la ley peruana, y el presente estatus de la propuesta para la creación de una Reserva Comunal presentada al INRENA en el año 2001. Las visitas cortas, entrevistas, y discusiones grupales por separado en las comunidades nos dieron una perspectiva de las preocupaciones y aspiraciones locales, y de la vida diaria en estas comunidades. También nos dieron un forum para discutir las ideas y quejas por parte de las comunidades sobre las nuevas áreas de conservación propuestas.

AMENAZAS

La región del AAYMP es vasta y políticamente heterogénea, y las diferentes áreas enfrentan amenazas diferentes. Por el norte, la principal amenaza es la inestabilidad política crónica a lo largo de la frontera colombiana. En el lado peruano de la frontera, las guerrillas y los madereros colombianos son una fuerza intimidante; sin una fuerte presencia gubernamental, gran parte de la región es tierra de nadie. Si no se presta la debida atención y recursos a las comunidades a lo largo del Putumayo, la nueva área de conservación en la región del AAYMP presentaría una frontera problemática en el lado norte.

Por el sur, la preocupación más grande es la extracción no regularizada de recursos que ocurre a lo largo de los ríos Ampiyacu y Apayacu, los cuales son la pesca, caza y las actividades de extracción de madera de la cercana ciudad de Iquitos. Las comunidades locales se quejaron de que los bosques y los lagos fuera de sus territorios, y a veces dentro, son frecuentemente utilizados por partidas de cazadores y madereros foráneos a la región, los cuales extraen los recursos sin plan de manejo alguno o visión a largo plazo. Una compañía coreana propuso recientemente la construcción de un complejo industrial en la región; la propuesta fue rechazada pero permanece como una opción atrayente para algunas autoridades y podría revivir. Las comunidades locales también usan grandes áreas de bosque ubicadas fuera de su territorio para la caza, pesca y tala, y esta extracción informal de recursos también representa una amenaza potencial para las áreas núcleo a largo plazo.

A lo largo de estos bosques, la marginalización de las comunidades indígenas representa una amenaza constante. La falta de servicios gubernamentales básicos ha dado como resultado la lenta emigración de muchas comunidades, la erosión de la cultura y las estructuras jerárquicas tradicionales, y un sentimiento profundo de desconfianza hacia las autoridades del gobierno. Existe también una brecha entre las comunidades indígenas y las autoridades distritales, en su mayoría no indígenas, cuyas visiónes en cuanto al futuro de la región divergen de manera marcada.

OBJETOS DE CONSERVACIÓN

El siguiente cuadro resalta las especies, los tipos de bosque y los ecosistemas más importantes para la conservación que comprende la Zona Reservada propuesta del Ampiyacu, Apayacu, Yaguas y Medio Putumayo. Algunos de los objetos de conservación son importantes por estar amenazados o ser raros en otras partes del Perú o de la Amazonía. Otros se destacan por ser restringidos a esta región de la Amazonía; por su papel en la función del ecosistema; por su importancia para la economía local; o por su importancia en el manejo a largo plazo.

GRUPO DE ORGANISMOS	OBJETOS DE CONSERVACIÓN
Comunidades Biológicas	Cabeceras casi enteras de tres ríos grandes de aguas blancas—el Ampiyacu, Apayacu y Yaguas—y una gran parte de un río de aguas negras—el Algodón. Extensiones grandes del tipo de bosque más representativo de Loreto, el cual no está bien protegido en el resto del departamento: bosque de tierra firme megadiverso e intacto. Una gran diversidad de hábitats y microhábitats acuáticos en las cuencas del Putumayo y Amazonas.
Plantas Vasculares	Comunidades florísticas extraordinariamente diversas en las colinas y terrazas de tierra firme. Poblaciones amenazadas de especies maderables (en especial, *Cedrelinga cateniformis*, *Cedrela* spp. y *Calophyllum brasiliensis*). Bosques ribereños y de planicie inundable de fácil acceso. Comunidades ribereñas de aguas negras sin protección en otras partes de Loreto.
Peces	Una de las ictiofaunas de agua dulce más diversas del Perú. Poblaciones de especies migratorias de valor comercial, como doncella (*Pseudoplatystoma fasciatum*). Una gran variedad de especies pequeñas y de valor ornamental, incluyendo al pez hoja (*Monocirrhus polyacanthus*, Figura 6C) y otras especies posiblemente nuevas para la ciencia.
Reptiles y Anfibios	Comunidades de herpetofauna intactas y diversas de bosque de tierra firme, en un mosaico de tipos de bosque. Poblaciones en recuperación de especies cazadas comercialmente, como caimanes (*Paleosuchus trigonatus*) y tortugas (*Chelus fimbriatus, Podocnemis* sp. y *Geochelone denticulata*). Especies con rangos de distribución reducidos.

OBJETOS DE CONSERVACIÓN	
Aves	Cinco especies endémicas de la Amazonía noroccidental y 18 especies que ocurren en el Perú sólo al norte del Amazonas. Especies de caza, incluyendo el Paujil Nocturno (*Nothocrax urumutum*) y el Trompetero Aligris (*Psophia crepitans*). Águilas grandes, incluyendo el Águila Arpía (*Harpia harpyja*).
Mamíferos	Comunidades megadiversas e intactas de mamíferos terrestres y murciélagos, especialmente en el valle del río Yaguas. La densidad poblacional más alta jamás documentada para el tapir o sachavaca (*Tapirus terrestris*). *Saguinus nigricollis*, un primate con rango restringido, y poblaciones intactas de especies de primates cazadas intensivamente en otras áreas de la Amazonía. La carachupa gigante (*Priodontes maximus*) y por lo menos tres otras especies amenazadas de extinción a nivel mundial.
Comunidades Humanas	Lugares sagrados designados por las comunidades indígenas locales como santuarios para la flora y fauna. Reforestación con árboles frutales y maderables de valor comercial. Un mapa a gran escala de la caza, tala y otras actividades extractivas realizadas por las comunidades indígenas.

El área de conservación que proponemos para la región del Ampiyacu, Apayacu, Yaguas y Medio Putumayo brindará protección a **largo plazo sobre áreas de alta riqueza y diversidad tanto cultural como biológica.** Nuestra misión compartida es lograr un paisaje de conservación, que a su vez provea de (i) un refugio para la biodiversidad, incluyendo los **cientos de especies que no están protegidas en parques peruanos y que habitan sólo en los bosques al norte del río Amazonas,** y (ii) un marco para la administración de la conservación con **las comunidades indígenas participando en la protección y manejo de los recursos naturales** de sus bosques.

Una reserva nueva en la región asegurará un mejor futuro económico, cultural y medioambiental para los habitantes de Loreto y del resto del país:

01 **Protegiendo grandes extensiones de diferentes tipos de bosques,** ausentes en otras reservas del Perú,

02 **Preservando la vida tradicional** de nueve grupos indígenas que viven en el área y que conforman un componente central del gran patrimonio cultural del Perú,

03 **Creando oportunidades económicas** para las comunidades indígenas y ribereñas—y por extensión, para los mercados cercanos de Pebas e Iquitos,

04 **Protegiendo las cabeceras,** de cinco ríos principales en la región Loreto —una medida proactiva para asegurar agua no contaminada para las generaciones futuras.

05 **Estableciendo áreas fuente del recurso fauna,** sobretodo para reponer aquellas poblaciones de animales que sufren bajas por la cacería excesiva y mal manejo, incluyendo tapires, sajinos, huanganas y monos grandes.

RECOMENDACIONES

Nuestra visión combinada a largo plazo para el Ampiyacu, Apayacu, Yaguas y Medio Putumayo se presenta como un sistema de áreas de uso de tierras que protege los bosques diversos de la región, y al mismo tiempo las prácticas y formas de vida tradicionales de las comunidades locales viviendo en ellas. Nuestra visión es producto de más de cinco años de colaboración con las comunidades nativas residentes, además de este inventario rápido. Abajo ofrecemos recomendaciones preliminares para la zona del Ampiyacu, Apayacu, Yaguas y Medio Putumayo, incluyendo algunas notas específicas sobre protección y manejo, inventarios, uso sostenible de recursos, investigación y monitoreo.

Protección y manejo

01 **Establecer la Zona Reservada Ampiyacu, Apayacu, Yaguas y Medio Putumayo según los límites indicados en la Figura 2.** El estatus de Zona Reservada asegurará inmediatamente la protección, mientras que estudios adicionales determinarán las categorías finales para las áreas propuestas dentro de los límites determinados.

02 **Crear dentro de la Zona Reservada un mosaico de áreas protegidas y de uso** basado en los resultados del inventario biológico rápido, en el mapa de usos de las comunidades locales y en el gran interés por parte de las comunidades locales de continuar usando y manejando los recursos naturales del área. En respuesta a los resultados de los inventarios rápidos y a las discusiones con los residentes indígenas, recomendamos la siguiente matriz para áreas protegidas y no-protegidas:

A. **Un área núcleo de protección estricta—Parque Nacional Yaguas—** que incluye las cabeceras de los ríos Apayacu y Ampiyacu, una porción de los hábitats de aguas negras en la ribera sur del río Algodón, y la cuenca entera del río Yaguas. De todo el paisaje, estos bosques intactos tienen el valor más alto para la conservación.

Un parque nacional en esta región protegerá áreas importantes de reproducción para plantas, peces, aves y mamíferos económicamente valiosos, así como una extensión grande del tipo de bosque más representativo de Loreto (bosques de tierra firme) con su magnífico despliegue de especies de animales y plantas. La protección de esta rica biodiversidad sería relativamente a bajo costo para el departamento: el área núcleo propuesta cubriría solo 2% de Loreto (y solo 1,5% del llano amazónico peruano), pero protegería a largo plazo >3.000 plantas y 1.500 especies de vertebrados, algunos de ellos no protegidos en algún otro lugar del Perú. Un parque nacional nuevo en esta área aumentará la proporción de selva baja megadiversa de Loreto que goza de protección estricta, de un inadecuado 0,4% a casi 3%.

B. **Cuatro Reservas Comunales para ser manejadas por las comunidades nativas residentes,** que se mencionan abajo. Estas Reservas Comunales serán las primeras áreas protegidas de este tipo en Loreto (La Reserva Comunal Tamshiyacu-Tahuayo todavía no está dentro del Sistema de áreas protegidas por el Estado.) Por su proximidad a la ciudad de Iquitos, estas Áreas Naturales Protegidas atraerán inversiones significativas para la conservación y desarrollo de Loreto, y serán seguramente una fuente para programas de uso sostenible que beneficiarán a las comunidades humanas y la vida silvestre.

i. **Reserva Comunal Apayacu, en el lado suroeste de la Zona Reservada Propuesta**, incluyendo la cuenca media y baja del río Apayacu, y las áreas adyacentes de la cuenca del Napo (ver Figura 3), manejada conjuntamente por INRENA, comunidades indígenas locales y FEPYROA.

ii. **Reserva Comunal Ampiyacu, en el lado sureste de la Zona Reservada Propuesta,** incluyendo la cuenca media y baja del río Ampiyacu, y las áreas adyacentes de la cuenca del Napo (ver Figura 3), manejada conjuntamente por INRENA, comunidades indígenas locales y FECONA.

iii. **Reserva Comunal Algodón-Medio Putumayo, en el lado noroeste de la Zona Reservada Propuesta** (ver Figura 3) manejada conjuntamente por INRENA, comunidades indígenas locales y FECONAFROPU.

iv. **Reserva Comunal Yaguas, en la parte baja de la cuenca del Yaguas contigua a las comunidades locales ubicadas en la boca** (ver Figura 3), y manejada conjuntamente por INRENA, comunidades indígenas locales y FECONAFROPU.

C. **Reordenar los límites de los territorios de las comunidades nativas a través de los mapas (catastros) detallados de uso de tierras y de propiedad.** En algunos casos, los territorios establecidos años atrás no son en la actualidad los más adecuados para apoyar las necesidades básicas de los residentes, por lo tanto deberían de ser extendidos para satisfacer las necesidades actuales.

03 **Fortalecer las instituciones del gobierno local y de las comunidades para proteger la Zona Reservada propuesta y así mejorar la calidad de vida de los residentes locales.**

A. Promover acciones binacionales en la porción norte de la Zona Reservada para la conservación a lo largo de todo el límite de Perú-Colombia. Trabajar con las autoridades peruanas y colombianas, comunidades interesadas y organizaciones no-gubernamentales—especialmente el PEDICP, el Proyecto Especial para el Desarrollo Integral de la Cuenca del Putumayo—para traer a esta región nuevos recursos y nueva atención. Implementar un plan especial para proteger la Reserva Comunal Algodón-Medio Putumayo y las comunidades indígenas que la manejarán y protegerán contra el continuo flujo de inmigrantes e ingreso de extractores colombianos.

B. Fortalecer y trabajar con las instituciones regionales y locales del lado sur de la Zona Reservada, para así explorar las alternativas para poder manejar y controlar las actividades de tala en las cuencas del Ampiyacu y Apayacu.

04 **Garantizar la participación de las poblaciones locales indígenas y ribereñas en el manejo de los recursos naturales de la región,** y asegurar que se sientan involucrados y beneficiados a largo plazo por la protección y uso sostenible de la biodiversidad de la región del AAYMP. Promover el diálogo y una fuerte relación entre el INRENA, las federaciones indígenas locales, las autoridades de las capitales distritales de la región (Pebas, San Antonio de Estrecho y San Francisco de Orellana) y el gobierno regional. Asegurar que el manejo de las Reservas Comunales propuestas siga en manos de las comunidades que han utilizado estos bosques por generaciones, y garantizar la participación de las comunidades locales en el manejo del área de protección estricta. Proveer a las comunidades locales con programas y material educativo, contratar a la mayoría de los guardaparques de las zonas aledañas o comunidades cercanas, establecer garitas de control y patrullajes regulares y marcar los linderos de las reservas con señales en las vías de ingreso principales.

05 **Buscar fuentes de financiamiento sostenible** que otorgarán la ayuda técnica y financiera pedida por las comunidades para mejorar la administración y viabilidad a largo plazo para el manejo y protección. Esto debe incluir becas para los líderes de las comunidades y federaciones indígenas, becas para estudiantes y biólogos de la región y un mejoramiento de la educación primaria en las comunidades, para garantizar una fuente permanente de residentes con la experiencia, talento y capacitación necesaria para ayudar a monitorear y manejar las áreas protegidas propuestas.

Inventario adicional

01 **Continuar con el inventario básico de la flora y fauna en las grandes extensiones de la Zona Reservada propuesta que no fueron visitadas por el equipo del inventario biológico rápido.**

A. *La cuenca media y baja del río Yaguas.* Nuestro inventario ha sido el primero en este valle inmenso y poco habitado. La zonificación del área de protección

Inventario adicional
(continua)

estricta propuesta para estos bosques requiere de información adicional sobre las comunidades de plantas y animales en las partes bajas del río. Un inventario biológico del Yaguas podría realizarse conjuntamente con un inventario de los bosques colombianos cerca de la boca del Yaguas, haciendo un corredor entre el parque nacional propuesto y el Parque Nacional Amacayacu en el lado colombiano (ver abajo).

B. *Hábitats de aguas negras a lo largo del río Algodón.* Estos hábitats probablemente abarcan un número alto de plantas y animales que no se encuentran en ninguna otra área de la Zona Reservada propuesta. Merecen atención especial en cuanto a la investigación y manejo.

C. *Parches de bosques de terraza dispersos por toda la Zona Reservada propuesta.* Estos podrían contener algunas especies de plantas y animales que no están presentes en los bosques de colinas. Investigar estos bosques será fácil desde la estación biológica Sabalillo, en el bajo Apayacu (ver abajo).

D. *Islas de río en la boca del río Algodón y a lo largo del Putumayo.* Estas islas no se encuentran dentro de los límites de la Zona Reservada propuesta, ya que han sufrido muchos impactos negativos por la caza y existencia de asentamientos humanos cercanos. Sin embargo, este intacto y particular hábitat, tiene un altísimo valor para la conservación y puede ser potencialmente incluido en las áreas protegidas propuestas para la región. Estas islas representan uno de los hábitats preferidos del paujil amenazado *Crax globulosa.*

02 **Realizar inventarios ictiológicos en los cursos principales y hábitats laterales de los ríos Algodón y Yaguas.** Estas zonas jamás han sido visitadas por ictiólogos.

03 **Realizar inventarios binacionales en colaboración con investigadores colombianos,** de los bosques colombianos ubicados al este de la Zona Reservada propuesta, en el área entre el propuesto Parque Nacional Yaguas y el Parque Nacional Amacayacu, para investigar oportunidades para la conservación binacional, incluyendo el manejo y patrullaje cooperativo de estas remotas áreas.

04 **Confirmar la presencia o ausencia de especies que tienen una importancia especial para la conservación,** tal como el paujil amenazado *Crax globulosa*, los árboles endémicos *Licania vasquezii* y *L. klugii*, el amenazado lobo de río, *Pteronura brasiliensis*, y las ranas de distribución restringida *Eleutherodactylus aaptus* y *E. lythrodes.*

RECOMENDACIONES

Investigación

01 **Recopilar los datos existentes y las publicaciones producidas por los proyectos de investigación llevados a cabo a lo largo de los linderos sur y norte de la Zona Reservada propuesta** y que datan de un siglo atrás. Estos incluyen estudios detallados, realizados en los alrededores de Pebas, en la estación de investigación ACEER y otros lugares de la cuenca del río Sucusari, en la estación de investigación Sabalillo, datos de las expediciones Alpha Helix, expediciones peruanas y colombianas al río Putumayo, así como otros proyectos poco conocidos.

02 **Promover la estación biológica de Sabalillo en el bajo Apayacu como un centro de investigación y capacitación para la región.** La estación cuenta con un programa de inventario de flora y fauna, así como lazos fuertes con comunidades y universidades locales, y comparte los resultados de investigación en la estación mediante un sitio web excelente (www.proyectoamazonas.com).

Uso sostenible de los recursos locales

01 **Aprovechar los varios estudios ya realizados en la región sobre el uso y manejo de los recursos naturales para desarrollar otras actividades y alternativas más viables a la tala del bosque,** y que ofrezcan beneficios económicos verdaderos para las comunidades indígenas. Adicionales estudios biológicos y socioeconómicos sobre la extracción de varios productos del bosque son necesarios, ya que la futura extracción de estos requerirá que las comunidades elaboren planes detallados de manejo para ser presentados al INRENA.

02 **Ofrecer becas para capacitar jóvenes biólogos indígenas** en aspectos sociales y biológicos de la conservación y manejo de los recursos naturales.

03 **Explorar las posibilidades técnicas y legales para crear áreas fuera de las Reservas Comunales para la comercialización de la madera por parte de las comunidades locales bajo planes de manejo.** Aprovechar los programas existentes en las comunidades locales que reforestan las áreas degradadas con especies de árboles de valor económico, para así identificar en mayor proporción áreas que necesitan ser reforestadas, y especies nuevas de interés. Implementar viveros en cada una de las cuencas.

04 **Implementar programas comunitarios de recuperación de especies que han sufrido presión de caza a lo largo de la historia,** como los caimanes negros *Melanosuchus niger*, las tortugas de río (*Podocnemis* spp.) y los monos grandes.

RECOMENDACIONES

Uso sostenible de los recursos locales (continua)

05 **Proveer a la población nativa de asistencia y entrenamiento para el diseño e implementación de planes de manejo para los recursos naturales que se encuentran en los alrededores de sus comunidades, así como en las Reservas Comunales.** El uso de los recursos de importancia económica (peces, animales, productos no maderables, entre otros), debería ser evaluado y manejado a través del diseño de un plan, para poder alentar la sostenibilidad de estas actividades extractivas.

Monitoreo

01 **Implementar, en colaboración con las comunidades locales, programas para monitorear el estatus de las amenazas, especies, poblaciones y hábitats claves a largo plazo.** Estos programas incluirán, por ejemplo, el monitoreo de poblaciones del caimán negro (*Melanosuchus niger*), de la taricaya y charapa (*Podocnemis* spp.), de primates grandes y de otras especies impactadas por la caza histórica; y el monitoreo de ingresos a la zona de partidas de caza, pesca y tala ilegal.

02 **Implementar, en colaboración con las comunidades locales, programas a largo plazo para monitorear cosechas de carne de monte y pescado en las comunidades de la zona,** para garantizar que el uso actual de la fauna silvestre y los recursos pesqueros sean sostenibles y para poder modificar el manejo del uso cuando sea necesario, para mantener su sostenibilidad.

03 **Monitorear la actividad económica de las comunidades en los alrededores de la Zona Reservada propuesta.** Entre los datos básicos debe colectarse información sobre las principales fuentes de ingresos económicos de las poblaciones masculinas y femeninas, el ingreso per capita, y tasas de sub-empleo.

04 **Mientras la ciudad de Iquitos continua creciendo, es crítico monitorear patrones de deforestación a largo plazo, crecimiento poblacional y la calidad de vida en las comunidades** que rodean la Zona Reservada propuesta.

Informe Técnico

PANORAMA GENERAL DE LOS SITIOS MUESTREADOS

La Zona Reservada propuesta del Ampiyacu, Apayacu, Yaguas y Medio Putumayo (AAYMP) comprende 1.9 millones de ha de selva baja amazónica en el norte del Perú, con su límite sur tan sólo 60 km al norte de la ciudad de Iquitos. El área limita por el norte y por el sur con los ríos Putumayo, Napo y Amazonas e incluye cuatro grandes tributarios: el Algodón, Yaguas, Ampiyacu y Apayacu.

El paisaje de la región del AAYMP es típico de la cuenca alta del Amazonas, con cientos de colinas bajas y ondulantes que yacen sobre capas gruesas de depósitos sedimentarios. No posee imponentes monumentos naturales tales como montañas, cascadas o lagos; por el contrario, las características más comunes de su paisaje son los arroyos, pequeños pantanos y colpas. El clima también es relativamente predecible: cálido, húmedo y no-estacional.

Las riberas de los ríos Putumayo, Napo y Amazonas están pobladas por pequeñas comunidades indígenas, al igual que las partes bajas del Apayacu y el Ampiyacu, y las partes altas del Algodón. Con excepción de las dos comunidades localizadas en la zona de confluencia con el Putumayo, la totalidad de la cuenca del Yaguas está despoblada.

Durante la evaluación rápida biológica y social realizada en la Zona Reservada propuesta en agosto del 2003, el equipo encargado de la parte social evaluó las comunidades localizadas a lo largo de los ríos más grandes por el norte y por el sur, mientras que el equipo biológico centró sus esfuerzos en la evaluación de tres lugares ubicados en el corazón del área despoblada. En la siguiente sección damos a conocer una descripción concisa de los lugares evaluados por ambos equipos. Los capítulos subsiguientes proveen una descripción detallada de la flora, fauna y las comunidades humanas en cada lugar.

SITIOS VISITADOS POR EL EQUIPO BIOLÓGICO

Antes de llevar a cabo nuestra evaluación de campo, estudiamos imágenes satelitales para seleccionar sitios que reunían los principales hábitats terrestres y acuáticos de la región. En cada uno de los tres sitios seleccionados los equipos de campo ingresaron para instalar los campamentos, un aproximado de 25 km de trochas y un pequeño helipuerto. El resto del equipo se movilizó de sitio a sitio por helicóptero.

Campamento Yaguas (2°51'53.5"S 71°24'54.1"O, ~120–150 msnm)

Este fue el primer sitio que evaluamos y el único sitio que visitamos en la cuenca del río Putumayo. Nuestro campamento se ubicó en la cuenca superior del río Yaguas, unos cinco días de viaje en canoa, río arriba, desde su confluencia con el Putumayo y numerosos días de viaje hasta la ciudad más cercana. Ninguno de los guías locales que trabajaron con nosotros habían estado en el área previamente, y tampoco se reportó algún tipo de uso en el más reciente mapeo del uso de los recursos naturales por parte de las comunidades locales (ver "Protegiendo las Cabeceras: Una Iniciativa Indígena para la Conservación de la Biodiversidad" y Figura 3). Durante el boom del caucho, a principios del siglo XX, el río Yaguas fue un centro importante de acopio del caucho proveniente de los bosques colindantes (M. Pariona, com. pers.), pero hoy en día la cuenca en su totalidad se encuentra despoblada y sus bosques sin evidencias de intervención. La única señal de actividad humana que vimos fueron dos grandes árboles en las terrazas inundables del Yaguas, los cuales fueron tumbados y parcialmente cortados en planchas por lo menos hace una década. Durante el sobrevuelo de esta región tan sólo se veía un dosel continuo extendiéndose imperturbable hacia el horizonte en todas las direcciones.

Por un período de seis días exploramos los bosques que rodeaban nuestro campamento, establecido en una terraza baja a las orillas del río Yaguas. Al norte y al oeste del campamento, un imponente bosque maduro cubría la amplia planicie inundable. Hacia el este se encontraba un antiguo canal ribereño, lleno mayormente de vegetación baja y albergando una pequeña laguna de agua negra, aparentemente formada por las lluvias. Esta laguna, demasiado pequeña para aparecer en los mapas topográficos de la zona, fue interesante debido a que estaba a tan sólo 10 m de distancia del borde del río Yaguas, pero su nivel de agua era por lo menos 10 m más alto que el nivel de éste.

El canal ribereño del Yaguas en este sitio era de aproximadamente 40 m de ancho (durante nuestra visita el caudal estaba bajo y el río tenía ~15 m de ancho), pero su planicie inundable era bastante amplia. Desde nuestro campamento hacia las primeras colinas en tierras altas había que caminar 1,5 km, atravesando bosques que al incrementarse el nivel del río inunda el complejo de diques de contención de baja elevación, canales ribereños abandonados, pantanales y aguajales. Gran parte del bosque estudiado en este sitio estuvo influenciado de una u otra manera por el río, ya que el sistema de trochas recorría diferentes hábitats en la planicie inundable del Yaguas: las riberas escarpadas del río, un aguajal (pantano dominado por la palmera *Mauritia*), una isla en medio del río, y el lago de aguas negras.

Igual que en los otros dos sitios evaluados, las tierras altas estaban compuestas por colinas bajas ondulantes, siempre por debajo de 200 m de altura. (El punto más alto al interior de la Zona Reservada propuesta es de 233 m.) Las colinas adyacentes a la planicie inundable del Yaguas bien pudieron haber sido viejas terrazas ribereñas, ya que se encontraban tan sólo 10-20 m por encima de la planicie inundable y su suelo contenía un 60% de limo. A tan sólo 1 km adentro, se levantaban colinas mucho más escarpadas, casi el mismo tipo de paisaje ofrecido por el segundo y tercer sitio.

Campamento Maronal (2°57'56.3"S 72°07'40.3"O, ~160-180 msnm)

El segundo sitio se encontraba a unos 80 km al suroeste del primero, en bosque de colinas altas en las cabeceras del río Ampiyacu. Nuestro campamento se encontraba a pocos kilómetros de la divisoria de aguas del Ampiyacu y el Algodón y los únicos cuerpos de agua en sus alrededores eran pequeños arroyos de las colinas cercanas. El río más cercano, un tributario del Ampiyacu con unos 10 m de ancho, conocido como la quebrada Supay, se encontraba 3 km al oeste del campamento.

Por seis días exploramos estas colinas a lo largo de 30 km de trochas. En este sitio las colinas también eran suaves y bajas, pero tenían elevaciones de 30 a 40 m más altas que las del primer lugar; aquí encontramos las tierras altas que no pudimos explorar en su totalidad en el primer campamento. Al igual que en el primer sitio, los suelos de Maronal eran ácidos y bajos en nutrientes y en su mayoría una mezcla de limo y arena.

Alrededor del campamento sólo habían franjas muy estrechas, a lo largo de las quebradas, que se inundaron durante las fuertes lluvias. Sin embargo, gran parte de las tierras bajas entre las colinas estaban pobremente drenadas y contenían pequeños parches de bosque pantanoso. Desde el vuelo (así como también por medio de las imágenes satelitales), se veía una gran extensión de tierra firme salpicada con cientos de pequeñas manchas, las cuales representan a los pantanos dominados por palmeras.

Aunque este campamento estaba lejos de asentamientos humanos, los impactos de estos eran más evidentes aquí que en Yaguas. Una de las razones fue que nuestro campamento se localizaba en una vieja trocha que conecta el río Amazonas y el río Algodón, comenzando en las comunidades en las partes bajas del Ampiyacu al sur y llegando a la quebrada Raya en la cuenca del río Algodón en el norte. (Existe una trocha paralela que va desde Pebas hasta la desembocadura del Algodón; ver el mapa en la Figura 3.) Hoy en día esta trocha no se usa frecuentemente, y gran parte de ésta tiene la vegetación sobrecrecida, pero hace unas décadas era una importante ruta para el comercio de bienes y así mismo como ruta de viaje. Nuestros guías nos dijeron que hace 40 años una familia vivía en la mitad de la trocha, no lejos de nuestro campamento. La familia recolectaba caucho, cazaba para obtener pieles de animales silvestres y negociaba con los viajeros que transitaban la trocha. Aparte de la abundancia de viejas trochas y de unos viejos árboles marcados, encontramos pocos remanentes del impacto producido por este antiguo asentamiento o por la trocha.

Por otro lado, los impactos de la actividad maderera reciente a lo largo de la quebrada Supay, al oeste de nuestro campamento, fueron muy evidentes. Unos meses previos a nuestra visita, partidas de madereros habían cosechado numerosos árboles grandes, dejando vestigios de un rústico campamento, grandes áreas abiertas en el bosque y una trocha de 1 km de extensión por donde rodaban o cargaban la madera hacia la quebrada Supay, para luego llevarla flotando hacia el Ampiyacu. Según nuestros guías, las especies de interés son la ceiba (*Ceiba pentandra*), la cumala (*Virola* spp.), y el marupá (*Simarouba amara*). Aparte de la actividad maderera, los mapas de uso indígena muestran que esta también es un área utilizada ocasionalmente por los cazadores (ver "Protegiendo las Cabeceras: Una Iniciativa Indígena para la Conservación de la Biodiversidad" y Figura 3). Efectivamente, los animales grandes no eran tan abundantes en este sitio como lo eran en Yaguas (ver "Mamíferos").

Un par de kilómetros al norte del campamento había un parche grande de bosque perturbado, conocido en el Perú como purma, el cual resalta claramente en las imágenes de satélite del área como un parche amarillo en medio de un mar verdoso. Esta purma es el resultado de un violento "huracán," el cual aplanó numerosas docenas de hectáreas de bosque durante una tormenta en 1986. Este claro ha sido reforestado naturalmente por árboles pioneros de rápido crecimiento pertenecientes a la familia Cecropiaceae. La hierba gigantesca *Phenakospermum guyannense* (Strelitziaceae) domina el dosel intermedio por grandes extensiones, sombreando la magra vegetación de sotobosque. Estos parches de bosque secundario originados por el viento son una característica ocasional de los bosques de las tierras bajas de la Amazonía, pero no se tiene mucho conocimiento acerca de sus orígenes y dinámica.

Campamento Apayacu (3°07'00"S 72°42'45"O, ~120-150 msnm)

El tercer sitio se ubicó en las cabeceras del río Apayacu, en la esquina suroeste de la Zona Reservada propuesta, tan sólo a ~35 km al norte de la confluencia de los ríos Napo y Amazonas. Este lugar está 67 km al oeste-suroeste del segundo campamento y unos 147 km al oeste-suroeste del primer sitio (Figura 2).

Instalamos nuestro campamento en una terraza por encima del río, con estrechas franjas de tierras inundables por un lado y un complejo de colinas bajas por el otro. Una parte del sistema de trochas, de 25 km de extensión, bordeaba el curso del río, mientras que las otras secciones exploraban las colinas y el cercano arroyo Huayra, y bordeaba un pantano de gran extensión, rodeado por colinas de tierra firme y alimentado por arroyos pequeños. Aquí también las colinas eran relativamente suaves, rodeadas por tierras bajas pantanosas, y muy parecidas en sus suelos, topografía, elevación y vegetación a los sitios estudiados previamente. En cambio, la planicie inundable del Apayacu era mucho más delgada que aquella del Yaguas, y muchas veces se extendía apenas algunos metros más allá del borde del río (ver "Flora y Vegetación").

Este fue el sitio menos remoto de los tres sitios visitados, sólo a unos 20 km río arriba de la comunidad Yagua de Cuzco. Los animales grandes eran relativamente escasos aquí, debido en parte a que a lo largo del río se caza con regularidad (ver Figura 3), y en parte porque, de acuerdo a nuestros guías, un campamento de caza operó cerca de nuestro campamento en 2002. Mientras estábamos en este campamento, una partida de pesca y caza proveniente de las comunidades ubicadas río abajo pasó, con rumbo a las cabeceras del Apayacu. Los impactos madereros también fueron evidentes en este sitio, especialmente río arriba del campamento.

COMUNIDADES VISITADAS POR EL EQUIPO SOCIAL

Mientras el equipo biológico se encontraba en el campo, el equipo social evaluó 18 de las 26 comunidades ubicadas al norte y sur de la Zona Reservada propuesta.

Hacia el norte, a lo largo del Algodón y el Putumayo, trabajamos en siete comunidades pertenecientes a los grupos indígenas Yagua, Huitoto, Bora, Ocaina, Mayjuna y Quichua. Estas comunidades forman parte de la federación indígena FECONAFROPU (Federación de Comunidades Nativas Fronterizas del Putumayo).

Por el suroeste, a lo largo del río Apayacu, visitamos cuatro comunidades pertenecientes a los grupos indígenas Yagua y Cocama y que forman parte de la federación indígena FEPYROA (Federación de Pueblos Yaguas de los Ríos Orosa y Apayacu). Hacia el sudeste, a lo largo del río Ampiyacu, trabajamos con siete comunidades pertenecientes a los grupos indígenas Bora, Huitoto, Ocaina y Yagua, incluyendo también a pocas familias Resígaro. Estas comunidades forman parte de la federación indígena FECONA (Federación de Comunidades Nativas del Ampiyacu). Todas estas comunidades, así como también otras de la región que el equipo social no pudo visitar, serán discutidas más adelante en el capítulo de "Comunidades Humanas". La información resumida de las comunidades aledañas a la Zona Reservada propuesta se da en el Apéndice 7.

Aparte de las evaluaciones en las comunidades, el equipo social también llevó a cabo entrevistas semi-estructuradas con las autoridades gubernamentales, incluyendo a los alcaldes y a los representantes de INRENA, en Pebas (en el Ampiyacu) y San Antonio de Estrecho (en el Putumayo).

FLORA Y VEGETACIÓN

Autores/Participantes: Corine Vriesendorp, Nigel Pitman, Robin Foster, Italo Mesones y Marcos Ríos

Objetos de conservación: Comunidades muy diversas de plantas en colinas y terrazas de tierra firme; poblaciones amenazadas de especies maderables (especialmente *Cedrelinga cateniformis, Cedrela* spp. y *Calophyllum brasiliensis*); bosques inundables de fácil acceso; comunidades ribereñas de aguas negras no protegidas en ningún otro lugar de Loreto

INTRODUCCIÓN

Los bosques en la zona austral de la Zona Reservada propuesta, a cuatro horas en bote desde Iquitos, han sido bien estudiados por los botánicos. A principios de la década de los setenta, varios botánicos hicieron recolecciones a lo largo del río Ampiyacu y su tributario, el Yaguasyacu (A. Gentry, J. Revilla, y la Expedición "Alpha Helix": T. Plowman, R. Schultes y O. Tovar). Estudios más recientes en esta parte sur incluyen un inventario cuantitativo a gran escala de plantas leñosas (Duivenvoorden et al. 2001, Grández et al. 2001), un mapeo detallado de la distribución de palmeras (Vormisto 2000) y una evaluación a gran escala de los helechos y melastomatáceas (Tuomisto et al. 2003). Hace dos años, el Proyecto Amazonas (2003) estableció una base permanente para investigaciones en el bajo Apayacu, la Estación Biológica Sabalillo, donde los investigadores están elaborando una lista de la flora local (D. Graham, com. pers.).

En la parte norte de la Zona Reservada propuesta—en la cuenca del río Putumayo—los bosques son bien conocidos por las poblaciones indígenas (ver "Comunidades Humanas") pero relativamente desconocidos para los científicos. Por lo que sabemos, ni la cuenca del Algodón, y ni tampoco gran parte de la cuenca del Yaguas habían sido visitadas con anterioridad por botánicos.

MÉTODOS

Durante nuestras tres semanas de trabajo de campo, el equipo botánico hizo un inventario breve e intensivo en cada lugar, con el propósito de caracterizar la vegetación y generar una lista preliminar de la flora de la región. Catalogamos todas las formas de vida vegetal, desde las hierbas y epífitas hasta los árboles emergentes, mediante colecciones de material fértil, inventarios cuantitativos a lo largo de transectos y observaciones de campo más casuales. Colectamos unos 1.350 especímenes de plantas en total, los cuales han sido depositados en el Herbario de Iquitos (AMAZ), el Museo de Historia Natural de Lima (USM) y el Field Museum (F). R. Foster y C. Vriesendorp tomaron casi 1.900 fotos para una guía preliminar para la región. Con la ayuda de los grupos indígenas locales, esta guía preliminar de plantas incluirá eventualmente los nombres comunes de las plantas en las lenguas locales.

En cada lugar, N. Pitman, I. Mesones y M. Ríos catalogaron todos los árboles con más de 10 cm de diámetro a la altura del pecho en un transecto de 1 ha (5 m x 2 km), con un total de 1.955 árboles adultos. C. Vriesendorp, I. Mesones y M. Ríos llevaron a cabo el inventario cuantitativo de unas 800 plantas del sotobosque e I. Mesones realizó un inventario de las palmeras y de la familia Burseraceae. R. Foster hizo observaciones detalladas acerca de todos los aspectos de estas comunidades de plantas y dirigió el proyecto de generar una lista preliminar de especies.

VEGETACIÓN A GRAN ESCALA

A grandes escalas espaciales—vista en imágenes satelitales o desde los sobrevuelos—la vegetación de la región del AAYMP tiene una apariencia más o menos uniforme, debido a las grandes extensiones de bosque de tierra firme en las colinas bajas y ondulantes que se extienden de este a oeste y hacia Colombia por el norte. Estos bosques de colina parecen conformar por lo menos un 70% del paisaje. También se pueden distinguir grandes parches de un segundo tipo de bosque alto, conformando tal vez por un 10% del paisaje, y visible en las imágenes satelitales Landsat (bandas 5, 4 y 3) como manchas oscuras, con una topografía más plana. Este tipo de bosque se encuentra disperso irregularmente a lo largo del Apayacu, Napo y Amazonas en el sur, y entre el Algodón y el Putumayo en el norte.

Los bosques inundables y pantanos completan el paisaje, pero de una manera atípica. Los únicos bloques grandes de pantanos o bosque inundable dentro de la Zona Reservada propuesta se encuentran a lo largo del Algodón. En el resto del paisaje, las áreas pantanosas y bosques inundables ocupan pequeños puntos dentro de los bosques de colina y terraza. Ya sea desde el aire o desde el suelo, la impresión que este paisaje nos da es la de una extensión de colinas bajas de tierra firme salpicada con pequeños bosques inundables o pantanos. En nuestros tres campamentos, caminar de una colina a otra frecuentemente significaba vadear por el estrecho pantano que las separaba.

La estructura de estos bosques, ya sea de tierra firme o inundable, es típica de la Amazonía baja. Los bosques de tierra firme tienen un dosel cerrado que llega a 25 o 30 m de altura, con algunos árboles emergentes dispersos que se extienden unos 15 a 20 m por encima del dosel. El sotobosque está a veces lleno de arbustos, árboles pequeños y hierbas; a veces dominado por una sola especie de palmera o helecho; a veces oscuro y sin mucha vegetación. Todos los tipos de bosque están marcados con pequeños claros ocasionados por las caídas de los árboles. Sin embargo, a diferencia de otros sitios en Loreto—como los bosques del río Yavarí—los claros asociados con el arbusto *Duroia hirsuta*, conocidos localmente como *supay chacras*, están prácticamente ausentes (Pitman et al. 2003).

En cuanto a composición, la región del AAYMP refleja la intersección de numerosas floras regionales, pero el trabajo florístico realizado hasta hoy es tan rudimentario que sólo permite observaciones casuales. Registramos algunas especies que son comunes hacia el norte, en bosques colombianos, pero relativamente raras en otras partes de Loreto (*Clathrotropis macrocarpa*, Fabaceae) otras especies más típicas de los bosques de Allpahuayo-Mishana (*Parkia igneiflora*, Fabaceae); y muchas especies que nunca habíamos visto anteriormente ni se encuentran representadas en el herbario de Iquitos. Aunque muchas de las especies que registramos crecen ampliamente en Loreto y la Amazonía occidental, un árbol que Grández et al. (2001) encontraron como uno de los más comunes en los bosques inundables en la parte baja del Ampiyacu, *Didymocistus chrysadenius* (Euphorbiaceae), no se encontraba en los lugares que nosotros evaluamos en las cabeceras.

RIQUEZA FLORÍSTICA

De acuerdo a nuestras observaciones y colecciones en los tres lugares visitados, generamos una lista preliminar de 1.500 especies para la región del AAYMP (Apendice 1). Con las especies adicionales registradas en el Ampiyacu y Yaguasyacu por Grández et al. (2001) y utilizando el trabajo botánico realizado en los alrededores de Iquitos como punto de partida (Vásquez-Martínez 1997), estimamos la flora total de la Zona Reservada propuesta entre 2.500 y 3.500 especies.

A pequeña escala la riqueza de especies de plantas leñosas de esta región es tal vez la más alta del planeta. Es difícil imaginar un inventario de arbustos más diverso que el realizado en el bosque de tierra firme del Apayacu: 88 especies diferentes en un muestreo de 100 plantas, en el cual la especie más "común" fue representada por solamente tres plantas. Los inventarios de árboles adultos también revelaron espectaculares niveles de diversidad, conteniendo un promedio de 299 especies por ha. En estos inventarios la mayoría de los árboles también eran muy raros; la mitad de las especies registradas están representadas en la base de datos tan sólo una vez! Esta información respalda la información de reportes recientes en los cuales se dice que estos bosques—y sus vecinos, al sur de la línea ecuatorial en la Amazonía occidental—tiene la diversidad de árboles más alta del planeta (ter Steege et al. 2003).

Ciertos géneros y familias fueron extremadamente ricos en cuanto a especies, mientras que otros fueron sorprendentemente pobres, comparados con otros lugares de la Amazonía. En los tres lugares, la diversidad de *Mabea* (Euphorbiaceae) fue más alta que en cualquier otro lugar que conocemos; por lo menos seis especies diferentes crecían comúnmente en el sotobosque y el subdosel, una de ellas como liana. Las palmeras (Arecaceae) fueron especialmente diversas y abundantes a lo largo de la región, con 50 especies registradas en total. Aunque no se encuentra entre las familias de árboles más diversas, encontramos una diversidad sorprendente de Clusiaceae en estos bosques (17 spp. en sólo las parcelas de árboles), más que otros lugares que conocemos en la Amazonía.

En los transectos de árboles, las familias más diversas fueron Fabaceae *sensu lato* (86 spp.), Lauraceae (45 spp.) y Chrysobalanaceae (38 spp.). *Licania* fue el género más diverso, seguido de *Eschweilera* (Lecythidaceae), *Pouteria* (Sapotaceae), *Inga* (Fabaceae), *Tachigali* (Fabaceae) y dos géneros de Myristicaceae, *Virola* e *Iryanthera*.

La diversidad más alta de hierbas se dio en la familia Marantaceae, e *Ischnosiphon* y *Monotagma* spp. fueron comunes en los tres lugares y a veces dominantes en pequeños parches de bosque. Una gran diversidad y abundancia de lianas en los géneros *Paullinia* y *Machaerium* compensaron la sorprendente ausencia de Bignoniaceae. Comparado con otros lugares de la Amazonía, las epífitas, en especial la familia Araceae (*Philodendron, Anthurium, Rhodospatha, Heteropsis*) y helechos trepadores de árboles (*Lygodium* spp. y *Microgramma* spp.) fueron abundantes, aunque no muy diversos.

Los géneros *Ficus* (Moraceae), *Heliconia* (Heliconiaceae) y *Psychotria* (Rubiaceae) fueron notoriamente escasos en los tres sitios visitados. En algunos bosques, estos tres géneros son desproporcionadamente ricos en especies, comparados con el resto de la comunidad, y típicamente sus frutas y flores sirven de alimentación a la comunidad de vertebrados durante los tiempos de escasez de comida. Los árboles de la familia Sapindaceae también estuvieron ausentes en los tres lugares, aunque esperamos encontrarlos en suelos más ricos de la región.

TIPOS DE HÁBITAT Y VEGETACIÓN

Como es típico en la selva baja amazónica, la variación a pequeña escala en los tipos de suelos y la gran diversidad florística hacen difícil definir comunidades y tipos de hábitat. En nuestro inventario rápido utilizamos el drenaje y otras características sobresalientes del paisaje para clasificar algunos hábitats amplios. Muchos de éstos existían en la mayoría de los lugares, aunque dos hábitats sólo se encontraron en un lugar. Aquí describimos la composición y estructura de cada hábitat, siguiendo una gradiente que va desde los hábitats más húmedos hasta los de tierra firme, y resaltando en lo necesario la variación entre lugares.

Flora ribereña (Yaguas y Apayacu)

Las comunidades de plantas a lo largo de las riberas suelen ser elementos fáciles de definir y reconocer, ya que los meandros activos generan secuencias sucesionales evidentes a lo largo de las playas. Según los estándares de la Amazonía, los ríos en la propuesta Zona Reservada son atípicos, al menos en los lugares de nuestro inventario en las cabeceras del Yaguas y el Apayacu. Las playas y los depósitos de barro expuestos eran poco comunes en ambos lugares, con poca evidencia de la erosión gradual, dinámica de inundaciones, o los meandros activos típicos de algunos otros ríos de la Amazonía (e.g., el Madre de Dios). Al parecer las playas a lo largo del Ampiyacu y Yaguas no son erosionadas poco a poco; las riberas se caen en grandes láminas, creando laderas empinadas en los cauces de agua, semejando un cañón en miniatura. A pesar de la naturaleza "angular" de los cauces del río, se pueden encontrar numerosas especies creciendo en las riberas de los ríos Yaguas y Apayacu.

En los depósitos de barro generalmente crecen dos o tres especies, frecuentemente un arbusto *Piper* (Piperaceae) y una hierba de la familia Cyperaceae. No se pudo encontrar ninguna especie de gramínea y dos especies poco comunes de Cyperaceae fueron las únicas otras especies que se presentaron ocasionalmente en estas áreas expuestas y altamente disturbadas.

A lo largo de las riberas, se registró una predecible flora de especies pioneras y resistentes al agua en varios estados de sucesión. Éstos comenzaron con *Tabernaemontana siphilitica* (Apocynaceae) y *Annona hypoglauca* (Annonaceae) cerca del agua. Detrás de estos arbustos de baja estatura crecían poblaciones densas de los árboles *Triplaris* sp. (Polygonaceae) y *Cecropia latiloba* (Cecropiaceae). Más tierra adentro, *Calliandra* sp. (Fabaceae), por lo menos tres especies diferentes de *Inga* (Fabaceae), y una *Neea* sp. (Nyctaginaceae) dominaron la última franja de vegetación ribereña. Aquí se encontraron parches de *Heliconia juruana* (Heliconiaceae)—una de las pocas especies de *Heliconia* registradas con frecuencia en el sotobosque durante nuestra evaluación.

Bordes de arroyos

Los arroyos en los tres lugares evaluados también tenían paredes empinadas, sugiriendo que un patrón similar de erosión podría estar ocurriendo a lo largo de estos pequeños cauces de agua. Se encontraron muchas especies típicas de claros (*Hyeronima, Croton;* Euphorbiaceae) en ambientes de alta iluminación a lo largo de los cauces. En áreas inundables, el suelo estaba cubierto de una sola especie de helecho (Hymenophyllaceae). Entre los árboles de dosel a lo largo de los arroyos encontramos con frecuencia *Sterculia* (Sterculiaceae), sus enormes frutos flotando lentamente río abajo, o en ocasiones, de manera peligrosa, estrellándose violentamente en el arroyo. Junto con *Sterculia*, la palmera *Euterpe precatoria*, el árbol *Tovomita stylosa* (Clusiaceae) y el arbusto *Zygia* (Fabaceae) eran comunes.

Aguajales

Así como en otras regiones de Loreto, la región del AAYMP muestra una variedad inmensa de bosques de pantanos. Estos se encuentran muchas veces agrupados bajo el nombre de aguajal, debido a la frecuente abundancia de la palmera *Mauritia flexuosa*, conocida localmente como aguaje (Kalliola et al. 1998). Sin embargo, la composición florística de los aguajales varía desde pantanos inmensos conformados tan sólo por *Mauritia* a pantanos pequeños que albergan una mezcla de *Mauritia* y otros árboles. Dos pantanos dominados de *Mauritia* pueden ser muy distintos en cuanto al resto de su flora.

Por ejemplo, una vasta área inundada cerca del campamento de Yaguas—fácilmente reconocible en la imagen satelital y probablemente alimentada por el río—se localizó cerca del curso principal del Yaguas. Aquí, otras especies de palmeras, incluyendo *Astrocaryum murumuru* var. *murumuru*, *Oenocarpus bataua* y *Socratea exorrhiza*, fueron casi tan abundantes como *Mauritia*, y el sotobosque fue muy variado. En el campamento de Maronal, dos pantanos—de tamaño pequeño e invisibles en las imágenes satelitales —se localizaron en áreas inundadas por arroyos. Una franja delgada de *Mauritia* se ubicaba en el área central y más húmeda, la cual estaba rodeada de una mezcla diversa de árboles y arbustos más típicos de tierra firme. En el campamento de Apayacu visitamos un pantano de tamaño mediano, de por lo menos 2 km de circunferencia, en una cuenca de tierra firme, alimentada de pequeños arroyos y agua de lluvia. Aquí un árbol del género *Caraipa* (Clusiaceae) dominaba el sotobosque y *Mauritia* era más abundante en comparación con los otros dos sitios. Parecería evidente que en la región del AAYMP existen muchos otros tipos de aguajales, florísticamente distintos en su composición. En los sobrevuelos observamos grandes extensiones de bosques pantanosos con una dominancia casi completa de *Mauritia* y áreas abiertas inundadas pero sin vegetación. De igual manera, pareciera que los aguajales en esta región de Loreto tienen una flora y fauna que se diferencia substancialmente de los aguajales que dominan el suroeste del departamento, alrededor del río Pastaza. El término amplio "aguajal" subestima la complejidad biológica y dinámica de estos bosques florísticamente heterogéneos.

Bosques de planicie inundable (Yaguas y Apayacu)

Los bosques inundables en los dos sitios ribereños, Yaguas y Apayacu, son extremadamente diferentes entre sí. En el sitio de Yaguas, encontramos una planicie inundable bien definida, con áreas ocasionalmente inundables y áreas inundadas casi continuamente. A lo largo del Apayacu, las planicies inundables no eran ni amplias ni predecibles; pequeños parches de bosque inundable se mezclaban sin distinción con las comunidades adyacentes de tierra firme.

En las planicies inundables del Yaguas, se encontraba por lo general los árboles *Tachigali* (Fabaceae), *Astrocaryum murumuru* var. *murumuru* (Arecaceae), *Eschweilera gigantea* (Lecythidaceae), *Ceiba pentandra* (Bombacaceae) y las hermosas raíces tablares anaranjadas de *Sloanea guianensis* (Elaeocarpaceae). La palmera *Manicaria saccifera*, que casi siempre crecía en agregados de dos tallos, se encontró de manera abundante en áreas ocasionalmente inundables. Las especies típicas del sotobosque incluyeron *Oxandra xylopioides* (Annonaceae), *Rinorea lindeniana* (Violaceae), *Protium nodulosum* y *P. trifoliolatum* (Burseraceae), junto con dos especies abundantes de *Sorocea* (Moraceae), ambas floreando y fructificando durante el inventario. Una pequeña palmera de sotobosque, *Hyospathe elegans* (Arecaceae), se encontró en parches dominantes por varios kilómetros de las planicies inundables del Yaguas y prevalecían en áreas inundables de los arroyos, en las colinas de tierra firme de Maronal.

Colinas de tierra firme

En los tres sitios visitados, el tipo de vegetación dominante es bosque de tierra firme en colinas ondulantes (ver arriba). Nuestro muestreo de árboles adultos en transectos de 1 ha nos sugiere que la composición de especies y diversidad de este tipo de bosque son muy similares en los tres lugares evaluados, aunque los sitios más alejados se encontraban a una distancia de más de 140 km. En promedio, un 39% de las especies en un transecto se encuentran en el otro transecto, y un 55% de los árboles pertenecen a especies compartidas. En base a estos números, nuestra hipótesis es que la composición de la comunidad de árboles es relativamente predecible en gran parte de la región del AAYMP. En otras palabras, las especies más comunes reincidentes en nuestros transectos probablemente dominan la mayoría de los bosques en la región del AAYMP.

Irónicamente, estas comunidades arbóreas son tan diversas que casi ninguna de las especies son comunes en el sentido absoluto. La palmera *Oenocarpus bataua* fue el árbol más común en nuestro inventario, pero sólo contabilizó un 3,6% de todos los árboles (Figura 5G). Otras especies "comunes" en los transectos fueron *Senefeldera inclinata* (Euphorbiaceae) y *Rinorea racemosa* (Violaceae), ambas con frutos explosivamente dehiscentes, y numerosas especies cuyos frutos son dispersados por animales: *Eschweilera coriacea* (Lecythidaceae), *Virola pavonis* (Myristicaceae), *Mabea* cf. *angularis* (Euphorbiaceae), *Iriartea deltoidea* (Arecaceae), *Protium amazonicum* (Burseraceae) y *Hevea* cf. *guianensis* (Euphorbiaceae); muchas de éstas son también comunes en muchos otros bosques del norte de Loreto. Esta lista de especies dominantes es una curiosa mezcla de taxones que prefieren suelos más fértiles, como *Iriartea*, taxones que prefieren suelos pobres, como *Senefeldera* y *Hevea*, y taxones generalistas como *E. coriacea*. Esta mezcla composicional se extiende a especies más raras también, tal vez reflejando el hecho que los bosques de tierra firme en estos lugares tienen suelos intermedios entre arena y arcilla, con un 50% de limo.

La diversidad de árboles en estos bosques es formidable. Nuestros transectos tuvieron un promedio de 299 especies por ha.—más especies de árboles en una sola hectárea que en todo el territorio de los Estados Unidos. Aún nuestro transecto menos diverso (en el Yaguas, donde registramos 283 especies) se ubica entre las diez hectáreas más diversas del mundo. La variación de diversidad entre los sitios que evaluamos desaparece cuando se estandariza el número de árboles, sugiriendo que la diversidad es consistentemente alta a lo largo de vastas regiones de la región.

Los inventarios cuantitativos de las plantas del sotobosque mostraron un patrón similar de diversidad extrema y de poquísimas especies compartidas entre transectos. Las especies de árboles comunes también fueron comunes en el sotobosque, incluyendo *Senefeldera inclinata, Clathrotropis macrocarpa, Virola pavonis, Mabea* aff. *angularis* y *Rinorea racemosa.* En las colinas más arenosas las especies comunes fueron *Neoptychocarpus killipii, Lepidocaryum tenue* y *Geonoma maxima,* aunque muchas veces en parches, donde coexistían con *Pausandra trianae,* un arbusto con frutos explosivamente dehiscentes.

Una sola especie de Marantaceae, *Monophyllanthe araracuarensis,* cubrió numerosos kilómetros cuadrados de tierra firme en Maronal y Apayacu, alfombrando docenas de pequeñas colinas, para luego desaparecer abruptamente. Otros géneros de Marantaceae (*Monotagma, Calathea, Ischnosiphon*) y un helecho (*Adiantum* sp.) formaron parches más modestos en los tres sitios. Estas distribuciones heterogéneas nos sugieren que estas formas de vida tal vez sean más sensibles a diferencias pequeñas de suelos y drenaje que las plantas de mayor tamaño, como los árboles.

HÁBITATS ESPECIALES Y HÁBITATS NO MUESTREADOS

Vegetación de cocha y la gran purma

Dos hábitats—la vegetación alrededor de una cocha y un bosque secundario natural (purma)—se encontraron solamente en uno de los sitios evaluados (Yaguas y Maronal respectivamente). Sin embargo, la imagen satelital deja en claro que estos hábitats se encuentran en otras áreas de la Zona Reservada propuesta.

En el sitio de Yaguas, una cocha pequeña de sólo 500 m de circunferencia y por lo tanto invisible en la imagen satelital, está ubicada a tan sólo 10 m de distancia del curso principal del Yaguas. Algunos árboles típicos de lagos de agua negra crecían en las áreas inundadas a lo largo de la cocha, incluyendo densos agregados de *Bactris riparia* (Arecaceae) y varios individuos de *Macrolobium acaciifolium* (Fabaceae). Especies de *Croton* y *Hyeronima* (Euphorbiaceae) crecían en las áreas más secas y altas, por encima de grandes parches de la hierba *Crinum erubescens* (Amaryllidaceae).

En toda la región del AAYMP, así como a través de la Amazonía, áreas de bosque secundario natural o purmas resaltaron en las imágenes satelitales como manchas brillantes (Figura 2). Estas purmas se originan cuando tormentas súbitas empujan hacia abajo corrientes de aire con fuerza suficiente como para aplanar hectáreas enteras de bosque (Nelson et al. 1994). En 1985-86, personas que viajaban por la trocha que comunica el Ampiyacu y el Algodón cerca de nuestro campamento Maronal, encontraron que una tormenta había dejado numerosas purmas en el área, incluyendo una tan extensa que había borrado del paisaje kilómetros enteros de la trocha. Diecisiete años más tarde, estas áreas han sido recolonizadas por bosque secundario de la misma edad, dominado por *Cecropia sciadophylla* (Cecropiaceae) en el dosel y *Phenakospermum guyannense* (Strelitziaceae) en el sotobosque.

Hábitats no muestreados

Aunque nuestro inventario cubrió un rango diverso de hábitats, no pudimos muestrear por lo menos dos características importantes del paisaje: las terrazas de tierra firme (ver arriba) y el Algodón, un río de aguas negras que domina la parte norte de la reserva propuesta. Ambos lugares ameritan inventarios y protección. A partir de los sobrevuelos, sabemos que grandes secciones de bosque ubicadas a lo largo del Algodón están dominadas por la palmera clonal *Astrocaryum jauari* y el árbol *Macrolobium acaciifolium* (Fabaceae), sugiriendo un clásico hábitat de aguas negras con una composición florística muy distinta a la de los otros lugares visitados—un hábitat muy distinto con un alto valor para la conservación. La composición florística de las terrazas de tierra firme y su similitud con las colinas de tierra firme adyacentes, es más difícil de predecir. Muchas de estas terrazas están ubicadas cerca de las comunidades de Cuzco y Sabalillo, en el Apayacu, así que la posterior recolección de información para esta área podría ser fácil.

NUEVAS ESPECIES, RAREZAS Y EXTENSIONES DE RANGO

Aunque la mayoría de las especies de plantas colectadas durante el inventario todavía están sin identificar, algunas colecciones ya han sido confirmadas como especies nuevas, o como extensiones significativas para el rango geográfico de ciertas especies. La rápida confirmación de nuevas especies en los trópicos es difícil, ya que por lo general pasan más de 10 años antes que una planta tropical colectada sea descrita como nueva para la ciencia. Estimamos que de 10 a 15 especímenes colectados durante el inventario son nuevas especies, pero sólo podemos confirmar una de ellas: una nueva especie para el género monotípico *Cyclanthus* (Cyclanthaceae). La única especie descrita para el género, la hierba *C. bipartitus,* la cual es bien conocida y está ampliamente distribuida en el Neotrópico, tiene hojas planas y bífidas, y una bráctea amplia cubriendo el espádice. La nueva especie tiene hojas simples con nervadura prominente y una bráctea más delgada—con una longitud que duplica a la de *C. bipartitus*—rodeando el espádice (Figura 5F).

Otra hierba, desconocida para nosotros, también constituye potencialmente una nueva especie. Se trata de una especie de *Rapatea* (Rapateaceae), la cual encontramos en el sotobosque de numerosos lugares. A pesar de tener hojas de apariencia distintiva, arrugadas y semejantes a acordeones, aún tenemos que continuar la búsqueda de esta especie en las colecciones de herbarios. Adicionalmente, colectamos una especie no conocida de Clusiaceae con un fruto del tamaño de una toronja (Figura 5E). Este árbol parece ser una especie nueva de *Lorostemon* (B. Hammel y P. Stevens, com. pers.), un género previamente no registrado para el Perú.

Muchas de las especies en nuestra lista representan un incremento en el rango geográfico de especies poco conocidas; por lo menos una no está listada en el *Catalogue of the Flowering Plants and Gymnosperms of Perú* (Brako y Zarucchi 1993). Nuestro registro de *Monophyllanthe araracuarensis*

(Marantaceae) es el segundo para esta especie y el primero para el Perú (Figura 5H). El primer registro de *M. araracuarensis* es de la colección tipo de una población localizada cerca al río Caquetá en Colombia.

A lo largo del río Yaguas encontramos otra especie poco conocida, la palmera *Manicaria saccifera*, creciendo en grupos de dos individuos. Aunque era común en las planicies inundables del Yaguas, esta población representa sólo el tercer registro para la especie en el Perú. La distribución actual de esta especie indica una separación; existen varias colecciones de América Central hasta el Chocó, pero ningún registro desde Colombia hasta Guyana. Este pequeño parche de *M. saccifera* en el norte del Perú representa uno de los puntos más extremos en el sur de su distribución.

AMENAZAS, OPORTUNIDADES Y RECOMENDACIONES

En la escala regional, la región del AAYMP representa una gran oportunidad para la protección de una vasta extensión de tierra firme—el hábitat dominante de esta región y a lo largo de la Amazonía peruana. Actualmente, ninguna reserva en Loreto protege alguna porción semejante de tierra firme. Es más, las áreas protegidas existentes en Loreto protegen numerosos hábitats que no están presentes en la región del AAYMP, tales como los extensos bosques inundados y aguajales de Pacaya-Samiria y las colinas de arenas blancas de Allpahuayo-Mishana.

A pesar que esta región parece ser tan prometedora para la conservación, existen numerosas amenazas a sus bosques. Nuestros campamentos estuvieron localizados cerca del corazón de la Zona Reservada propuesta, casi equidistante de los centros poblados a lo largo del Ampiyacu y Apayacu en el sur, y del Algodón hacia el norte. A pesar de lo remoto de estos parajes, encontramos cicatrices en árboles de caucho explotados, tocones de árboles, y los restos de campamentos temporales de caza.

También encontramos evidencia de extracción maderera en los tres lugares. Los mayores vestigios de destrucción se encontraron en Maronal, donde se encontraron los restos de seis árboles caídos, de los cuales cinco habían sido deslizados hacia el arroyo y probablemente "tronqueados" río abajo. El sexto era una lupuna gigantesca (*Ceiba pentandra*) con más de 22 m de madera aprovechable dejada en el bosque y en estado de descomposición. Aunque todos estos árboles caídos estaban cerca de los ríos, los madereros habían limpiado áreas considerables de bosque (~10 m x 50 m) para poder arrastrar la madera hacia el agua (Figura 10A). Inventarios de más de mil plántulas en estos claros encontraron sólo dos de especies de valor comercial, estando el resto dominado por hierbas de crecimiento rápido.

Las poblaciones de las especies maderables más valiosas en Loreto parecen ser escasas en estos bosques (*Cedrela* spp., *Cedrelinga cateniformis* y *Swietenia macrophylla*). Sin embargo, más o menos un 30% de los árboles localizados en nuestros transectos de tierra firme pertenecen a géneros que tienen cierto valor como madera corriente en Loreto (fide Dolanc et al. 2003). No existe un número pequeño de especies de valor comercial que puedan orientar el manejo, el diseño y la realización de prácticas madereras sostenibles y no destructivas.

Si las áreas adyacentes a la Zona Reservada propuesta continúan siendo taladas recomendamos un manejo activo, basado en límites de corte establecidos para prohibir la tala de individuos pre-reproductivos. Especies de cedro (*Cedrela* spp.), tornillo (*Cedrelinga cateniformis*, Figuras 5A, B), y lupuna (*Ceiba pentandra*) generalmente no entran en estado reproductivo hasta que sus troncos alcanzan los 80 cm de diámetro (C. Vriesendorp, pers. obs.; Gullison et al. 1996).

Pocas de estas especies se regeneran sin la reforestación activa, lo que incluye la plantación de plántulas, y la constante limpieza de lianas y hierbas durante su fase de crecimiento juvenil. Muchas comunidades indígenas, incluyendo Brillo Nuevo y Pucaurquillo, han comenzado programas de reforestación cerca de sus poblados, lo que potencialmente aliviaría la presión de tala de especies maderables a largo plazo (M. Pariona, com. pers.; ver "Comunidades Humanas").

PECES

Autores/Participantes: Max H. Hidalgo y Robinson Olivera

Objetos de conservación: Comunidades diversas de peces que habitan en ambientes acuáticos principales (ríos, cochas, quebradas) y ambientes menores bosque adentro; cuencas enteras de tres grandes ríos (Apayacu, Yaguas y Ampiyacu); especies de importancia comercial y evolutiva, como *Arapaima gigas* (paiche) y *Osteoglossum bicirrhosum* (arahuana); especies migratorias de gran valor comercial, como *Zungaro zungaro* (zungaro) y *Pseudoplatystoma fasciatum* (doncella), intensamente explotadas en otras zonas de la Amazonía; numerosas especies de valor ornamental, como *Monocirrhus polyacanthus* (pez hoja), *Boehlkea fredcochui* (tetra azul) y otras posiblemente nuevas para la ciencia; y especies raras como *Thalassophryne amazonica* (pejesapo)

INTRODUCCIÓN

La selva baja amazónica es la región natural más grande del Perú y está atravesada por una gran red de drenaje que incluye numerosos ambientes lóticos (ríos, quebradas, arroyos) y lénticos (lagunas o cochas). Estos ambientes acuáticos se pueden dividir en diversas cuencas y subcuencas, y al relacionarse con la vegetación de la llanura amazónica, originan muchos hábitats y microhábitats para los peces, lo que ha permitido una impresionante diversificación. Alrededor de 750 especies de peces han sido registradas en esta región, lo que significa el 87% del total de la ictiofauna de agua dulce conocida del Perú (Chang y Ortega 1995). Se estima que la ictiofauna continental peruana superará las 1.100 especies (Ortega y Chang 1998), una vez que se estudien las muchas cabeceras y cuencas medianas y menores aún poco conocidas, como las de los ríos Apayacu, Yaguas y Ampiyacu (Ortega y Vari 1986).

El enfoque del presente inventario fue estudiar las comunidades de peces de las cabeceras de estos ríos, las cuales corresponden a dos cuencas mayores de drenaje, la del río Putumayo (Yaguas) y la del río Amazonas (Ampiyacu y Apayacu). Los objetivos principales fueron recolectar información básica (composición taxonómica, estructura y distribución) de los peces de un área poco conocida, observar y documentar el estado de conservación de los ambientes acuáticos y realizar colectas científicas en un área que es de interés para la conservación.

La información disponible de inventarios previos en esta zona es muy escasa. Históricamente el río Ampiyacu es muy importante para la ictiología sudamericana por los trabajos que Cope realizó en el siglo XIX, dando a conocer varias especies nuevas colectadas en Pebas (Cope 1872, 1878). Además, se pudo contar con las listas de especies de los inventarios de Graham (2002) y Schleser (2000) de algunos afluentes del río Apayacu. Evaluaciones similares a la presente se han realizado últimamente en los ríos Yavarí (Ortega et al. 2003a) y Putumayo (Ortega y Mojica 2002), lo cual también nos permite hacer una comparación de las ictiofaunas de estas regiones de Loreto.

MÉTODOS

En cada uno de los tres campamentos evaluamos durante cinco días de campo, con el apoyo de un guía local. Establecimos entre nueve y doce estaciones de muestreo por campamento, totalizando 32 (Apéndice 2). En cada estación anotamos las coordenadas de GPS, registramos las características básicas del ambiente acuático y realizamos colectas de material biológico. En los tres sitios el acceso fue principalmente mediante trochas, pero adicionalmente en Apayacu se utilizó un bote "peque-peque".

Elección de los lugares de muestreo

Seleccionamos las estaciones de acuerdo al tipo y calidad del hábitat, tamaño, accesibilidad y otros factores logísticos. Las estaciones abarcan una gran variedad de ambientes acuáticos, incluyendo afluentes principales (ríos, quebradas), ambientes lénticos (cochas, pozas temporales dentro del bosque o "tahuampas" y ambientes acuáticos de bosque de tierra firme y bajiales, principalmente aguajales). De los 32 puntos evaluados, 27 eran ambientes lóticos (ríos y quebradas) y cinco lénticos (tres "tipishcas" [brazos de río que probablemente formarán cochas en el futuro], una poza en el bosque en Yaguas y una cocha). Trece ambientes eran de agua blanca, 11 de agua clara y ocho de agua negra.

En los ríos principales pudimos establecer más de un punto de muestreo, mientras en las quebradas pequeñas establecimos solo un punto. Evaluamos nueve puntos en los ríos Yaguas y Apayacu, cuatro de ellos en tipishcas y cinco en las orillas del canal principal.

Dada la época y el área de estudio, no pudimos evaluar zonas inundadas que constituyen hábitats muy importantes para la cría de especies de interés comercial, en especial algunos grandes bagres como doncellas y varias especies de Characidae, Curimatidae, bocachicos y lisas. Otros hábitats que evaluamos poco fueron ambientes lénticos mayores (cochas). Tampoco pudimos visitar la cuenca del río Algodón, que representa una incógnita para la ictiofauna peruana, y que merece una mayor atención.

Colecta y análisis del material biológico

Para la colecta de peces empleamos redes de 5 x 1,8 m y de 4 x 1,2 m, con malla de 5 y 2 mm respectivamente, haciendo arrastres a las orillas. En cada estación repetimos los lances hasta que la muestra resultara representativa; es decir, hasta colectar en todos los microhábitats presentes y/o hasta que las especies capturadas comenzaran a repetirse. Eventualmente usamos anzuelos y líneas para el registro de especies de consumo o de tallas grandes. Hicimos además observaciones durante el día y la noche en los ambientes de agua clara y negra, para identificar especies que no pudieron ser capturadas.

Los ejemplares colectados fueron fijados inmediatamente en una solución de formol al 10%, dejándolos en solucción durante 24 horas como mínimo. Luego los colocamos en una solución de alcohol etílico al 70%. Realizamos la identificación preliminar en campo utilizando algunas claves básicas (Eigenmann y Allen 1942, Géry 1977) y la experiencia adquirida en otros inventarios de la Amazonía peruana, en especial el inventario de Yavarí (Ortega et al. 2003a).

Teniendo en cuenta que la ictiofauna neotropical de agua dulce (en especial de la cuenca amazónica, la más rica del planeta) aún no ha sido completamente estudiada, las relaciones filogenéticas de muchos grupos no están claras o resueltas, lo que afecta la clasificación. Esto hace difícil las identificaciones precisas para varios grupos. Durante el inventario rápido fue posible identificar al nivel de especie buena parte del material colectado, pero en otros grupos solo hasta género, e incluso subfamilia, o familia. En estos casos, el material fue separado como "morfoespecies", tal como se ha establecido para evaluaciones similares (e.g., Chernoff 1997). Identificaciones más precisas serán realizadas en el Departamento de Ictiología del Museo de Historia Natural, UNMSM, y con la colaboración de especialistas de otras instituciones. El material biológico será depositado en la Colección Científica de peces del Museo de Historia Natural, UNMSM, en Lima.

DESCRIPCIÓN DE LOS SITIOS VISITADOS

Yaguas

En este sitio establecimos nueve estaciones, incluyendo el río Yaguas (~40 m de ancho), una cocha de agua negra, una quebrada grande de agua blanca y algunos ambientes acuáticos dentro del bosque, como quebradas pequeñas de agua negra y pozas temporales que se conectan al río durante la creciente. El río Yaguas es un afluente del río Putumayo, y se caracteriza por ser de agua blanca (de color marrón cremoso, escasa transparencia, gran cantidad de sólidos en suspensión, y rico en nutrientes), con fondo blando compuesto de arena y limo. Se observaron pocas áreas con orilla expuesta y las pocas playas encontradas tenían una pendiente bastante inclinada (entre 45° y 60°). El canal principal parecía estar en un intermedio entre creciente y vaciante, con una profundidad media estimada en 5 m. Con lluvia leve de pocas horas el nivel del río crecía fácilmente algunos metros.

Maronal

Este sitio corresponde a bosque de tierra firme, y los 11 ambientes acuáticos evaluados aquí fueron quebradas interiores, cubiertas en su totalidad por el dosel. La mayoría de estos ambientes tienen agua clara (coloración verdosa, y transparencia total, con muy pocos sólidos en suspensión, pH variable entre ácido y neutro, y variable cantidad de nutrientes), aunque algunos parecían mixtos hacia agua negra, tres de agua negra y dos de agua blanca. La principal quebrada de la zona es la Supay, siendo ésta el colector de la mayoría de quebradas estudiadas en este sitio. De aproximadamente 15 m de ancho, la quebrada Supay es un ambiente lótico de aguas negras y es afluente primario de otra quebrada que descarga sus aguas por la región este del río Ampiyacu.

Las otras quebradas evaluadas en este campamento eran menores de 5 m, con orilla muy estrecha y de fondos blandos compuestos principalmente por fango, hojarasca y numerosos troncos sumergidos, además de presencia de raíces de árboles en los bordes, cavidades muy profundas y una red subterránea de túneles, lo que genera de manera particular numerosos microhábitas para los peces. Estas quebradas dependen de la lluvia y de la escorrentía estrictamente, por lo que su nivel crece y decrece rápidamente después de lluvias moderadas. Algunas de las estaciones de muestreo establecidas en este sitio fueron pozas pequeñas aparentemente temporales (algunas no mayores de 1 m^2 de superficie) en los bajiales, principalmente en aguajales.

Apayacu

Para este tercer sitio, el principal hábitat evaluado fue el río Apayacu. El Apayacu es similar al Yaguas, aunque ligeramente menos ancho (<40 m). Es de aguas blancas y de fondo areno-fangoso, con orillas estrechas de fuerte pendiente. En Apayacu pudimos explorar un mayor número de quebradas grandes a diferencia del Yaguas, dada la disponibilidad de embarcación a motor. Las quebradas mayores eran profundas y con mucha similitud al río en tipo de orilla, por lo que establecer puntos de muestreo resultó difícil. El tipo de agua en estos ambientes fue variable entre aguas claras, blancas y negras. Fueron evaluados en mayor cantidad los ambientes lóticos (diez) y los lénticos (dos).

RESULTADOS

Diversidad de especies y estructura comunitaria

Colectamos alrededor de 5.000 especímenes de peces durante el inventario rápido, obteniéndose una lista sistemática preliminar que comprende 11 órdenes, 33 familias, 111 géneros y 207 especies (ver el Apéndice 3). Adicionando especies consideradas de consumo en la zona, según lo manifestado por las comunidades nativas al equipo de investigación social (Figura 6H), la lista de especies registrada durante el inventario alcanza 219 especies. Los inventarios previos de Graham (2002) y Schleser (2000) aumentan el total conocido a nivel regional para el área del Ampiyacu, Apayacu, Yaguas y Medio Putumayo (AAYMP) a 289 especies. De este total, el 56% ha sido identificado hasta el nivel de especie, mientras el resto son formas que, o requieren una revisión mas detallada (~40%), o constituirían nuevos registros y/o nuevas especies (~5%).

Más del 75% de las especies encontradas corresponden a formas cuyos estadíos adultos presentan tallas menores de 10 cm, siendo más abundantes entre ellas algunas especies de la familia Characidae (~40% de los individuos), con alto valor como peces ornamentales. Entre los peces de tamaños mayores y de gran valor comercial registramos *Arapaima gigas* (paiche), *Osteoglossum bicirrhosum* (arahuana, Figura 6B) y *Cichla monoculus* (tucunaré); adicionalmente se reporta la presencia de *Colossoma macropomum* (gamitana), *Piaractus brachypomus* (paco), *Pseudoplatystoma fasciatum* (doncella) y *Brachyplatystoma filamentosum* (saltón).

El 62% de las especies registradas pertenecen a diez familias del orden Characiformes (129 especies) y el 80% de éstas pertenecen a la familia Characidae (103). El segundo orden más diverso fue Siluriformes con el 22% del total (46 especies), en nueve familias. Entre éstas, la familia Loricariidae es la mejor representada con 17 especies, que significa el 8% de toda la ictiofauna presente en el inventario y el 37% de los bagres registrados. Los otros nueve órdenes y 31 familias representan el 15% del total de especies. Esta clara dominancia en diversidad de especies de Ostariophysi (Characiformes, Siluriformes y Gymnotiformes) es un patrón que se ha venido encontrando en otras cuencas en la Amazonía peruana (Chang 1998, de Rham et al. 2000, Ortega et al. 2001, 2003a, 2003b).

Diversidad por sitios y hábitats

De los tres sitios, Yaguas presentó el mayor número de especies (131) de todo el inventario; se registraron 79 especies en Maronal y 112 en Apayacu. En Yaguas también encontramos las estaciones más diversas del inventario, en especial en el río Yaguas. En una estación del canal principal registramos 43 especies y en otra en una tipishca registramos 39 especies.

Los ambientes de agua blanca eran los más diversos en peces, en especial los canales principales y tipishcas de los ríos Yaguas y Apayacu. En segundo lugar, los ambientes de agua negra resultaron más diversos que los de agua clara. Así, en Yaguas identificamos en una quebrada 35 especies (segundo lugar en riqueza para este sitio). La única cocha evaluada durante el inventario presentó 32 especies.

En Maronal, los ambientes de agua negra fueron los más diversos, con un promedio de 21 especies y un máximo de 30. Los de agua clara promediaron 20 especies. En Apayacu, los diferentes tipos de agua resultaron muy similares en diversidad; ambientes acuáticos de agua clara (los más abundantes), blanca y negra presentaron estaciones con alto número de especies (35 o 36 para los más diversos).

Debido a la época del año durante la que se realizó el inventario, no encontramos áreas de bosque inundable tan grandes como las que se presentaron en la cuenca del río Yavarí (Ortega et al. 2003a), por lo que en Yaguas y en Apayacu los ambientes lóticos fueron los más diversos y pocos ambientes laterales fueron estudiados. En Maronal, la red de quebradas evaluadas correspondió a la microcuenca de la quebrada Supay, siendo quebradas de bosque que no están influenciadas por la fluctuación del río Ampiyacu. El nivel del agua de estos cursos pequeños en cambio, sí está influenciada tremendamente por las lluvias, por lo que estas quebradas pueden "inundar" ambientes laterales en el bosque de tierra firme, permitiendo a los peces aprovechar nuevos microhábitats. Esto explicaría el alto número de especies encontrado para el sitio (79).

Similitud de especies entre sitios

Solo el 15% de las especies registradas (31 especies) fueron encontradas en los tres sitios, mientras que el 59% (123 especies) fueron únicas para alguno de los tres lugares estudiados (50, 25 y 34% de las especies para Yaguas, Maronal y Apayacu respectivamente). Los dos sitios en la cuenca del río Amazonas (Maronal y Apayacu) fueron relativamente más similares entre ellos que con el sitio en la cuenca del río Putumayo (Yaguas). Entre Yaguas y Maronal hubo una similitud de especies en el 25%; entre Yaguas y Apayacu 29%; y entre Maronal y Apayacu 35%. Cuando se compara las cuencas mayores del Putumayo y Amazonas, la similitud alcanza un 32%.

Registros interesantes

Moenkhausia hemigrammoides ha sido confirmado como un nuevo registro para el Perú, y alrededor de 15 otras especies, muchas de los géneros *Hemigrammus, Hyphessobrycon, Moenkhausia* y *Jupiaba,* posiblemente también lo son. Algunas de éstas también fueron registradas en la reciente evaluación del Yavarí (Ortega et al. 2003a).

Tal vez cinco especies podrían constituirse como especies nuevas. Estas novedades podrían estar entre algunos peces eléctricos del género *Gymnotus* (Figura 6E), especies de bagres pimelódidos pequeños como *Cetopsorhamdia* y algunos carácidos.

Registramos varias especies que tienen un alto valor como ornamentales y que son de distribución restringida en algunas pocas cuencas en Loreto, como *Boehlkea fredcochui* (tetra azul) y *Monocirrhus polyacanthus* (pez hoja, Figura 6C). Otro registro interesante es *Thalassophryne amazonica* (pejesapo), especie escasamente representada en la colección científica del Museo de Historia Natural, UNMSM.

En las pequeñas quebradas de Maronal, encontramos varios individuos pequeños de especies que pueden alcanzar grandes tallas. Tal es el caso de un bagre encontrado en una quebrada de 5 m de ancho, dentro del tronco sumergido de una palmera, que preliminarmente fue identificado como zungaro (*Zungaro zungaro*), pero que podría tratarse de otro género (*Pseudopimelodus*), y tal vez alguna novedad para el Perú.

DISCUSIÓN

Diversidad regional

La región del Ampiyacu, Apayacu, Yaguas y Medio Putumayo es una de las más diversas en peces continentales de la Amazonía peruana, comparativamente con lo que ya se conoce para otras regiones como Putumayo (310 especies, Ortega y Mojica 2002), Yavarí (240 especies, Ortega et al. 2003a), Tambopata-Candamo (232 especies, Chang 1998), Manu (210 especies, Ortega 1996), río Pachitea (~200 especies, Ortega et al. 2003b), Bajo Urubamba (156 especies, Ortega et al. 2001), río Heath (105 especies, Ortega y Chang 1992) y Cordillera Azul (93 especies, de Rham et al. 2000). Nuestro número de especies estimado para la región del AAYMP estaría entre 400 a 450, conservadoramente.

Los estudios en el Yavarí y Putumayo, por ser las cuencas más cercanas a la región del AAYMP, fueron utilizados para comparaciones. En el inventario de AAYMP encontramos menos especies que en el inventario de Yavarí (207 vs. 240 respectivamente). Para ambas áreas los Characiformes y Siluriformes representan los grupos dominantes en la estructura comunitaria de los peces, con más del 80% de las especies. La similitud composicional entre las dos cuencas fue del ~50%.

En cuanto al Putumayo, la región del AAYMP comparte el 35% de sus especies con la lista de 310 especies reportada para este primero (Ortega y Mojica 2002). Estos resultados son muy interesantes, ya que por lo menos dos factores nos indicaban que debería haber mayor similitud entre la región del AAYMP y Putumayo que entre ésta y Yavarí. En primer lugar, el sitio Yaguas (cuenca del río Putumayo) fue el más diverso de todo el inventario. Segundo, tanto la región del AAYMP como el río Putumayo se ubican al norte del río Amazonas, mientras que el río Yavarí se ubica al sur del Amazonas.

Aunque este es un inventario preliminar, la información disponible permite plantear la hipótesis que la relativa cercanía de la desembocadura del río Yavarí a los ríos Ampiyacu y Apayacu (~300 km), en comparación con el Putumayo, que vierte sus aguas en el Amazonas mucho más al este, permita un mayor intercambio de fauna de peces entre los primeros. Esto podría ser especialmente importante para algunas especies pequeñas de Characiformes y Siluriformes (los mejor representados en la ictiofauna de este inventario), que podrían encontrar en el gran río Amazonas una barrera para su distribución en otros ambientes acuáticos.

El bajo porcentaje de similitud de las ictiofaunas del río Putumayo con la región del AAYMP pueda quizás estar relacionado a la adición de especies de la margen izquierda (norte) de la cuenca del Putumayo, es decir, de aquellos tributarios que nacen en Colombia, y que representan especies no reportadas para el Perú. Aproximadamente 30 especies resultaron nuevas adiciones para la ictiofauna continental peruana del estudio en el Putumayo (H. Ortega, com. pers.).

Explicaciones más precisas y confiables de estos resultados requieren de estudios más profundos a nivel de sistemática, ecología de comunidades, distribución, biogeografía y necesariamente inventarios en tributarios aún no explorados en esta región y en otras épocas. La región que abarca las cuencas del Ampiyacu, Apayacu, Yaguas, Medio Putumayo y Yavarí, quizás sea la más diversa en peces de agua dulce en el Perú. A una escala mayor, la región Loreto probablemente tenga la mayor diversidad de peces de agua dulce del Perú, debido a que en ella se ubica la mayor extensión de la llanura amazónica inundable y por la presencia de numerosos e importantes tributarios del Amazonas (Chernoff et al. en prensa, Ortega et al. 2003a, de Rham et al. 2001, Hidalgo 2003).

Importancia para la conservación

Aparte de la diversidad impresionante de peces, la región del AAYMP presenta una gran variedad de ambientes acuáticos que en especial en las cabeceras se encuentran en buen estado de conservación y deben ser protegidos. El área propuesta para conservación incluye diversos hábitats acuáticos que son muy importantes en la dinámica de las comunidades de peces, en la migración, reproducción, cría y alimentación de numerosas especies de importancia económica y ecológica.

Amenazas presentes y potenciales para la zona incluyen la extracción no controlada de madera, lo que además causa erosión de suelos, alterando hábitats y microhábitats acuáticos importantes para peces. La sobre-explotación de recursos pesqueros por la pesca comercial de consumo y ornamentales sin restricción de tallas mínimas de captura, tamaños de malla prohibidos, o número de individuos extraídos constituye también un riesgo para las poblaciones de muchas especies de peces utilizadas para esos fines. También el uso constante de sustancias tóxicas para la captura de peces, en especial del barbasco y huaca, causan efectos negativos de corto a mediano plazo en los hábitats acuáticos.

Es necesario establecer el manejo integral de las cuencas, en especial si el área de estudio involucra cuencas enteras. Recomendamos por ésta razón, incluir las cuencas completas del río Yaguas y del río Algodón en cualquier área natural protegida establecida en la zona.

ANFIBIOS Y REPTILES

Autores/Participantes: Lily O. Rodríguez y Guillermo Knell

Objetos de conservación: Comunidades intactas de herpetofauna de tierra firme; especies de consumo tradicional (como *Leptodactylus pentadactylus*, ranas grandes del género *Osteocephalus* y caimanes) y comercial (como la tortuga terrestre, los caimanes negros y blancos, y las tortugas acuáticas *Chelus fimbriatus*, *Podocnemis sextuberculata*, *P. expansa* y *P. unifilis*)

INTRODUCCIÓN

A pesar de que la región entre los ríos Putumayo, Napo y Amazonas ha sido sujeta a varios muestreos herpetológicos en los últimos 25 años, este inventario fue el primero realizado en el corazón de la región y el primero en muestrear comunidades herpetológicas en la cuenca del río Yaguas. Muchos de los muestreos previos realizados en los alrededores de la Zona Reservada propuesta, en el bajo río Ampiyacu (Lynch y Lescure 1980, Lescure y Gasc 1986) y zonas adyacentes al río Napo (Rodríguez y Duellman 1994), se enfocaron en hábitats aluviales o de *várzea*. Otros trabajos realizados entre 1995 y 2002 en la estación biológica Sabalillo, ubicada en el bajo río Apayacu, también han aportado mucha información herpetológica (D. Graham, D. Roberts, R. Bartlett, R. Hartdegen, C. Yánez Miranda, et al., pers. comm.).

El presente inventario prestó mayor atención a los bosques de tierra firme. La distinción es importante, especialmente en los ríos Ampiyacu y Apayacu, donde la herpetofauna encontrada río arriba y río abajo muestra algunas diferencias significativas. Por ejemplo, el sapo más grande y común de la Amazonía (*Bufo marinus*) está presente en las partes bajas de la cuenca, pero ausente en las partes más altas.

MÉTODOS

Dedicamos 16 días y un total de 140 horas de muestreo en las tres localidades visitadas. Guillermo Knell realizó la mayoría del trabajo de campo en todos los sitios durante el inventario, además de hacer observaciones durante la construcción del segundo campamento y colectar información sobre las especies de valor comercial en las comunidades de Cuzco y Sabalillo, en el bajo Apayacu. Lily Rodríguez sólo muestreó en el tercer sitio. El resto del equipo contribuyó con algunas colecciones y observaciones adicionales.

Las observaciones y capturas de reptiles menores y anfibios fueron oportunistas. Realizamos caminatas diurnas y nocturnas a lo largo de las trochas, sectores de río y quebradas, recurriendo a localizaciones visuales y auditivas, las mismas que permitieron su captura e identificación. Como microhábitats se visitaron las charcas estacionales formadas en pequeños bajiales dentro de las planicies inundables, los claros o *gaps* (incluyendo el que se hizo para que aterrice el helicóptero), la hojarasca, las bases de los árboles con raíces tablares y las brácteas y ramas de palmeras muertas.

Las especies de dudosa identificación fueron colectadas para su posterior identificación con la ayuda de los especialistas y aquellas identificadas en el campo fueron fotografiadas y liberadas. La colección, de 66 individuos, será depositada en el Museo de Historia Natural de Lima.

RESULTADOS Y DISCUSIÓN

Diversidad

En el inventario rápido registramos 64 especies de anfibios y 40 de reptiles (Apéndice 4). Esto representa más de la mitad de las 115 especies de anfibios registrados en la zona de Iquitos (Rodríguez y Duellman 1994). Sólo registramos el 21% de las 194 especies de reptiles de la región de Iquitos (Lamar 1998). Debido a la dificultad de detectar los reptiles, por sus comportamientos secretivos, se encontró un número razonable para este tipo de inventario y demuestra la salud de las poblaciones herpetológicas. Por ejemplo se encontró un número razonable de culebras, a razón de una especie por día de trabajo, además fueron registradas un 50% de lagartijas posibles de encontrar en un área muestreada. El hecho de que más de la mitad de la fauna megadiversa de anfibios de la región de Iquitos fuera registrada en 16 días en la región del AAYMP indica claramente el alto valor de estos bosques para la herpetofauna.

Entre los anfibios, encontramos una diversidad especialmente alta en los géneros *Osteocephalus* (ocho especies) y *Eleutherodactylus* (13). La diversidad de *Osteocephalus* es la más alta jamás registrada para una sola región, lo que da razones suficientes para justificar la importancia ya establecida de la zona prioritaria del Putumayo (Rodríguez 1996, Figura 8F).

A pesar de esta diversidad impresionante, no fueron registradas varias especies de ranas típicamente comunes de la terraza aluvial y zonas permanentemente inundables, como por ejemplo las ranas pequeñas del genero *Scinax* e *Hyla*, que son especies de reproducción explosiva comunes y abundantes en charcos y cuerpos de agua efímeros. La ausencia de estos géneros marca la diferencia y demuestra una menor diversidad en anuros respecto a los inventarios de los bosques en el río Yavarí y la zona del Putumayo además de las partes bajas de la cuenca (Rodríguez y Knell 2003), en la zona del Putumayo y las partes bajas de la cuenca del Ampiyacu. Tampoco registramos *Eleutherodactylus aaptus* y *E. lythrodes*, especies de rango geográfico restringido cuya localidad tipo es la parte baja del Ampiyacu, por lo que su distribución podría estar restringida a los bosques aluviales de estas cuencas que son raras o ausentes en tierra firme.

Especies nuevas y otros registros interesantes

Por lo menos dos de las 64 especies de anfibios registradas parecen ser especies nuevas para la ciencia. Entre las ocho especies simpátricas de *Osteocephalus* colectamos una rana de tamaño mediano en la quebrada Maronal que probablemente es nueva (Figura 7F). También encontramos lo que parece ser una especie nueva de *Oscaecilia* (M. Wake, com. pers.), un raro caecilido o culebra ciega en un género del cual sólo se conocen dos otras especies en el Perú (Figura 7D). Los caecilidos son anfibios sin miembros, de hábitos fosoriales y cuya biología y distribución es poco conocida; en el Perú se conocen sólo 15 especies en total.

Entre los dendrobátidos, se identificaron tres especies de *Colostethus*. La primera, *C. trilineatus*, fue registrada sólo en el campamento Yaguas; las otras dos, incluyendo una semejante a *C. trilineatus* pero con garganta amarilla y de mayor tamaño, fueron registradas en el campamento de Maronal. No registramos *C. melanolaemus*, una especie descrita recientemente de la estación ACEER, una localidad a orillas del Napo (unos 30 km al sur del campamento Apayacu) y registrada también a orillas del Yavarí; al parecer es una especie de la llanura aluvial y no de tierra firme.

Dos especies extienden su rango de distribución conocido. *Osteocephalus mutabor*, conocida del río Pastaza, fue anteriormente registrada muy cerca a la frontera con Ecuador, al oeste del Napo (Duellman y Mendelson 1995). *Lepidoblepharis hoogmoedi* es una lagartija conocida en Tabatinga, Brasil, muy cerca a la confluencia del Putumayo y el Amazonas. Estos registros sugieren el origen común de las faunas comprendidas entre las nacientes del Pastaza, el Napo y el Putumayo, que harían una región que incluye desde el piedemonte andino en Ecuador hasta la región del río Ampiyacu y el Yaguas en el Perú.

Entre los reptiles se encuentra un registro bastante raro, *Rhinobotrium lentiginosum* (Figura 7C), una falsa coral muy pocas veces registrada en el Perú (quizás el tercer registro conocido). *Atractus* cf. *snethgeleae* y las dos especies de *Micrurus* son también registros poco frecuentes en bosques de *várzea*.

Anotaciones de los sitios muestreados

Yaguas

Este fue el sitio que más registros de reptiles y de especies comunes de várzea tuvo. Las especies más abundantes en este primer campamento fueron los bufónidos del complejo *Bufo typhonius*. La mayoría de los individuos encontrados eran juveniles y de la morfoespecie *Bufo typhonius* sp. 1. El dendrobátido *Colostethus trilineatus* fue también muy abundante y activo tanto en la mañana como en la tarde, y el leptodactílido *Eleutherodactylus altamazonicus* fue observado varias veces en las caminatas nocturnas muy cerca del campamento. Las especies comunes cerca de los riachuelos y cuerpos de agua estacionales fueron *Leptodactylus petersi* y *L. pentadactylus*, y algunos hylidos como *Hyla calcarata*.

El registro más interesante en este campamento fue la nueva especie de *Oscaecilia*, encontrado alimentándose de lombrices durante una fuerte lluvia nocturna. También se observaron dos ejemplares del colúbrido *Xenopholis scalaris* cerca de un aguajal, dos especies de *Micrurus* y cinco especies diferentes de *Anolis*.

Maronal

Este fue el sitio más interesante del inventario, por la cantidad de registros raros que encontramos, aparentemente asociados al bosque de tierra firme. Entre los registros más interesantes están *Hyla albopunctulata* y la especie nueva de *Osteocephalus* (Figura 7F), que fue encontrada en un pequeño bajial dentro del bosque. Entre las especies más abundantes registramos dos sapos del complejo *Bufo typhonius, B. typhonius* sp. 1 y sp. 2, los cuales fueron observados tanto en el día como en la noche, durmiendo sobre plantas a una altura mayor a 1 m por encima del suelo. También fueron comunes dendrobátidos de varias especies, como *Epipedobates femoralis, E. hahneli, Dendrobates amazonicus, D. tinctorius igneus* y un *Colostethus* no identificado. Por las noches, el canto de *Osteocephalus deridens* caracterizaba las partes bajas, donde cantaban desde las bromelias a una altura mayor a los 2 m. Otras especies vistas en varias oportunidades fueron *Hyla marmorata* y *H. geographica*. En el bosque de colinas, *Osteocephalus taurinus, O. buckleyi* y *O. deridens* fueron las especies más abundantes. Se registró también a la *Phyllomedusa atelopoides*, la única especie terrestre en su género.

Con respecto a reptiles, se observaron muchos ejemplares de *Anolis nitens scypheus* en la hojarasca durante las caminatas. Esta es la más grande de las lagartijas de este grupo y probablemente una de las que tiene el menor rango de distribución geográfica.

Apayacu

Lo más sorprendente aquí fue la ausencia de *Bufo marinus*, a pesar que el campamento estaba en el borde del río Apayacu. Las especies más abundantes encontradas en este punto fueron ranas arborícolas del género *Osteocephalus*, como *O. planiceps*, *O.* cf. *yasuni* y *O. cabrerai. Hyla geographica* fue muy abundante cerca de los riachuelos y quebradas, mientras a orillas del río y en los charcos dentro del bosque fue común observar *Hyla boans, Leptodactylus petersi, L. pentadactylus* y *Physalaemus petersi*.

Con respecto a reptiles, se observaron nueve ejemplares del caimán enano (*Paleosuchus trigonatus*, Figura 7A) en un recorrido de 500 m por la quebrada durante un paseo nocturno en canoa. También registramos la boa *Corallus hortulanus* en dos oportunidades, igualmente cerca de la orilla del río.

RECOMENDACIONES

La protección de las zonas muestreadas permitirá conservar en el más largo plazo una comunidad herpetológica intacta de tierra firme en un epicentro de diversidad de anfibios y reptiles. Quizás la única amenaza que perjudica a la herpetofauna en estas zonas es la deforestación y destrucción de los bosques. Las tres estaciones muestreadas están ubicadas en bosques de tierra firme, donde se encuentran las especies maderables más importantes. Si eventualmente se presentan planes de manejo para la extracción forestal, aún en forma selectiva, es necesario tener en cuenta la manutención de ciertos factores importantes para la comunidad herpetológica, como la humedad en los suelos y hojarasca, y la cantidad de luz y temperatura en la superficie del suelo.

Aparte de seguir con inventarios más detallados de la herpetofauna regional, especialmente concentrando en los grupos arbóreos, recomendamos realizar estudios sobre la biología de las especies aparentemente restringidas a los bosques de tierra firme. También recomendamos realizar estudios durante la temporada seca para conocer el manejo de las playas de reproducción por parte de los pobladores locales para las especies de mayor consumo, como son las amenazadas tortugas acuáticas: las charapas (*Podocnemis expansa*), taricayas (*P. unifilis*), cupisos (*P. sextuberculata*) y mata-matas (*Chelus fimbriatus*). De igual importancia es documentar el estado de las poblaciones de caimanes grandes, sobretodo las del caimán negro (*Melanosuchus niger*). Si las poblaciones de estas especies demuestran evidencia de sobrecaza, las comunidades locales podrían implementar planes de recuperación para complementar el establecimiento de nuevas áreas naturales protegidas.

AVES

Autores/Participantes: Douglas F. Stotz y Tatiana Pequeño

Objetos de conservación: Cinco especies endémicas de la Amazonía noroccidental: Topacio de Fuego (*Topaza pyra*), Paujil de Salvin (*Crax salvini*), Hormiguerito de Dugand (*Herpsilochmus dugandi*), Tororoi Ocrelistado (*Grallaria dignissima*), y Cuco-terrestre Piquirojo (*Neomorphus pucheranii*), y otras 18 conocidas en el Perú sólo al norte del Amazonas; una diversa comunidad de bosque de tierra firme; aves de caza, en especial el Paujil Nocturno (*Nothocrax urumutum*), el Paujil de Salvin (*Crax salvini*), el Trompetero Aligrís (*Psophia crepitans*); águilas grandes, incluyendo al Águila Arpía (*Harpia harpyja*) y otras águilas (*Spizaetus* spp.)

INTRODUCCIÓN

Las aves de las tierras bajas de la Amazonía norperuana permanecen poco estudiadas, incluso en áreas cercanas a la ciudad de Iquitos. Al norte del Amazonas y al este del Napo, pocos sitios han sido bien estudiados, y todos estos lugares están relativamente cerca al río Amazonas.

La ciudad de Pebas, en la boca del río Ampiyacu, fue una localidad bien conocida por colectas realizadas en el siglo XIX. Esas colecciones importantes incluyen aquellas realizadas por Castelnau y Deville, Barlett, y Hauxwell. La localidad de Apayacu, cerca de la boca del río Apayacu, ha sido visitada por varios ornitólogos durante el último siglo. La mayor colecta en este lugar fue realizada por los Olallas, quienes estuvieron en la región desde diciembre de 1926 a febrero de 1927 (T. Schulenberg, com. pers.).

Equipos de ornitólogos de la Universidad Estatal de Louisiana (Louisiana State University) trabajaron en la región durante los primeros años de la década de los ochenta. Visitaron tres localidades al norte del Amazonas y al este del Napo, incluyendo el bajo río Sucusari, un tributario del lado este del Napo; la quebrada Oran, un tributario de la margen norte del Amazonas al este del Napo; y el río Yanayacu, otro tributario de la margen este del Napo. Capparella (1987) registró las especies colectadas en estos sitios. Cardiff (1985) reportó significativos registros del Sucusari (y de otra localidad de la margen derecha del Napo), incluyendo tres especies nuevas para el Perú. El Sucusari fue trabajado subsecuentemente de manera mucho más completa por Ted Parker. T. Schulenberg ha creado una base de datos no publicada, con registros de estas cinco localidades, que usamos para compararlas con nuestros hallazgos.

MÉTODOS

Nuestro protocolo consistió en recorrer las trochas, observando y escuchando a las aves. Los observadores partían del campamento entre una hora antes y poco después de la primera luz del día. Generalmente estábamos en el campo hasta la mitad de la tarde, regresando al campamento para el almuerzo, después del cual retornábamos al campo hasta el atardecer. Ocasionalmente los observadores permanecimos en el campo todo el día, y en algunas ocasiones retornamos al campamento bastante después de oscurecer. Intentamos caminar por trochas separadas y diferentes cada día, para maximizar la cobertura de todos los hábitats en el área. En Yaguas, no visitamos las partes más distantes del sistema de trochas, a más de 5 km de distancia del campamento. Similarmente, en Maronal, las trochas hacia la *purma* y a la quebrada Supay fueron poco estudiadas.

Llevamos a cabo censos de aves por conteo de puntos en cada uno de los tres campamentos. En estos censos, registramos todas las aves vistas u oídas durante quince minutos en ocho puntos consecutivos a lo largo de la trocha, separados entre sí por 150 m. Nosotros iniciábamos los puntos de censo poco después de la primera luz y típicamente finalizábamos a las 8:30 AM, dentro de las tres primeras horas luego del amanecer. Todas las aves detectadas fueron anotadas, sin considerar su distancia hacia el punto desde donde fueron registradas. Concentramos estos estudios en los hábitats de bosque, pero intentamos localizar diferentes series de conteo de puntos en los diferentes tipos de bosque encontrados en cada campamento. Obtuvimos 32 puntos de censo en los campamentos de Maronal y Apayacu, y 24 en Yaguas.

Ambos observadores llevábamos una grabadora y micrófono la mayor parte del tiempo, para registrar sonidos de aves, documentar la ocurrencia de las especies, y realizar "playback" a fin de confirmar las identificaciones. Tomábamos registro diario sobre el número de individuos de cada especie observada. Adicionalmente, la lista diaria de especies encontradas era compilada durante una mesa redonda que reunía a todos lo observadores cada noche. Esta información, obtenida gracias a los datos de conteos por puntos, fue usada para estimar la abundancia relativa de las especies en cada campamento. Observaciones de otros colegas del equipo del inventario, especialmente D. Moskovits, complementaron nuestros registros.

RESULTADOS

Diversidad

Encontramos 362 especies de aves durante el inventario rápido (Apéndice 5). La amplia mayoría de éstas, más de 300, son especies de bosque. El bosque de tierra firme tiene la avifauna más diversa, con 216 especies; unas 23 especies adicionales a lo largo de quebraditas dentro de tierra firme. Las otras especies del bosque solo en bosques de zonas bajas a lo largo de los ríos, o en pantanos con palmeras (aguajales). En Yaguas encontramos 272 especies, en Maronal 241 y en Apayacu 301.

Las cinco localidades discutidas en la introducción de este capítulo tienen una lista combinada de 515 especies. Encontramos 16 especies que no habían sido registradas en estos sitios. Debido a que éstos estaban ubicados a orillas o cerca de grandes ríos, incluyeron una cantidad de hábitats que no estuvieron presentes en nuestras áreas de estudio. Estimamos que en la región podrían encontrarse unas 490 especies con estudios más completos, que incluyan extensiones mayores de hábitats ribereños. La mayoría de estas especies son, o muy poco comunes, o están asociadas con hábitats ribereños, los cuales estaban muy pobremente representados en los sitios que visitamos. Sólo unas 20 especies, de las adicionales que se esperaría encontrar, son verdaderas especies de bosque. Podemos esperar que unas 40 especies adicionales se encuentren dentro de la Zona Reservada propuesta, si el área de estudio fuera extendida para incluir áreas a lo largo de ríos más grandes (como el Putumayo, o tal vez el bajo Algodón), islas de río como las que existen en el Putumayo, o áreas con extensos bosques de *várzea*.

Composición de especies, distribuciones, y estatus de conservación

La avifauna de la región del AAYMP es típicamente amazónica. La mayor parte de estas especies están ampliamente distribuidas. El extremo noroeste de la Amazonía ha sido identificado como un área de endemismo (Centro Napo, Cracraft 1985), extendiéndose por el sur hasta el río Amazonas y por el norte y este hasta el río Vaupes. Encontramos cinco especies que están restringidas a esta área: el Topacio de Fuego (Topaza pyra, Figura 8E), el Paujil de Salvin (*Crax salvini*), el Cuco-terrestre Piquirojo *Neomorphus pucherani*), el Hormiguerito de Dugand (*Herpsilochmus dugandi*), y el Tororoi Ocrelistado (*Grallaria dignissima*, Figura 8F). Los rangos para 11 especies adicionales que encontramos están restringidos al norte del Amazonas, y otras siete especies ocurren en el Perú sólo al norte del Amazonas, pero cruzan el Amazonas más al este, en Brasil. Todas estas especies utilizan hábitats de bosque.

No encontramos especies que fueran consideradas como globalmente amenazadas por la UICN (Birdlife International 2000). Sólo una de las especies que observamos, la ampliamente distribuida pero siempre rara Águila Arpía (*Harpyja harpia*), es tratada como casi-amenazada por la UICN. En general, los grandes rangos de distribución de las aves amazónicas, sumados a la existencia de extensos bosques, resultan en que las aves de la Amazonía no estén expuestas a algún riesgo de extinción inmediato. Una de las especies que ocurre en esta región, pero que no fue registrada durante nuestro inventario, el Paujil Carunculado o Piurí (*Crax globulosa*), está en peligro crítico. Este podría ocurrir en islas de río y en extensas áreas de *várzea* en o cerca de la Zona Reservada propuesta. Históricamente, éste fue colectado cerca de Pebas.

Varias especies de aves que encontramos están consideradas en la lista de especies amenazadas del Perú. El Águila Arpía (*Harpia harpyja*) es considerada como especie en peligro, mientras que el Buitre Real (*Sarcoramphus papa*), el Guacamayo Azul y Amarillo (*Ara ararauna*), el Guacamayo Escarlata (*Ara macao*), el Guacamayo Rojo y Verde (*Ara chloroptera*), el Guacamayo Frenticastaño (*Ara severa*) y el Guacamayo Ventrirojo (*Ara manilata*) son considerados especies vulnerables. El Paujil de Salvin (*Crax salvini*), el Perico Colimarrón (*Pyrrhura melanura*), el Loro Cabeciazul (*Pionus menstruus*), el Loro Coroniamarillo (*Amazona ochrocephala*) y el Loro Harinoso (*Amazona farinosa*) están considerados en la lista de especies con estatus indeterminado. Ninguna de estas especies se encuentra bajo alguna amenaza seria.

Registros notables

A pesar que esta parte de la Amazonía peruana ha sido pobremente estudiada para aves, no encontramos ninguna especie que pudiera considerarse como totalmente inesperada. Encontramos algunas especies que son muy poco conocidas en el Perú. Las más notables son tres especies que Álvarez y Whitney (2003) consideraron como especialistas de suelos pobres en nutrientes: *Nyctibius bracteatus, Lophotriccus galeatus* y *Conopias parva*. Según el equipo de botánicos, el área de estudio tiene un nivel intermedio de nutrientes. Al parecer esta región no presenta suelos de arena blanca, y las quebradas no son las clásicas quebradas de aguas negras. La relación entre estas especies y los suelos pobres en nutrientes aparentemente es muy sutil. Tampoco no hallamos ninguno de los clásicos especialistas de arena blanca discutidos por Álvarez y Whitney (2003), que incluyen cuatro nuevas especies para la ciencia recientemente descritas, y siete otras especies no reportadas previamente para el Perú. Otras especies muy poco conocidas que registramos incluyeron al Topacio de Fuego (*Topaza pyra*, Figura 8E), el Periquito Lomizafiro (*Touit purpurata*) y el Soterillo Acollarado (*Microbates collaris*, Figura 8B).

DISCUSIÓN

Hábitats y avifaunas en los tres sitios

En los tres sitios estudiados, el hábitat dominante fue el bosque de tierra firme en suelos pobres arcillosos, con áreas bajas de mal drenaje y una cantidad de pequeñas quebradas dispersas por el bosque. En Maronal y Apayacu, muestreamos extensivamente el bosque de tierra firme con colinas moderadas. Este tipo de hábitat no se encontraba cercano al campamento de Yaguas y recibió menor atención de nuestra parte en este sitio. Los bosques de tierras altas que estudiamos en Yaguas, estaban principalmente en las terrazas que se encuentran por encima del nivel de inundación anual. Los campamentos en Yaguas y Apayacu se establecieron en el margen de los ríos de aguas blancas, suficientemente anchos como para abrir el dosel del bosque. El río Yaguas formaba una estrecha llanura inundada, mientras que el río Apayacu no. En Maronal, ninguna de las quebradas tenía más de un par de metros de ancho, y no lograban abrir el dosel del bosque. Una pequeña cocha en Yaguas, y pequeños aguajales (pantanos con palmeras) en Yaguas y Apayacu proporcionaban hábitats adicionales en estos campamentos, que estuvieron ausentes en Maronal.

Yaguas

El río y su cocha adyacente en Yaguas proporcionaron los elementos de la avifauna más distintivos en este lugar. Sin embargo, la comunidad de aves en este hábitat era muy pobre para los estándares amazónicos, incluso teniendo en cuenta la pequeña extensión de hábitat disponible. Aquí habían muy pocas aves acuáticas. La única garza vista durante nuestro inventario fue la Garza-tigre/Pumagarza Colorada (*Tigrisoma lineatum*); otras dos especies fueron registradas la semana anterior al inventario, durante la construcción del campamento. Tres especies de Martín Pescador, el Ibis Verde (*Mesembinibis cayennensis*), el Ave-sol Americano/Yacupatito (*Heliornis fulica*), el Shansho (*Opisthocomus hoazin*) y el Rascón-montés Cuelligrís (*Aramides cajanea*) fueron las únicas otras especies de aves acuáticas registradas aquí. La diversidad de las otras aves típicamente ribereñas también fue baja. Entre las especies ausentes tenemos a la Chotacabra Coliescalera (*Hydropsalis climacocerca*), el Mosquero Gorrigrís (*Myiozetetes granadensis*), varias especies de golondrinas, la Tangara Azuleja/Violinista (*Thraupis episcopus*), el Gorrión Cejiamarilla (*Ammodramus aurifrons*) y los espigueros (*Sporophila* sp.). El censo por conteo de puntos en el bosque ribereño fue mucho menos diverso, aunque el número de individuos por punto fue comparable con los otros sitios.

Maronal

La avifauna en Maronal era esencialmente una comunidad de bosque de tierra firme. Pequeñas quebradas de bosque contribuían a la diversidad pero eran demasiado pequeñas para introducir en forma significativa un componente de especies ribereñas. Unas pocas especies usualmente asociadas a bordes de ríos o a perturbación humana, como el Carpintero Penachiamarillo (*Melanerpes cruentatus*) y el Trepador Garganticanela (*Dendrexetastes rufigula*), ocurrieron aquí en los abundantes espacios causados por árboles caídos, especialmente en las crestas. A lo largo de las quebradas del bosque encontramos unas cuantas especies que generalmente ocupan bosques de transición, pero no de tierra firme, como el Hormiguero Plomizo (*Myrmeciza hyperythra*) y el Saltarín Cola de Alambre (*Pipra filicauda*). También encontramos el Trepador Piquilargo (*Nasica longirostris*), un ave típica de borde de río, que era común en este campamento, incluso ocurriendo en los bosques de las crestas. Su abundancia resultó sorprendente ya que habíamos anticipado que podría estar ausente en este sitio.

Observamos un Águila Arpía (*Harpia harpyja*) sobrevolando el helipuerto y fue el único registro de la especie en los tres campamentos. Dada la gran extensión de bosque intacto y las grandes poblaciones de mamíferos arbóreos, parece muy probable que las grandes águilas estén más ampliamente distribuidas en esta región de lo que pudiera sugerir nuestra única observación. El Tororoi Variegado (*Grallaria varia*, Figura 8C), conocido previamente para el Perú solo del río Sucusari, fue observado en Maronal. También encontramos un nido (ver más abajo).

Otro hallazgo interesante en Maronal fueron dos especies de *Malacoptila*. Encontramos al Buco Pechiblanco (*Malacoptila fusca*) regularmente, y registramos en una ocasión al Buco Cuellirufo (*Malacoptila rufa*). En la mayoría de los lugares, varias especies de *Malacoptila* se reemplazan unas a otras parapatricamente al este de la Amazonía y a lo largo de las vertientes de los Andes. Sin embargo, este par de especies fueron encontradas juntas a lo largo del río Yanayacu por la expedición de LSU en 1983, y han sido encontradas juntas en otros sitios, como en el río Morona y en la boca del río Curaray (T. S. Schulenberg, com. pers.), lo que sugiere que estas dos especies son ampliamente simpátricas en gran parte del norte del Perú. Los detalles de sus interacciones aún quedan por ser descubiertos.

Otra pareja de especies con un intrincado patrón de distribución en la región son dos especies de hormiguerito *Terenura*. En Maronal, observamos y grabamos al Hormiguerito Aliceniza (*Terenura spodioptila*), una especie poco conocida en el Perú. Ésta había sido colectada en el Güeppí, y Ted Parker la observó en el río Sucusari. Sin embargo, el Hormiguerito Hombricastaño (*Terenura humeralis*) más sureño ha sido registrado en varios sitios al norte del Amazonas y al este del río Napo.

<u>*Apayacu*</u>

El sitio en Apayacu se encuentra al borde del río Apayacu, pero al igual que en Yaguas, el complemento de aves de río fue pequeño. Con todo, la avifauna ribereña en este sitio fue aún menos diversa que en Yaguas, faltando algunas aves como la Perdiz Ondulada (*Crypturellus undulatus*), el Shansho (*Opisthocomus hoazin*) y el Bienteveo Menor (*Pitangus lictor*). A lo largo de la mayor parte del río, el bosque era típicamente de tierra firme con aves típicas de tierra firme. La comunidad de aves de bosque de tierra firme estuvo mejor representada aquí que en Yaguas, pero no tan completa como en Maronal. Un pequeño aguajal nos proporcionó avistamientos del Trepador de Palmeras (*Berlepschia rikeri*), todavía conocido para un puñado de localidades en el Perú, y el Mosquero Azufrado (*Tyrannopsis sulphurea*), dos especies típicamente encontradas en asociación con palmeras de aguaje (*Mauritia*).

Las especies más notables que registramos en Apayacu fueron el Nictibio Rufo (*Nyctibius bracteatus*) y el Tirano-pigmeo de Casquete (*Lophotriccus galeatus*). Álvarez y Whitney (2003) mencionan tres especímenes de *Nyctibius* registrados en el Perú en adición de sus propios registros del oeste de Iquitos. Uno de estos especímenes proviene de cerca de la boca del río Apayacu. Tuvimos la oportunidad de grabar la voz de una de estas aves que se encontraba inmediatamente detrás de nuestro campamento en Apayacu, muy temprano en la mañana del 15 de agosto. *Nyctibius bracteatus* permanece poco conocido, a pesar que sus registros se han multiplicado dramáticamente desde que su voz fue confirmada cerca de Manaus en los primeros años de la década de los noventa.

El Tirano-pigmeo era bastante común en Apayacu, y logramos grabar tres individuos. Álvarez y Whitney (2003) sugieren que esta especie, por ocupar áreas con suelos pobres en nutrientes, probablemente ocurra en simpatría con su congénere más ampliamente distribuido, el Tirano-pigmeo Doblebandeado (*Lophotriccus vitiosus*). A pesar que encontramos primero esta especie en el aguajal en Apayacu, también la registramos con frecuencia en bosques de tierra firme. Nunca registramos a las dos especies dentro de una distancia en la que pudieran escucharse uno al otro, sin embargo no parecía que *L. galeatus* estuviera restringido a un tipo particularmente inusual de microhábitats en este campamento. Similarmente, en el Brasil central, cerca de Manaus, esta especie ocurre junto a *L. vitiosus* en algunos sitios del bosque (Willis 1977).

Comparación entre los sitios

De las 362 especies que registramos 169 estuvieron presentes en los tres campamentos. Yaguas y Apayacu tuvieron 227 especies en común; Maronal y Apayacu tuvieron 204 en común, mientras que Yaguas y Maronal tuvieron la menor cantidad de especies en común: 183. Encontramos 39 especies sólo en Apayacu, 27 sólo en Yaguas y 16 sólo en Maronal. Estudios de mayor duración podrían reducir las diferencias observadas entre los campamentos. Sin embargo, habían fuertes diferencias, no sólo en cuanto a las especies presentes y ausentes, sino también en abundancia. Por ejemplo, algunos de los hormigueros más comunes en Maronal, como el Hormiguerito Gargantillano (*Myrmotherula hauxwelli*), el Hormiguero Tiznado (*Myrmeciza fortis*), el Hormiguero Dorsipunteado (*Hylophylax naevia*) y el Gallito-hormiguero Gorrirrufo (*Formicarius colma*), fueron menos comunes en Apayacu, y poco comunes o raros en Yaguas. Además, en Yaguas faltaron varias especies de hormigueros de hábitos terrestres que por lo menos eran moderadamente comunes en los otros dos lugares: el Gallito-hormiguero Carinegra (*Formicarius analis*), el Rasconzuelo Estriado (*Chamaeza nobilis*), el Tororoi Variegado (*Grallaria varia*) y el Jejenero Fajicastaña (*Conopophaga aurita*). Por otra parte, la Paloma Rojiza (*Columba subvinacea*) era más común que la Paloma Plomiza (*Columba plumbea*) en Yaguas; en Maronal, donde *Columba plumbea* era común, registramos *C. subvinacea* solamente una vez; y en Apayacu, *C. subvinacea* no era rara, pero fue mucho menos común que *C. plumbea*.

Algunas de las especies ausentes en Maronal reflejan la falta de hábitats ribereños para este campamento. Entre las especies más comunes de hábitats de bosque ribereño en los otros dos campamentos y que estaban ausentes en Maronal están el Chotacabra Común (*Nyctidromus albicollis*), el Vencejo-tijereta de Palmeras (*Tachornis squamata*), el Relojero Coroniazul (*Momotus momota*), la Monja Frentinegra (*Monasa nigrifrons*), el Trepador Listado (*Xiphorhynchus obsoletus*), el Hormiguerito Listado (*Myrmotherula surinamensis*), el Tirano de agua Arenisco (*Ochthornis littoralis*), el Schiffornis Grande de Várzea (*Schiffornis major*), varias golondrinas, y las Tangaras Picoplateado y Enmascarada (*Ramphocelus carbo* y *R. nigrogularis*).

Menos fáciles de explicar son las especies como el Atila Ventricitrino (*Attila citriniventris*) y el Saltarín Coroniblanco (*Dixiphia pipra*), que eran bastante comunes en tierra firme tanto en Yaguas como Apayacu, pero que no fueron encontradas en estos hábitats en Maronal. La situación de *Attila* fue especialmente complicada. En Yaguas, encontramos *Attila spadiceus* en los bosques ribereños y *A. citriniventris* en el resto del bosque. En Apayacu igualmente, *A. citriniventris* era bastante común en bosque de tierra firme, pero *A. spadiceus* estaba menos ligada a bosques ribereños, ocurriendo incomúnmente en todo el bosque. En Maronal, donde esperábamos encontrar a la especie de tierra firme *A. citriniventris*, solo tuvimos *A. spadiceus*.

Un rasgo distintivo compartido entre los tres sitios fue la falta de algún tipo de perturbación humana significativa (ver "Sitios Visitados por el Equipo Biológico"). Como resultado, parte de las especies que típicamente se encuentran en hábitats abiertos en la mayor parte de la Amazonía estuvieron ausentes en estos tres sitios. Muchas de las especies que suelen ocupar hábitats creados por perturbación humana en la Amazonía también ocupan las áreas abiertas a lo largo de los ríos (e.g., *Tyrannus melanocholicus, Ramphocelus carbo*). Algunas de estas especies estuvieron presentes en Yaguas y en Apayacu. Debido a la falta de ríos, así como a perturbación humana, la avifauna en Maronal destaca por su falta total de este elemento siempre presente de la avifauna amazónica. De las 166 especies listadas en Stotz et al. (1996) como típicas de hábitats disturbados, encontramos sólo cuatro (*Piaya cayana, Glaucidium brasilianum, Chaetura brachyura* y *Dacnis cayana*) en Maronal. Veintiún especies adicionales fueron registradas en los otros campamentos; aún este número es pequeño comparado a la mayoría de sitios amazónicos. Por ejemplo, en el inventario del Yavarí, donde los hábitats estaban relativamente no disturbados, Lane et al. (2003) registraron 37 de éstas especies.

Comparación con el inventario en Yavarí

El inventario rápido del Yavarí, en abril de 2003, registró 400 especies de aves (Lane et al. 2003), mientras que nosotros registramos 362 en el inventario rápido de la región del AAYMP. Esta leve diferencia en la riqueza de especies enmascara una marcada diferencia en la composición de especies de estas dos regiones. El inventario del Yavarí registró 122 especies que no encontramos en el inventario de la región del AAYMP. La mayoría de estas especies (51) están asociadas a hábitats ribereños y acuáticos, los que eran raros en los sitios que visitamos en la región del AAYMP. Veinte especies adicionales registradas en el Yavarí pero no en la región del AAYMP solamente ocurren como migrantes en esta región, y 18 representan especies que son reemplazadas por otras especies estrechamente relacionadas en la región del AAYMP (Tabla 1). Otras cinco son aves cuyos rangos no se extienden tan al noroeste hasta la región del AAYMP (pero que no tienen una especie que las esté obviamente remplazando en esta región), y otras siete utilizan hábitats de crecimiento secundario que esencialmente no existen en los sitios que visitamos durante el inventario en la región del AAYMP. Las 21 especies restantes que no encontramos durante el inventario en la región del AAYMP no muestran una razón geográfica o ecológica obvia para su ausencia, y podrían reflejar los métodos del muestreo.

En contraste, 57 de las 83 especies encontradas en el inventario de la región del AAYMP pero no en el Yavarí son especies de bosque de tierra firme; las 18 restantes son remplazadas en el Yavarí por otras especies relacionadas. Aunque algunas de las especies de tierra firme pueden estar en la región del Yavarí, estas otras sugieren que existe una marcada diferencia en la avifauna de los bosques de las dos regiones.

Tabla 1. Especies de aves reemplazadas entre la región del AAYMP y el valle del río Yavarí (Lane et al. 2003).

Género	AAYMP	Yavarí
Crax	*salvini*	*tuberosum*
Odontophorus	*gujanensis*	*stellatus*
Psophia	*crepitans*	*leucoptera*
Pyrrhura	*melanura*	*picta roseifrons*
Pionites	*melanocephala*	*leucogaster*
Galbula	*albirostris*	*cyanicollis*
Malacoptila	*fusca*	*semicincta*
Thamnomanes	*ardesiacus*	*saturninus*
Thamnomanes	*caesius*	*schistogynus*
Terenura	*spodioptila*	*humeralis*
Gymnopithys	*leucaspis*	*salvini*
Grallaria	*dignissima*	*eludens*
Conopophaga	*aurita*	*peruviana*
Pipra	*erythrocephala*	*rubrocapilla*
Thryothorus	*coraya*	*genibarbis*
Tachyphonus	*cristatus*	*rufiventer*
Lanio	*fulvus*	*versicolor*
Icterus	*chrysocephalus*	*cayanensis*

Reproducción

Muchos paseriformes insectívoros tenían juveniles mayores que los acompañaban. Esto, combinado con los bajos niveles de canto, sugiere que para la mayor parte de las aves la principal época de la estación de reproducción había terminado muy recientemente. Observamos algunos pichones pequeños; por ejemplo, una Codorniz Carirroja (*Odontophorus gujanensis*) estaba acompañada por dos pichones en plumón, en Maronal. Sin embargo, hallamos pocas aves empollando activamente. Encontramos un nido de *Grallaria varia* con dos huevos, justo cerca al campamento del Maronal el 10 de agosto (Figura 8D). Este es uno de los pocos nidos de esta especie que ha sido encontrado en el Perú. Una hembra del Ermitaño Rojizo (*Phaethornis ruber*) tenía un nido casi completamente construido bajo una hoja de palmera *Geonoma*, y un par de Jacamar Paraíso (*Galbula dea*) estaban excavando un agujero en un termitero arbóreo en Maronal. Un par de Batarás Murinos (*Thamnophilus murinus*) habían casi terminado de construir su nido en Yaguas. Otras especies fueron vistas llevando material para sus nidos, incluyendo el Hormiguerito Barbudo (*Myrmotherula ignota*) y el Picoancho Coronigrís (*Tolmomyias poliocephalus*) en Yaguas, y el Piha Gritona (*Lipaugus vociferans*) en Maronal. No tenemos una evidencia específica de observaciones de reproducción, y estos datos pueden subestimar significativamente el nivel de ocurrencia de anidamiento.

Migración

Había poca evidencia de que los migrantes estuviesen presentes durante el tiempo de nuestro estudio. Sólo unos pocos migrantes australes fueron registrados, incluyendo el Mosquero Bermellón (*Pyrocephalus rubinus*) y el Mosquero Pizarroso Coronado (*Empidonomus aurantioatrocristatus*). Un sólo Mosquero Pirata (*Legatus leucophaius*) en Yaguas probablemente también represente un migrante del sur. Entre los Mosqueros Rayados (*Myiodynastes maculatus*), observamos un ave migrante (subespecie *solitarius*) en Maronal, mientras que en Yaguas el único registro fue un individuo de una población residente (nominado *maculatus*). Los migrantes boreales estuvieron ausentes. Los ictiólogos vieron un playero que no identificaron (probablemente un Playero Coleador, *Actitis macularia*, o un Playeo Solitario, *Tringa solitaria*) a lo largo del río Apayacu. El migrante más interesante que registramos fue un zorzal del género *Catharus* no identificado (probablemente el Zorzal Carigrís, *C. minimus*) que Pequeño observó en el bosque de Apayacu el 18 de agosto. Esto es extremadamente temprano, para cualquiera de este género, para llegar a Sudamérica. Éstos típicamente llegan en cantidad hacia finales de setiembre, y los registros más tempranos que se conocen para éste género en Sudamérica son del 4 de setiembre en Colombia por Veery (*Catharus fuscescens;* Dugand 1947), y el 25 de setiembre, también en Colombia, para Zorzal de Swainson (*Catharus ustulatus;* Paynter 1995).

Mientras que el reducido número de migrantes que observamos es largamente función de la estación, la falta de extensos hábitats abiertos y de ríos anchos también jugó su papel. Inmediatamente después del inventario, en cinco días de observaciones casuales por el río en Iquitos, observamos siete especies de migrantes australes, y seis especies de migrantes boreales.

Patrones de abundancia

Mientras todos los campamentos mostraban una avifauna relativamente típica de bosque, habían notables diferencias entre los campamentos en la abundancia de algunos grupos; otros grupos fueron notables por ser consistentemente raros o abundantes. Encontramos aves de caza (pavas, paujiles, trompeteros, y perdices) comunes en los tres campamentos, pero especialmente en Yaguas, donde observamos diariamente al Paujil de Salvin (*Crax salvini*) en parejas a lo largo del río. A pesar de la relativa abundancia de los Crácidos, la Chachalaca Jaspeada/ Manacaraco (*Ortalis guttata*) estuvo ausente en todos los campamentos—este es otro ejemplo de la pobre diversidad de especies de riberas y de crecimiento secundario. En todos los campamentos encontramos loros en abundancias buenas pero no particularmente notables. Entre los guacamayos, solo el Azul y Amarillo (*Ara ararauna*) y el Vientre Rojo (*Ara manilata*) fueron particularmente comunes. Ambas especies utilizan las palmeras de *Mauritia* regularmente, y estas palmeras eran abundantes en la región. El Loro Cabeciazul (*Pionus menstruus*) y los loros *Amazona* se veían en menor número. El Loro Cachetinaranja (*Pionopsitta barrabandi*) y el Loro Cabecinegro (*Pionites melanocephala*) sobrepasaban largamente en número a los *Pionus* y *Amazona* en todos los campamentos. Entre los loros menores, solamente el Perico Colimarrón (*Pyrrhura melanura*) era muy común.

Los hormigueros que siguen los enjambres de hormigas guerreras, especialmente el Hormiguero Tiznado (*Myrmeciza fortis*), Hormiguero de Plumón Blanco (*Pithys albifrons*, Figura 8A), Hormiguero Bicolor (*Gymnopithys leucaspis*) y el Hormiguero Cresticanoso (*Rhegmatorhina melanosticta*), estuvieron bien representados en todos los campamentos, y fueron inusualmente comunes en Maronal. Encontrábamos regularmente enjambres de hormigas, tanto de *Eciton burchellii* como de *Labidus praedator,* en todos los campamentos. Extrañamente, los trepadores que suelen seguir estas hormigas eran raros en todos los campamentos.

Enfocamos considerablemente nuestra atención en las bandadas de especies mixtas. Las bandadas de sotobosque lideradas por los batarás, del género *Thamnomanes,* eran muy comunes. Sin embargo, la diversidad de las bandadas tendía a ser baja. En gran parte de la Amazonía, cuatro especies de hormiguerito *Myrmotherula* típicamemte co-ocurren en bandadas de sotobosque (*M. menetriesii, axillaris, longipennis* y una especie especialista de hojarazca). En los tres campamentos, solo el Hormiguerito Gris (*M. menetriesii*) y el Hormiguerito Flanquiblanco (*M. axillaris*) ocurrieron en la mayoría de las bandadas. El Hormiguerito Alilargo (*M. longipennis*) fue raro en Yaguas y Maronal, y no se registró en Apayacu. Mientras, encontramos tres especies de *Myrmotherula* especialistas de hojarazca (el Hormiguerito Gargantipunteada, *M. haematonota;* el Hormiguerito Adornado, *M. ornata;* y el Hormiguerito Colirufo, *M. erythrura*), todas raras y escasamente vistas en bandadas mixtas. Otros grupos, como los trepadores, furnáridos, y los atrapamoscas fueron encontrados similarmente en baja diversidad en la mayoría de las bandadas de sotobosque.

Las bandadas de dosel eran aún más raras de observar, en comparación de otras áreas en la Amazonía. A pesar que registramos casi todas las especies de bandadas de dosel esperadas, raramente encontramos bandadas de dosel independientes. Típicamente las especies comunes de las bandadas mixtas de dosel, como el Verdillo Gorrioscuro (*Hylophilus hypoxanthus*), Elainia de la Selva (*Myiopagis gaimardi*), Tangara Fulva (*Lanio fulvus*) y el Picogancho Alicastaño (*Ancistrops strigulatus*) fueron encontrados o sólos, en el dosel, o acompañando bandadas de sotobosque. Contribuyendo a la escasez general de las bandadas de dosel estaba la relativa rareza de muchas de las tangaras frugívoras y nectarívoras (*Tangara, Cyanerpes, Dacnis, Hemithraupis flavicollis*, etc.).

Uso de *Symphonia*

En general, los picaflores del sotobosque (principalmente los ermitaños, *Phaethornis* sp. y Ninfa Colihorquillada, *Thalurania furcata*) estuvieron presentes en buen número, a pesar de que la completa falta del Ermitaño Piquirecto (*Phaethornis bourcieri*) fue de alguna forma inesperada. Casi todos los picaflores de dosel que registramos, excepto el Colibrí-haba Orejinegra (*Heliothryx aurita*), fueron aves alimentándose de las flores del árbol de dosel *Symphonia globulifera* (Clusiaceae). Encontramos estos árboles dispersos por el bosque en cada uno de los campamentos, principalmente en áreas bajas con aguas estancadas, atrayendo típicamente a varias especies de picaflores así como a varias especies de tangaras, especialmente aquellas de géneros más insectívoros: *Chlorophanes, Cyanerpes* y *Dacnis*. Además, vimos al Loro Cabecinegro (*Pionites melanocephala*) y al Perico Colimarrón (*Pyrrhura melanura*) comiendo flores de *Symphonia*. En la Tabla 2, damos una lista de todas las especies de aves que observamos utilizando las flores de *Symphonia* durante el inventario.

La especie más significativa que vimos en las flores de *Symphonia* fue el picaflor Topacio de Fuego

Tabla 2. Aves observadas visitando las flores del árbol *Symphonia globulifera* durante el inventario rápido. Las letras en la tercera columna se refieren a los tres sitios visitados: Yaguas, Maronal y Apayacu.

Nombre común	Nombre científico	Observada en
Perico de Cola Marrón	*Pyrrhura melanura*	M
Loro de Cabeza Negra	*Pionites melanocephala*	Y
Ala-de-Sable de Pecho Gris	*Campylopterus largipennis*	Y,A
Brillante de Garganta Negra	*Heliodoxa schreibersii*	Y,A
Topacio de Fuego	*Topaza pyra*	Y,A
Colibrí de Nuca Blanca	*Florisuga mellivora*	Y,A
Ninfa de Cola Horquillada	*Thalurania furcata*	Y,M,A
Zafiro de Garganta Rufa	*Hylocharis sapphirina*	A
Mielero Púrpura	*Cyanerpes caeruleus*	Y,M,A
Mielero de Pico Corto	*Cyanerpes nitidus*	M,A
Mielero Verde	*Chlorophanes spiza*	Y,M,A
Tangara del Paraíso	*Tangara chilensis*	Y
Tangara Verde y Dorada	*Tangara schrankii*	Y
Tangara de Vientre Amarillo	*Tangara xanthogastra*	Y
Tangara de Lomo Opalino	*Tangara velia*	A
Tangara de Corona Opalina	*Tangara callophrys*	Y

(*Topaza pyra*, Figura 8E). Vimos (y grabamos) machos con comportamiento territorial en los árboles de *Symphonia* tanto en Yaguas como en Apayacu. Esta especie es poco conocida a todo lo largo de su rango. Nuestros registros caen en un vacío de información dentro de su rango conocido, entre el este de Ecuador y la Amazonía adyacente en el Perú, y en el sudeste de Colombia, a lo largo del río Vaupés. Las aves ecuatorianas han sido recientemente descritas como una subespecie distinta de la forma nominada del este de Colombia, sur de Venezuela y noroeste de Brasil (Hu et al. 2000). En ausencia de un espécimen, la identificación de la subespecie del ave que observamos permanecerá en duda.

AMENAZAS, OPORTUNIDADES Y RECOMENDACIONES

Principales amenazas

La principal amenaza para las aves en la región del AAYMP es la destrucción de hábitat, especialmente la deforestación, debido a que la avifauna de la región es totalmente dependiente del bosque intacto. Dadas las altas densidades de aves de caza y la presencia de algunas de las especies más sensibles a la cacería (paujiles y trompeteros), la introducción de cacería significativa en la región podría tener un impacto notable en las poblaciones de estas especies. Continuar con la cacería al nivel de uso de subsistencia por las comunidades nativas no tendría un impacto negativo en las poblaciones de estas aves en el área que estudiamos. Creemos que el potencial mayor de impactos negativos podría darse a lo largo del curso de los ríos, que brindan un acceso relativamente fácil hacia algunas partes de la región. El hecho que el Paujil de Salvin (*Crax salvini*) suela concentrarse en los bosques ribereños puede colocar a esta especie en un alto riesgo debido a la cacería.

Oportunidades para conservación

Sólo una pequeña área está protegida al norte del río Amazonas en el Perú. Dadas las importantes diferencias entre las comunidades de aves al norte y al sur del Amazonas, la región del AAYMP proporciona una importante oportunidad para proteger esta avifauna.

El área estudiada se ubica sobre un amplio bosque de tierra firme en tierras arcillosas, de abundante riqueza biológica, que ha permanecido casi completamente intacto. El bosque proporciona una tremenda oportunidad para proteger una significativa área con una muy diversa comunidad de aves. Hasta el momento, ninguna de las áreas protegidas en el Perú cubre una extensión significativa en bosques de tierra firme en uno y otro lado del Amazonas.

La región también puede actuar como una fuente de vida silvestre (fuente de poblaciones de las especies cazadas) para las comunidades nativas en las áreas circundantes. Un área protegida dentro de la región será crucial para proporcionar a las comunidades nativas residentes la continuidad de sus costumbres tradicionales.

Recomendaciones

Protección y manejo

Algunas de las islas grandes del río y las cochas grandes dentro de la Zona Reservada propuesta deben recibir protección estricta o por lo menos protección contra la deforestación. Aunque extendiendo el área que recibe protección estricta para incluir todo o casi todo el drenaje del río Yaguas se mejora la representación de los hábitats de las riberas, el Yaguas es un río pequeño al que parece faltarle algunos de los hábitats asociados con los ríos más grandes. El Putumayo tiene muchas cochas grandes e islas visibles en las imágenes satélitales. El río Algodón tiene algunas cochas, pero parece que le faltan islas. Sin embargo, estas dos cuencas tienen probablemente el mejor potencial para encontrar ejemplos de calidad superior para este tipo de hábitats acuáticos, los cuales parecen estar faltando en las áreas consideradas para protección estricta.

Los ríos proporcionan tanto el acceso como los recursos en las zonas menos usadas de la región. Reconociendo esta realidad, se podría recomendar que continúe el uso de estas áreas por las comunidades a lo largo de los drenajes del Apayacu y el Ampiyacu y quizás los afluentes del sur del Algodón, aún cuando las áreas circundantes estén estrictamente protegidas. Esto podría concederse, a cambio de una protección más estricta en algunos sitios importantes de las cuencas más bajas, que contienen los tipos de hábitats no representados en las cabeceras de estos ríos. La dificultad estaría en como aplicar esta protección, y el éxito dependería de la administración y participación de las comunidades locales en el manejo del área.

Inventarios adicionales

El río Putumayo necesita que sus recursos biológicos sean estudiados lo más antes posible. Este gran río es casi completamente desconocido, tanto en el lado peruano como en el colombiano, pero tiene un conjunto distintivo de hábitats asociados. El área a lo largo y cerca al río Putumayo tiene grandes cochas y el mismo río tiene grandes islas; estas islas en otras cuencas han proporcionado una avifauna especializada, distinta y de rango restringido. Las cochas e islas pueden ser inventariadas y ejemplos de aquellas que tuvieran la calidad más alta podrían recibir protección estricta. Estudios en el río Putumayo sugirieron la posibilidad de que existan en las islas, poblaciones de Paujil Carunculado (*Crax globulosa*); que está en peligro de extinción y que debe de ser evaluado cuidadosamente.

Recomendamos además estudios de las grandes cochas del área. En las áreas donde muestreamos y en las cabeceras de la región generalmente no hay grandes cochas. Sin embargo, éstas sí existen en otras partes de la Zona Reservada propuesta y tienen el potencial para contribuir con un significativo número adicional de especies de aves que no estuvieron representadas en las tierras más altas ni a lo largo de los pequeños ríos, que podrán ser protegidos en las cabeceras de la región.

En nuestros estudios, no encontramos ningún área de suelos arenosos. Estas áreas podrían no existir dentro del área de la Zona Reservada propuesta. Sin embargo, si hubieran áreas con suelos arenosos, especialmente arena blanca con vegetación de varillal (una vegetación típica de arena blanca), éstas deberían ser estudiadas. Estas zonas tienen una biodiversidad significativa endémica en cualquier lugar del norte del Perú (ver Álvarez y Whitney 2003).

Investigación

Existían variaciones sustanciales en la diversidad y abundancia entre las comunidades de aves de sotobosque de los bosques de tierra firme en los sitios muestreados. Investigaciones en su naturaleza y las causas de estas variaciones podrían ayudar a identificar las áreas de bosque de tierra firme más efectivas para la preservación de buenas muestras de comunidades de aves de tierra firme.

También recomendamos estudios sobre la dinámica de las poblaciones de aves de caza en la Amazonía, que se encuentren bajo diferentes niveles de presión de caza. Esta región puede ser un buen lugar para un estudio como éste, debido a la presencia de poblaciones locales con grados variables de acceso a las cabeceras de la región.

MAMÍFEROS

Autores/Participantes: Olga Montenegro y Mario Escobedo

Objetos de conservación: *Saguinus nigricollis,* un primate de distribución restringida; *Priodontes maximus,* el armadillo gigante, considerado En Peligro por la UICN; primates grandes que están sometidos a fuerte presión de cacería en muchos sitios de su distribución geográfica, especialmente *Alouatta seniculus, Cebus albifrons, Lagothrix lagothricha, Callicebus torquatus* y *Pithecia monachus;* carnívoros, principalmente de las familias Canidae (*Atelocynus microtis*), Felidae (*Leopardus pardalis, Panthera onca*) y Mustelidae (*Lontra longicaudis*); *Tapirus terrestris,* el mamífero terrestre más grande de la selva amazónica, considerado como Vulnerable; *Artibeus obscurus* y *Sturnira aratathomasi,* dos murciélagos dispersores de semillas considerados Casi Amenazados (NT) en la lista de la UICN para el Perú

INTRODUCCIÓN

Es poco lo que se conoce sobre la fauna de mamíferos del interfluvio Amazonas-Napo-Putumayo. La literatura sobre los mamíferos de esta zona de la Amazonía peruana es casi inexistente, con excepción de los reportes sobre primates en la cuenca del río Napo (Aquino y Encarnación 1994, Heymann et al. 2002). Aunque existen algunos esfuerzos de investigación que involucran sitios en esta región, no existe un inventario publicado de sus mamíferos. Por ejemplo, para la estación biológica Sabalillo en el río Apayacu, solo se presenta una lista general de mamíferos posibles de encontrar (Project Amazonas 2003).

La escasez de inventarios en esta zona hace que los límites de distribución de algunas especies al norte del río Amazonas estén aún por definirse o aclararse. Por ejemplo, en los mapas de distribución de primates como *Callimico goeldii*, *Saguinus fuscicollis* y *Saguinus tripartitus* suministrados por Aquino y Encarnación (1994) y Rylands et al. (1993), el interfluvio Amazonas-Napo-Putumayo aparece como interrogante.

En este capítulo presentamos los resultados del inventario rápido de mamíferos en dos componentes: los mamíferos no voladores (terrestres, arborícolas y acuáticos) y los murciélagos. Examinamos las principales diferencias entre los sitios evaluados en términos de diversidad y abundancia de especies, resaltamos los hallazgos más interesantes y señalamos las especies de importancia para la conservación.

MÉTODOS

Mamíferos no voladores

Nos concentramos en los mamíferos grandes, ya que por limitaciones de tiempo no utilizamos las trampas necesarias para muestrear pequeños mamíferos terrestres. Hicimos observaciones directas y examinamos huellas y otros rastros de actividad (alimentación, cuevas, marcas en árboles, etc.) a lo largo de trochas que variaron entre 2 y 14,4 km. Las trochas atravesaron la mayoría de los tipos de hábitat presentes en cada sitio.

Hicimos los recorridos tanto en el día como en la noche, generalmente en compañía de uno de los miembros de las comunidades locales que participaron en el inventario. Iniciamos los recorridos diurnos entre las 6 y 7 AM, y los extendimos hasta las 5 o 6 PM. Realizamos los recorridos nocturnos entre las 6 y 9 PM. Caminamos por las trochas lentamente (1 km/hora), observando cuidadosamente entre la vegetación, desde el dosel hasta el suelo, para detectar la presencia de mamíferos tanto arborícolas como terrestres. En ocasiones seguimos animales hasta lograr su identificación con certeza y determinar el tamaño de grupo cuando fuera posible. Estuvimos atentos a vocalizaciones y otros signos de la presencia de animales. Para cada avistamiento registramos la especie, hora de observación, número de individuos, distancia perpendicular a la trocha y altura en donde se encontraban.

Todos los otros biólogos que formaron parte del grupo de investigación, en especial D. Moskovits, C. Vriesendorp, T. Pequeño, D. Stotz, G. Knell, A. del Campo, I. Mesones, M. Ríos y los guías, también suministraron la información de todos los animales avistados por ellos durante la realización de su trabajo. Complementamos la lista con las observaciones de los miembros de las comunidades locales que participaron en el inventario.

Para comparar las abundancias de los mamíferos en los tres sitios evaluados, estimamos la abundancia relativa de rastros o huellas por kilómetro recorrido para las especies terrestres. Hicimos el registro de huellas una sola vez en cada trocha. Para los primates de los que obtuvimos mayor número de observaciones estimamos la tasa de encuentro por kilómetro recorrido, usando la información de todos los recorridos acumulados en cada sitio. No realizamos estimaciones de abundancia de aquellas especies con muy pocos rastros o avistamientos.

Murciélagos

Para la captura de murciélagos utilizamos redes de niebla de diferentes longitudes (6,9 x 2,6 m y 12 m x 2,9 m). Muestreamos bosques de tierra firme, bajiales y aguajales, y microhábitats como quebradas, claros en el bosque y árboles en fructificación. Previa a la instalación de las redes, registramos el tipo de ambiente o de hábitat, la vegetación predominante y el clima. Para la captura de los murciélagos de subdosel utilizamos un sistema de poleas, el cual nos permitió elevar las redes a alturas de hasta 15 m. Adicionalmente, realizamos caminatas diurnas para ubicar en el bosque sitios de descanso o dormideros de los murciélagos. En estos lugares también instalamos redes.

Una vez instaladas las redes, generalmente entre las 5:30 PM y las 9 PM, registramos la hora de inicio y la hora de cada captura. Las redes eran revisadas constantemente y los murciélagos capturados eran transportados vivos en bolsas de tela hasta el campamento para su identificación. Las especies fueron identificadas con la ayuda de las claves de Pacheco y Solari (1997) y Tirira (1999). Una vez identificados, los animales eran liberados.

Calculamos el esfuerzo y el éxito de captura para cada sesión de muestreo con base en el número de noches, horas y redes usadas. Expresamos el esfuerzo de captura en número de horas-red y lo calculamos como el producto del número de noches por el número de horas y por el número de redes usadas en cada sesión de muestreo (Montenegro y Romero 1999).

RESULTADOS

Encontramos 39 especies de mamíferos no voladores y 21 especies de murciélagos, para un total de 60 especies registradas (ver la lista completa en el Apéndice 6). Basándonos en la distribución general de los mamíferos del Perú, estimamos por lo menos 119 especies para la región.

Mamíferos no voladores

Especies encontradas

Los mamíferos no voladores encontrados representan diez ordenes, 19 familias, 36 géneros y 39 especies. Además de las especies incluidas en el Apéndice 6, mencionamos aquí otras dos no confirmadas, de las cuales tuvimos evidencia indirecta. En la zona del río Yaguas escuchamos vocalizaciones de un mono nocturno que puede corresponder a *Aotus vociferans,* dada su distribución geográfica. Por otro lado, los miembros de las comunidades del río Apayacu reportaron la reciente captura de un manatí (*Trichechus inunguis*) en la parte baja de este río, lo que según ellos es un evento poco frecuente. Aunque esta especie no está incluida en el total de especies encontradas, resaltamos este registro porque resulta de importancia para su distribución y porque se trata de una especie vulnerable.

En el Perú se han reportado 460 especies de mamíferos (Pacheco et al. 1995), de las cuales 119 (es decir el 25,8%) pueden encontrarse en la zona evaluada. De las especies esperadas, 72 corresponden a mamíferos no voladores. Por lo tanto, las 39 especies encontradas en este inventario representan el 54,2% de los mamíferos potencialmente presentes en esta parte del Perú. Las especies no representadas corresponden principalmente a mamíferos pequeños como roedores y marsupiales cuya evaluación requiere técnicas de trampeo no utilizadas en este inventario. De los mamíferos medianos y grandes, casi todos los grupos estuvieron bien representados. Entre los primates encontramos 10 de las 13 especies esperadas; entre los armadillos, tres de las cuatro esperadas; y entre los artiodáctilos, todas las cuatro esperadas. Una excepción la encontramos entre los carnívoros, de los cuales registramos solo siete de las 15 especies esperadas. Se puede considerar, sin embargo, que el inventario fue efectivo para la mayoría de las especies de mamíferos medianos y grandes que habitan la Zona Reservada propuesta.

Hallazgos interesantes

De las especies observadas, *Saguinus nigricollis* tiene la distribución más restringida. Corresponde a un primate pequeño que se encuentra en el Perú únicamente en el interfluvio Putumayo-Amazonas (Aquino y Encarnación 1994). Su distribución afuera del Perú no es muy amplia, incluyendo solamente áreas aledañas en Ecuador, Colombia y Brasil (Eisenberg y Redford 1999). Aquino y Encarnación (1994) reconocen las subespecies *S. n. nigricollis* y *S. n. graellsi,* siendo la primera la más común de las dos y la que se encuentra en la zona evaluada, dada su distribución geográfica.

Encontramos también a *Saguinus fuscicollis,* cuya distribución en la zona del estudio representaba un interrogante, según el mapa suministrado por Aquino y Encarnación (1994). Esta especie se conocía en el Perú al sur de los ríos Napo y Amazonas, y en Colombia al norte del río Putumayo, en donde ha sido reportado en el Parque Nacional Natural La Paya (Polanco et al. 1999), pero no se había confirmado para el interfluvio

Napo-Amazonas-Putumayo. Cabe anotar, sin embargo, que su abundancia en esta zona parece mucho menor que en otras áreas, siendo *Saguinus nigricollis* notoriamente la más abundante de las dos especies.

Entre los primates grandes, esperábamos encontrar *Ateles belzebuth*, al menos en la zona del río Yaguas, por su buen estado de conservación. Sin embargo, no encontramos evidencia de su presencia en la zona, lo que puede sugerir una intensa cacería en el pasado, que pudo ocasionar su extinción local o reducción considerable de sus poblaciones, como indican Aquino y Encarnación (1994) para otras zonas de Loreto.

Por otra parte, encontramos muy baja densidad de *Alouatta seniculus*, un primate grande de amplia distribución, que generalmente es abundante en zonas donde no sufre fuerte presión de caza. En la zona evaluada, obtuvimos sólo registros ocasionales, principalmente por vocalizaciones, y el único avistamiento directo lo tuvimos en la zona del río Yaguas. Esta observación también resultó inesperada, especialmente en la zona del río Yaguas, donde esperábamos encontrar poblaciones más grandes de este mono. Es posible que los dos primates más grandes (*Ateles belzebuth* y *Alouatta seniculus*) hayan sufrido alta presión de cacería en esta zona en años anteriores.

A diferencia de los primates grandes, entre los ungulados encontramos poblaciones bastante grandes, particularmente en la zona del río Yaguas (ver más adelante). Esta observación es especialmente interesante en los tapires (*Tapirus terrestris*), dado a que por lo general esta especie tiene baja densidad poblacional, llegando a desaparecer rápidamente en zonas con alta presión de cacería. La densidad de sachavaca en Yaguas fue probablemente la más alta conocida hasta ahora, evidenciada no sólo por una gran cantidad de huellas, sino además por al menos 11 avistamientos directos en un lapso de dos semanas. Estos avistamientos fueron hechos por el equipo de investigación durante el inventario rápido y por los participantes en la apertura del sistema de trochas durante la semana previa. Observamos las sachavacas tanto en el día como en la noche, en las trochas, en el río Yaguas y en una colpa en la orilla del mismo río. También encontramos grupos grandes (ca. 500 individuos) de huanganas o pecarí de labios blancos (*Tayassu pecari*) en la zona del río Yaguas.

Especies objeto de conservación

El armadillo gigante (*Priodontes maximus*), el cual se encuentra En Peligro (EN), de acuerdo con los criterios de la UICN (IUCN 2002), y varias otras especies encontradas en el inventario rápido tienen importancia en términos de conservación.

Saguinus nigricollis no se encuentra actualmente en ningún área protegida del Perú, razón por la cual debería establecerse una reserva entre los ríos Napo y Putumayo, que protegiera ésta y otras especies nativas de esta zona (Aquino y Encarnación 1994). Además de estar ausente en áreas protegidas, la biología y ecología de esta especie es poco conocida (Eisenberg y Redford 1999).

Los primates grandes como *Alouatta seniculus* y *Lagothrix lagothricha* son frecuentemente cazados en muchas áreas de la Amazonía peruana con fines de subsistencia y comerciales. Aunque no figura en las categorías de la UICN (IUCN 2002), *Lagothrix lagothricha* fue incluida dentro de las categorías propuestas por Pacheco (2002) para los mamíferos amenazados del Perú. Este autor la considera como una especie en peligro de extinción, categoría que coincidía con las listas oficiales del INRENA hasta 1999. Actualmente esta especie, al igual que *Alouatta seniculus*, está en la categoría Vulnerable en la última categorización del INRENA (1999). Al parecer la subespecie de mono choro presente en el área de estudio correspondería a *L. l. lagothricha*, que se distribuye en la margen norte del río Napo, y que no se encuentra protegida en ninguna unidad de conservación peruana (Pacheco 2002).

Los carnívoros grandes en general tienen densidades poblacionales bajas y, en el caso de algunas especies, han estado sometidas a altas presiones de caza. Es el caso de los jaguares (*Panthera onca*) y las nutrias (*Lontra longicaudis*), considerados por la UICN (IUCN 2002) en las categorías Casi Amenazado (NT) y Vulnerable (VU), respectivamente. La nutria incluso es considerada en peligro de extinción en el Perú debido a la fragmentación de su distribución, originada por la intensa presión de caza que sufrió en los años 1960-66 (Pulido 1991, Pacheco 2002).

La sachavaca o tapir (*Tapirus terrestris*) es más vulnerable a la sobre-caza que otras especies de menor tamaño, dadas sus características de ciclo de vida. Los tapires tienen una baja tasa intrínseca de incremento natural, debido a su baja tasa reproductiva, largos períodos entre generaciones y longevidad (Bodmer et al. 1997). Aún con moderadas presiones de cacería, las poblaciones de tapir pueden declinar rápidamente (Bodmer et al. 1993).

Comparación entre sitios muestreados

El mayor número de especies de mamíferos no voladores lo encontramos en las cabeceras del río Yaguas (30 especies), seguido por Maronal (28 especies) y la cabecera del río Apayacu (26 especies).

Encontramos diferencias en la abundancia relativa de la mayoría de los mamíferos. En la cabecera del río Yaguas encontramos la mayor abundancia relativa de rastros y avistamientos de la mayoría de las especies terrestres y de tres primates (Tabla 3). Destacamos principalmente una alta e inusual abundancia de sachavaca o tapir (*Tapirus terrestris*). Otra especie que parece bastante abundante en el río Yaguas es la huangana (*Tayassu pecari*), de la cual,

Tabla 3. Abundancias relativas de huellas de mamíferos y avistamientos en los tres sitios de estudio.

Especie	Nombre local	Abundancia relativa de rastros (Número de rastros/km)		
		Yaguas	Maronal	Apayacu
Agouti paca	majás	0,522	0,235	0,156
Atelocynus microtis	sachaperro		0,034	
Cabassous unicinctus	carachupa pequeño	0,080	0,101	
Dasyprocta fuliginosa	añuje	0,040	0,067	0,117
Dasypus novemcinctus	carachupa	0,843	1,006	0,938
Eira barbara	manco	0,04	0,034	
Leopardus pardalis	tigrillo	0,201		
Lontra longicaudis	nutria		0,067	0,078
Mazama americana	venado rojo	0,723	0,436	0,078
Mazama gouazoubira	venado gris	0,161	0,034	
Myoprocta pratti	punchana	0,040	0,067	0,039
Myrmecophaga tridactyla	oso hormiguero	0,161		
Nasua nasua	achuni	0,040		
Panthera onca	otorongo	0,080	0,101	
Pecari tajacu	sajino	1,566	0,268	0,156
Priodontes maximus	carachupa mama	0,361	0,302	0,313
Tapirus terrestris	sachavaca	2,530	0,704	0,469
Tayassu pecari	huangana	0,281	0,034	
Especie	**Nombre local**	**Abundancia relativa de rastros (Número de rastros/km)**		
		Yaguas	Maronal	Apayacu
Cebus albifrons	mono blanco	0,110	0,131	0,035
Lagothrix lagothricha	choro	0,164	0,098	0,035
Pithecia monachus	huapo negro	0,055	0,098	0,070
Saguinus nigricollis	pichico	0,411	0,262	0,210
Saimiri sciureus	fraile	0,137	0,066	0,035

además de una gran abundancia de huellas, observamos un grupo de aproximadamente 450-500 individuos cerca de un aguajal. También resultaron más abundantes en el río Yaguas los venados (*Mazama* spp.), el majás (*Agouti paca*) y los monos choro (*Lagothrix lagothricha*), fraile (*Saimiri sciureus*) y pichico (*Saguinus nigricollis*). Fue el único sitio donde observamos rastros de oso hormiguero (*Myrmecophaga tridactyla*) y achuni (*Nasua nasua*). De los tres sitios evaluados, el río Yaguas es el que parece estar en mejor estado de conservación.

En Maronal encontramos muchas de las especies vistas en el río Yaguas, pero muchas de ellas exhibieron abundancias relativas un poco más bajas. Una excepción a esto fue el otorongo (*Panthera onca*) en Maronal, en donde encontramos huellas frescas y rastros en varias trochas. Además, en Maronal encontramos sachaperro (*Atelocynus microtis*), una especie usualmente rara. Encontramos no sólo huellas, sino que un miembro de la expedición (D. Moskovits) observó uno durante el inventario y los miembros de las comunidades Bora que participaron en la apertura de las trochas también lo observaron en este sitio en dos ocasiones.

En el río Apayacu, en contraste, encontramos no sólo el menor número de especies, sino además las abundancias relativas más bajas de la mayoría de los mamíferos encontrados. Una excepción a este patrón es la abundancia relativa de dos especies de armadillos, el común *Dasypus novemcinctus* y el armadillo gigante *Priodontes maximus*, cuyas cuevas fueron similarmente abundantes en los tres sitios evaluados (Tabla 3).

Tanto en Maronal como en el río Apayacu encontramos evidencias de cacería tales como cráneos de mamíferos y campamentos antiguos de cazadores. En Maronal encontramos cráneos de huangana (*Tayassu pecarí*) y majás (*Agouti paca*) en las orillas de la quebrada Supay, y en el río Apayacu, encontramos cráneos de mono choro (*Lagothrix lagothricha*). Fue evidente que existe mayor intervención en el sitio del río Apayacu, dado a que es un lugar donde las comunidades de la parte baja del río acuden en busca de animales de caza y otros recursos, con cierta frecuencia. No sólo la abundancia de la mayoría de los mamíferos encontrados fue menor que los otros sitios, sino además el comportamiento de los animales fue mucho más huidizo en este lugar.

Murciélagos

Especies encontradas

Capturamos 50 especímenes de murciélagos pertenecientes a cuatro familias, cinco subfamilias, 11 géneros y 21 especies (ver el Apéndice 6). En esta lista se incluyen especies capturadas durante la noche y el día, así como aquellas observadas pero no capturadas, como *Rhynchonycteris naso*, visto a orillas del río Yaguas y el Apayacu, en ramas de árboles caídos. Los murciélagos encontrados en este inventario representan el 13,8% de las 152 especies reportadas para el Perú (Pacheco et al. 1995).

Hallazgos interesantes

Durante el inventario rápido encontramos una especie de *Myotis*, un pequeño murciélago vespertiliónido cuyas características no coinciden con ninguna de las especies conocidas del género, tratandose quizás de una especie nueva. Se requiere de una revisión detallada del ejemplar con material de museo para verificar esta hipótesis.

Capturamos un murciélago del género *Sturnira*, de tamaño grande, cuyos caracteres coincidieron únicamente con la especie *Sturnira aratathomasi*, la cual había sido hasta ahora reportada únicamente en zonas de altura. Esta especie es muy poco conocida y sus colecciones en museos son muy escasas. Se conoce de la zona andina de Colombia (Peterson y Tamsitt 1968, Alberico et al. 2000) y de Venezuela (Soriano y Molinari 1984) y existen colecciones de un lugar no determinado en Ecuador (Soriano y Molinari 1987). El primer registro de esta especie en el Perú es de una zona de altura del departamento de Amazonas (McCarthy et al. 1991). Al parecer, esta es una especie de distribución amplia y talvez no restringida a zonas de altura. Desafortunadamente no colectamos este espécimen; recomendamos realizar inventarios más exhaustivos para clarificar esta observación y confirmar la presencia de esta especie en la selva baja peruana.

Preferencias de hábitat

Pudimos comprobar la preferencia de hábitat de algunas especies como *Phyllostomus elongatus,* capturado solo en bosques altos y cerrados; *Mesophylla macconnelli,* que prefiere depresiones dentro del bosque, como cauces de antiguas quebradas; y *Trachops cirrhosus,* que se alimenta de ranas y prefiere charcos, quebradas y cochas. Registramos también a especies generalistas como *Carollia perspicillata* y *C. castanea,* ambas encontradas en diferentes hábitats.

En el río Apayacu encontramos a *Tonatia silvicola* y *Phyllostomus hastatus* juntos en un nido de comején a menos de 5 m de altura, indicando que estas dos especies podrían formar asociaciones, además de usar refugios mucho más bajos de lo que se esperaría para murciélagos grandes como estas especies. Seis de las nueve especies capturadas en el río Apayacu estaban alimentándose de los frutos de un árbol de *Ficus glabra,* de 30 m de altura aproximadamente. Este hallazgo resalta la importancia de este árbol como especie clave para la supervivencia de muchas especies frugívoras, más aún considerando que había pocas plantas en fructificación durante la época del muestreo.

Especies objeto de conservación

De las especies de murciélagos encontradas, *Artibeus obscurus* y *Sturnira aratathomasi* se consideran como casi amenazadas (LR/NT), según la categorización de la UICN para el Perú (Hutson et al. 2001). La categorización de estas dos especies obedece principalmente al poco conocimiento que se tiene sobre los límites de su distribución en el Perú, el poco conocimiento sobre su estado de conservación y en el caso de *Sturnira aratathomasi,* su escasez en colecciones de museo y en inventarios de campo en general.

Comparación entre los sitios de muestreo

En la cabecera del río Yaguas tuvimos un esfuerzo de captura de 51,2 horas/red, que resultó en la captura de 21 individuos de nueve especies. En Maronal, tuvimos un menor esfuerzo de captura de 20,7 horas/red, dado a que tuvimos lluvias frecuentes. Este esfuerzo resultó en la captura de 10 individuos de siete especies. En la cabecera del río Apayacu tuvimos un esfuerzo de captura de 22,4 horas/red, dando como resultado la captura de 20 individuos de diez especies.

El mayor éxito de captura en número de individuos lo obtuvimos en el río Apayacu, con 0,83 individuos por hora-red, en contraste con Maronal y el río Yaguas, con 0,48 y 0,41 individuos por hora-red respectivamente. Este mayor éxito de captura no necesariamente refleja una mayor abundancia de murciélagos en esta zona, debiéndose principalmente a que en el río Apayacu instalamos redes a 15 m de altura, cerca de un árbol en fructificación, lo que nos permitió realizar más capturas.

DISCUSIÓN

Mamíferos no voladores

Afinidades y diferencias con otros sitios de la Amazonía peruana

La diversidad de especies de mamíferos no voladores no difiere mucho en número de especies observado en campo de otros inventarios rápidos del norte de la Amazonía peruana. En el inventario realizado en la zona del río Yavarí, también se reportan por observación directa o rastros, 39 especies de mamíferos no voladores (Salovaara et al. 2003). Cabe anotar, sin embargo, que la lista presentada en tal inventario incluye además especies encontradas en otros estudios y en otras áreas, dando como resultado un listado más extenso.

El 68,8% de las especies de mamíferos no voladores es común en los dos inventarios. Las principales diferencias se encuentran en las especies de primates, en particular por sus límites de distribución. Es el caso de *Saguinus nigricollis* y *Callicebus torquatus,* presentes en las cabeceras de los ríos Yaguas, Ampiyacu y Apayacu, en contraste con *Cacajao calvus, Ateles paniscus, Saguinus mystax* y *Aotus nancymae,* presentes en la zona del río Yavarí. Este hecho resalta la importancia de la conservación de estas dos áreas, dado a que albergan especies de diferente distribución geográfica.

Las tres áreas evaluadas en este inventario rápido tienen bastante afinidad con áreas cercanas en Colombia. *Saguinus nigricollis, Callicebus torquatus* y *Bassaricyon gabbii* también están presentes al oriente de río Yaguas, en el Parque Nacional Natural Amacayacu, en la Amazonía colombiana (Bedoya 1999). De forma similar, *Saguinus fuscicollis* y la mayoría de las otras especies de mamíferos encontrados en este inventario también se encuentran en la margen izquierda del río Putumayo, en el Parque Nacional Natural La Paya, en Colombia (Polanco et al. 1999).

Afinidades y diferencias entre los sitios de muestreo
Los tres sitios de muestreo tuvieron cerca de un 90% de similitud en cuanto a las especies presentes, pero difirieron principalmente en la abundancia relativa de las mismas. La mayor abundancia de especies vulnerables a la sobre caza en la zona del río Yaguas, se debe principalmente a la inexistente cacería actual en este sitio, y al estado de conservación de sus hábitats. Son de particular importancia los aguajales, en especial para los ungulados (tapires, pecaríes y venados), y los roedores grandes como el majás y el añuje, debido a que uno de los principales componentes de su dieta lo constituyen los frutos de aguaje *Mauritia flexuosa*. En los tres sitios de muestreo encontramos aguajales, pero tanto en Maronal como en el río Apayacu los pobladores locales cosechan frutos de aguaje durante la época de fructificación. Tal extracción de frutos es muy ocasional o inexistente en la cabecera del río Yaguas dado a que poca gente la visita.

Otro componente del hábitat muy importante para ungulados, roedores grandes y algunos primates son las colpas (Montenegro 1998). Pudimos verificar que en la zona del río Yaguas existen colpas e incluso tuvimos avistamientos directos de tapires en una de ellas. Aunque es posible que también existan colpas en las zonas de Maronal y el río Apayacu, puede existir cacería en ellas, ya que su presencia es uno de los principales atributos que los cazadores buscan cuando establecen sitios de caza (Puertas 1999). La escasa perturbación humana de las colpas en la cabecera del río Yaguas también ayudaría a explicar la mayor abundancia relativa de ungulados en esta zona.

En consecuencia, consideramos que el estado de conservación es mucho mejor en el río Yaguas que en los otros dos sitios evaluados. Maronal es un sitio en buen estado de conservación, pero se encuentra bajo presión pasada y reciente, principalmente por extracción de madera a pequeña escala. Tiene, sin embargo, especies de mamíferos normalmente raros como el sachaperro y el jaguar. Finalmente, en la zona del río Apayacu se evidencia un mayor impacto de la cacería y extracción de recursos sobre las poblaciones de mamíferos medianos y grandes.

Con base en estas consideraciones, las áreas de mayor importancia para la conservación de los mamíferos son la cabecera del río Yaguas y Maronal. Consideramos de mucha importancia conservar la primer área, dado su estado de conservación y la inusual alta abundancia de tapires y de otros ungulados y primates.

Murciélagos

Afinidades y diferencias con otros sitios de la Amazonía
Con la posible excepción de una especie no conocida de *Myotis* que puede tratarse de una nueva especie, todas las especies registradas durante el inventario eran conocidas previamente para el Perú. La lista de murciélagos de la región del AAYMP también refleja la dominancia en todo el Neotrópico de la familia Phyllostomidae, la cual corresponde a por encima del 85% de las especies capturadas. Los murciélagos de esta familia puedan ser agentes de dispersión de semillas de hasta el 24% de especies de árboles forestales (Humphrey y Bonaccorso 1979), haciéndoles importantes elementos en la estructuración de los bosques tropicales.

Encontramos mucha similitud en los hábitats muestreados, tanto en la propuesta Zona Reservada del Yavarí como en la presente área de estudio (Escobedo 2003). El número de especies encontradas también es muy similar: 20 especies para Yavarí y 21 para la presente área. Sin embargo, como era de esperarse dado el muestreo preliminar de las dos zonas, encontramos especies en Yavarí que no están en la región del AAYMP y viceversa. De igual modo, Polanco et al. (1999) reportan cinco familias, cinco subfamilias y 29 especies para el Parque Nacional de la Paya en Colombia, al otro lado del río Putumayo.

AMENAZAS, OPORTUNIDADES, RECOMENDACIONES

Las principales amenazas a los mamíferos de las zonas evaluadas son la cacería excesiva (Figura 10A) y la extracción de madera a gran escala. La cacería es una amenaza menor en la zona del río Yaguas, si su situación actual permanece. Sin embargo, si el área no es protegida legalmente, puede llegar a tener explotación excesiva, cuando los recursos de otras áreas se hayan reducido. Dado a que ésta es la zona mejor conservada y no tiene comunidades cercanas, a excepción de dos comunidades cerca de su desembocadura, existe una gran oportunidad para seleccionarla como un área de conservación, cuya existencia no afectaría las zonas de uso actuales de las comunidades en esta región.

Además, las áreas menos alteradas, como la cabecera del río Yaguas, servirán de fuente para la recuperación de las poblaciones de mamíferos de las áreas de uso más intenso. El hecho de que sean las mismas comunidades las interesadas en el mantenimiento de la zona para su uso y conservación, ofrece la oportunidad para estimular un manejo de la fauna de mamíferos, de forma sostenible, que permita la recuperación de las poblaciones en las áreas de mayor cacería (Figura 10A).

COMUNIDADES HUMANAS

Autores: Hilary del Campo, Mario Pariona y Renzo Piana (en orden alfabético)

Objetos de Conservación: Áreas del bosque consideradas como sagradas por los indígenas, que conservan la biodiversidad y son centros de reproducción de animales y plantas; valoración de las palmeras y otros productos del bosque para la construcción de viviendas y techos y producción de artesanías; uso de recursos pesqueros para la alimentación y comercio de los peces ornamentales; reforestación con especies forestales maderables; enriquecimiento de los suelos utilizados con fines agrícolas mediante la rotación de purmas; manejo de bosque secundario con especies frutales nativas

INTRODUCCIÓN

Este capítulo revela los resultados del trabajo de campo realizado por los autores en agosto de 2003 en 18 comunidades nativas y centros poblados involucrados en la gestión de la Zona Reservada propuesta en las cuencas de los ríos Apayacu, Ampiyacu, Algodón, Yaguas y Medio Putumayo.

Las metas del trabajo de campo fueron varias. Las actividades se realizaron mediante talleres, donde se informó a los participantes sobre las características de las diferentes categorías de áreas naturales protegidas y se registraron las inquietudes, preocupaciones e ideas de los comuneros con respecto a la propuesta actual. También se investigaron las modalidades de gestión que las comunidades practican para la protección del medio ambiente, independientes del Estado peruano, y las amenazas que, según las comunidades, afectan su bienestar social, económico y ambiental. Sobre la base de todas estas observaciones, planteamos unas recomendaciones para el proceso de zonificación, categorización, planificación y gestión de las áreas protegidas que se proponen en la zona.

El consenso entre las comunidades locales propone la creación de un mosaico de áreas naturales protegidas, fusionando varias áreas de uso sostenible de los recursos (e.g., Reservas Comunales) con una área de protección estricta (e.g., un parque nacional). Este mosaico representa una gran oportunidad para las comunidades humanas y no-humanas en la zona. El interés de la población indígena en la utilización sostenible del área constituye un apoyo local permanente para las áreas de conservación.

MÉTODOS

El trabajo de campo se realizó entre el 3 al 21 de agosto en 18 comunidades pertenecientes a tres federaciones indígenas: la Federación de Pueblos Yaguas de los Ríos Orosa y Apayacu (FEPYROA), la Federación de las Comunidades Nativas del Ampiyacu (FECONA) y la Federación de las Comunidades Nativas Fronterizas del Putumayo (FECONAFROPU).

En el norte, a lo largo de los ríos Algodón y Putumayo, trabajamos en siete comunidades Yagua, Huitoto, Bora, Ocaina, Mayjuna y Quichua, pertenecientes a la FECONAFROPU (ver Figura 2). En el suroeste, a lo largo del río Apayacu, visitamos cuatro comunidades Yagua y Cocama que pertenecen a la FEPYROA. En el sureste, a lo largo del río Ampiyacu, trabajamos en siete comunidades Bora, Huitoto, Ocaina y Yagua, las cuales incluyen también unas familias de la etnia Resígaro; estas comunidades pertenecen a la FECONA. Datos sobre la población y territorio de estas comunidades se presentan en el Apéndice 7.

En estas comunidades utilizamos la observación sistemática y el acompañamiento en actividades comunales para entender mejor el marco social, el uso de los recursos naturales y las actividades económicas locales. Visitamos las chacras y participamos en la cosecha de varios productos. Estas actividades sirvieron para familiarizarnos con las actividades locales cotidianas a favor de la conservación y la gestión de un área protegida.

Se realizaron dos talleres de un día cada uno. El primer taller, con las comunidades de la FEPYROA, se realizó el 5 de agosto en la comunidad nativa de Yanayacu (en la cuenca del Apayacu), con la asistencia de 43 participantes. El segundo taller, con las comunidades de la FECONAFROPU (sólo aquellas de la cuenca del Medio Putumayo), se realizó en San Antonio de Estrecho el 12 de agosto, con la presencia de 59 dirigentes. Debido a que la propuesta original para la creación de la Reserva Comunal fue en gran parte una gestión de la FECONA y los dirigentes y comuneros están bastante informados con respeto a las gestiones actuales de la propuesta para la creación de una Zona Reservada, el grupo de campo decidió no realizar otro taller en la cuenca del Ampiyacu, sino otras actividades a nivel comunal con los moradores y los dirigentes.

Nosotros diseñamos los talleres específicamente para reflexionar sobre las ventajas y limitaciones de la posible creación de una Zona Reservada y para comunicar las observaciones de INRENA acerca de la primera propuesta para la creación de una Reserva Comunal (ORAI et al. 2001). A nivel comunal se continuó el trabajo de los talleres utilizando el método de entrevista a grupos focales y conversaciones informales con los moradores, líderes tradicionales y dirigentes comunales.

Además, realizamos entrevistas semi-estructuradas con autoridades locales—como alcaldes y dirigentes de INRENA—en Pebas y Estrecho, y con moradores y dirigentes de las federaciones indígenas y de la Organización Regional AIDESEP Iquitos (ORAI).

En todo el trabajo tratamos de lograr un balance entre los informantes de ambos géneros, aunque fue más difícil con los grupos focales y talleres donde la mayoría de los dirigentes eran hombres. Otras actividades participativas involucraron a un mayor número de mujeres.

RESULTADOS Y DISCUSIÓN

Gestiones a favor de la conservación

Lugares sagrados

Grupos de indígenas locales consideran como sagrados o míticos, a los centros de reproducción de animales y plantas llamados localmente "sachamamas." Las *sachamamas* son tratadas con mucho respeto por los pobladores locales y el tránsito por dichas zonas es restringido, porque se cree que estos lugares poseen poderes mágicos y que son cuidados por los padres o las madres del monte y de los animales. Los indígenas cuentan muchas historias relacionadas a estos lugares. Generalmente estas historias refieren como un grupo de visitantes ha experimentado la presencia de los guardianes de estos sitios, la cual se manifiesta a través de ruidos inexplicables, movimientos del suelo y de los árboles, cambios bruscos del clima, perdida de orientación del transeúnte, entre otros. El mapa en la Figura 3 muestra la ubicación de las *sachamamas* en la zona (ORAI et al. 2001).

La existencia de los lugares sagrados refleja valores culturales que están íntimamente vinculados con la naturaleza y que sirven para regular la extracción desmedida de los recursos naturales. Estas creencias establecen una base sólida para el respeto a las normas que involucran la creación de un área protegida.

Trabajando a partir de las creencias, mitos y tradiciones locales que están vinculadas al manejo de los recursos naturales, se ayudará a garantizar las prácticas de conservación local en forma participativa y equitativa para el bienestar de una futura área protegida.

Manejo de chambira e irapay

La chambira (*Astrocaryum chambira*) es una palmera de cuya yema terminal se extraen las fibras que se utilizan para la confección de artesanías (hamacas, jicras, entre otros). En la cuenca del Ampiyacu los pobladores de algunas comunidades manejan esta especie (principalmente en las purmas) mediante la extracción controlada del estípite terminal de la palmera. También reforestan con los plantones que encuentran en el monte y que son producto de la regeneración natural. Los plantones son trasladados a las chacras donde se siembran y cultivan hasta que alcanzan un desarrollo suficiente que permite su cosecha. Estas actividades tradicionales permiten la conservación y uso sostenible de un recurso florístico importante para la generación de ingresos en las poblaciones locales (pero ver Smith y Wray 1996).

El irapay (*Lepidocaryum tenue*) es una palmera cuyas hojas son utilizadas en la construcción de los techos de las viviendas de las comunidades nativas. Las hojas tienen buena demanda local y regional y el producto (crisnejas) se comercializa en Iquitos y Pebas. Las comunidades de los ríos Ampiyacu y Yaguasyacu cosechan las hojas utilizando técnicas que permiten la rápida regeneración de las plantas aprovechadas. Esta forma de manejo no solamente refleja un conocimiento ancestral del recurso sino que permite el mantenimiento de las poblaciones de esta especie en su medio natural y mantiene sus ingresos.

Gestión de los recursos pesqueros

Los recursos pesqueros en las tres cuencas estudiadas son de gran importancia para la alimentación de la población indígena y ribereña de la zona. Las comunidades en estas cuencas se han organizado para controlar el acceso de botes congeladores a los cuerpos de agua que se encuentran dentro de sus territorios. Mediante estos esfuerzos la gente intenta evitar la extracción desmedida de peces de importancia comercial, como paiche (*Arapaima gigas*), arahuana (*Osteoglossum bicirrhosum*), boquichico (*Prochilodus nigricans*), gamitana (*Colossoma macropomun*), palometa (*Mylossoma duriventris*), sábalo (*Brycon* spp.) y los grandes bagres (Pimelodidae). De esta manera, los comuneros manejan sus recursos pesqueros con fines de autoconsumo y comercialización. Sin embargo, la Dirección Regional de la Producción (antes DIREPE) autoriza el ingreso de pescadores foráneos al territorio de las comunidades nativas, ya que la ley indica que los cuerpos de agua ubicados dentro del territorio de las comunidades son de libre disponibilidad, lo cual causa conflictos.

Reforestación y recuperación de suelos

En las comunidades del Ampiyacu se realizan actividades de reforestación con especies maderables de alto valor (principalmente cedro) a través del manejo de la regeneración natural que producen determinados árboles semilleros y de plantones producidos en el vivero en la sede del INRENA en Pebas. Estas experiencias pueden servir como base de futuros programas de reforestación para el bienestar del ecosistema y de los pobladores locales.

En las comunidades nativas del Ampiyacu, Putumayo y Apayacu, los pobladores utilizan frutales nativos del género *Inga* (shimbillo o guava) y de otras especies (caimito, uvilla, pijuayo, umarí, etc.) para enriquecer el suelo de sus chacras. El shimbillo y la guava producen frutos comestibles y leña, además de fijar Nitrógeno en el suelo. Las otras especies producen frutos comestibles con valor comercial. También hay enriquecimiento de las purmas y de las chacras con frutales introducidos. Estas actividades demuestran el interés de los pobladores en mantener la diversidad de cultivos en sus chacras y en utilizar los recursos (suelos, plantas, protección de la fauna, etc.) de manera sostenible.

Resultados de los talleres

Los talleres fueron participativos e interactivos. Se iniciaron con el reconocimiento del territorio utilizado por las comunidades nativas entre los ríos Putumayo, Ampiyacu y Apayacu (ver "Protegiendo las Cabeceras: Una Iniciativa Indígena para la Conservación de la Biodiversidad" y Figura 3; ORAI et al. 2001), para facilitar la ubicación de los participantes en el área de la Zona Reservada propuesta. Luego, se definieron las áreas naturales protegidas, el rol del INRENA dentro de ellas y algunos aspectos legales de ellas. Se particularizaron las diferencias entre las categorías de áreas naturales protegidas, de acuerdo a la posibilidad o no de utilizar recursos dentro de ellas, y se hizo un enfoque más detallado en las Reservas Comunales.

Al analizar las amenazas, los participantes expresaron críticamente los enfrentamientos a su bienestar que podrían afectar su participación en la gestión de la Zona Reservada y la eventual creación de una o más Reservas Comunales. Luego de identificar las amenazas, los participantes plantearon acciones que podrían tomar frente a éstas. Esta parte del taller se realizó entre los participantes y los miembros del equipo social, de tal manera que la discusión estuviera orientada a la propuesta de creación de la Zona Reservada y de las habilidades locales para gestionarla.

Posteriormente se explicaron las observaciones del INRENA a la propuesta original (ORAI et al. 2001). Resumimos su interés en reservar el área por considerarla prioritaria para la conservación de la biodiversidad y para el uso de las comunidades a su alrededor. También explicamos el rol del Field Museum y del inventario biológico rápido. Manifestamos los pasos del inventario y la difusión de los resultados. Definimos los próximos pasos para completar el expediente técnico, que deberá ser fortalecido con mayor información biológica y social. Para terminar discutimos sobre el proceso de ordenamiento territorial y sobre la posibilidad de realizar futuras reuniones de capacitación y discusión con las comunidades nativas.

En el taller que se llevó a cabo en la comunidad de Yanayacu, hubo una presentación de Miguel Manihuari, vicepresidente de ORAI. La presentación estuvo orientada a explicar el apoyo que ORAI ofrece a las comunidades nativas al nivel regional y su papel al nivel nacional (AIDESEP) e internacional (COICA) como organización indígena regional. Benjamín Rodríguez Grandes, presidente de ORAI, realizó una presentación similar durante el taller en San Antonio de Estrecho.

Los datos recopilados durante los talleres revelan que existen muchas semejanzas entre las visiones a futuro que tienen las comunidades y federaciones. Después de realizar el ejercicio con los mapas y discutir las observaciones del INRENA frente a la propuesta de 2001 (ORAI et al. 2001), los participantes expresaron un interés común en gestionar un mosaico de áreas protegidas para permitir su uso sostenible en combinación con una protección más estricta en determinadas áreas. Tanto en los talleres como en las visitas a las comunidades, expresaron que las Reservas Comunales se podrían manejar a nivel de la federación, mientras que el área protegida de carácter más estricto, sería beneficiosa para todas las comunidades colindantes. Durante los talleres, se observó que los participantes intercambiaron ideas, tanto en conversaciones en grupo como en comentarios individuales, llegando a la conclusión que una zona de mayor restricción serviría como una fuente de reproducción de los animales y dispersión de semillas para las Reservas Comunales y territorios indígenas.

Se afirma que las tres federaciones se sienten aliadas, existe concordancia de visiones entre ellas y están motivadas para buscar el apoyo del Estado para un mejor uso, manejo y conservación de los recursos de las cuencas.

Amenazas

Las comunidades de ambas federaciones están enfrentando muchas de las mismas amenazas, o comparten las mismas preocupaciones sobre los problemas que pueden enfrentar si no se concreta la creación de una Zona Reservada. Estas amenazas incluyen el ingreso de gente foránea para extraer recursos de los territorios indígenas; las amenazas a la cultura indígena; la falta de recursos económicos;

la escasez de pesca y mitayo (carne de monte); y la carencia de equidad social. La gente de la FECONAFROPU también expresó su preocupación por falta de servicios básicos (salud y educación) en sus comunidades y una discriminación por parte de las autoridades del Estado (especialmente de la municipalidad, las autoridades militares y el INRENA) frente a su identidad indígena.

Ingreso de gente foránea para extraer recursos

En ambos talleres y en los grupos de trabajo desarrollados en las comunidades, los pobladores identificaron como una amenaza principal el ingreso de gente foránea a su territorio comunal, a las áreas adyacentes y a las áreas de libre disponibilidad para aprovechar los recursos naturales. En general, estas personas fueron identificadas como pescadores, madereros, y cazadores de centros poblados cercanos y/o de Colombia, quienes extraen pescado a gran escala con el uso de botes congeladores o extraen madera a través de relaciones de patronazgo con las comunidades (empresarios madereros). Los participantes explicaron que la amenaza se aplica tanto dentro de sus territorios comunales como afuera, ya que el espacio del cual las comunidades dependen para extraer recursos, cazar, pescar, proteger lugares de producción de los animales (lugares míticos), y fortalecer redes intercomunales y de parentesco es mucho más amplio que los terrenos titulados de cada comunidad.

Extracción de recursos forestales

La extracción de especies maderables por los foráneos es considerada una amenaza muy crítica, ya que la comercialización de madera a pequeña escala es una de las actividades económicas más importantes que llevan a cabo las comunidades nativas de la zona. Debido a la legislación vigente, la extracción de madera con fines comerciales está prohibida en la zona. Desgraciadamente, las autoridades competentes no distinguen entre la poca madera que saca un comunero con fines de subsistencia de las decenas de trozas que transporta un extractor foráneo. Esto tiene varios efectos: por un lado los comuneros se ven en la necesidad de trabajar de espaldas a la ley pues no tienen otro recurso de valor que les permita generar una cantidad de dinero para afrontar los gastos de salud y educación de sus hijos. Por otro lado, las autoridades comunales, al verse imposibilitadas de comercializar con fines de subsistencia los productos maderables dentro de los territorios comunales, se asocian con patrones y habilitadores para que sean ellos quienes se encarguen de la comercialización de la madera. La mayoría de las veces, el beneficio dejado por el patrón para la comunidad es mínimo. En las zonas aledañas al río Putumayo, la extracción ilegal es conducida por madereros colombianos quienes falsifican permisos de extracción, transportan clandestinamente la madera al lado colombiano del Putumayo y amenazan a los comuneros que denuncian estas actividades.

Las concesiones forestales son consideradas como un obstáculo para el entorno de la población indígena porque impide su acceso a recursos del bosque, rompe los vínculos de parentesco entre grupos indígenas y altera y destruye sus lugares míticos y sagrados. Hasta hace muy poco tiempo, gran parte de la zona propuesta como Zona Reservada había sido clasificada por el Estado como bosques de producción permanente e iban a ser subastadas al público como parte de un proceso de ordenamiento forestal. Desgraciadamente, para las comunidades nativas este proceso es muy complicado y no podrán acceder a él por carecer de asesoría técnica y de fondos económicos para generar la documentación necesaria para participar en los remates. Sin el apoyo externo, es muy difícil que una comunidad nativa pueda obtener concesiones forestales para aprovechar recursos maderables con fines comerciales. Debido a la complejidad de las tramites, las concesiones forestales generalmente son asignadas a empresarios madereros foráneos. Los titulares de estas concesiones adquieren los derechos exclusivos de extracción de recursos maderables del área y de hecho prohibirán el acceso de personas ajenas a sus propiedades temporales. Si este proceso continúa, las comunidades verán restringido su acceso a las áreas de donde han extraído y extraen recursos con fines de subsistencia.

Inestabilidad crónica en la frontera con Colombia
La violencia política que atraviesa la cuenca del Putumayo fomenta la migración de personas foráneas y afecta la forma de vida de las comunidades locales. La acción de la guerrilla colombiana (las Fuerzas Armadas Revolucionarias de Colombia) en territorio colombiano genera una permanente ola de desplazados que cruza el río Putumayo hacia territorio peruano y se asienta temporalmente en territorios que pertenecen a las comunidades indígenas de la FECONAFROPU. Los comuneros afirman que el constante flujo de inmigrantes y su presencia en las comunidades constituyen amenazas para el desarrollo de sus actividades cotidianas y sus tradiciones, ya que estas personas no se integran a la vida comunal y traen costumbres que afectan a todos en su vida cotidiana (consumo de alcohol, explotación desmedida de recursos, etc.).

Falta de atención del Estado
Las comunidades afirman que los gobiernos locales no consideran a las organizaciones indígenas en sus planes de desarrollo. Las autoridades estatales, tanto a nivel nacional como a nivel de los municipios o de las diferentes instancias gubernamentales, consideran que las comunidades nativas y sus organizaciones son incapaces de tomar decisiones sobre la gestión de sus territorios y el uso de los recursos naturales de manera autónoma. Las comunidades afirman que los representantes del Estado toman decisiones sobre la administración de sus territorios sin consultar a las organizaciones comunales, lo cual genera conflictos, porque frecuentemente estas decisiones se oponen a la visión indígena sobre territorialidad y uso de recursos.

Por ejemplo, ante la posibilidad del Estado de concesionar parte de las cuencas de los ríos Ampiyacu, Apayacu y Algodón con fines de extracción forestal, las instituciones estatales no son conscientes de que eso recortaría el acceso de los pueblos indígenas a recursos y territorios que han sido utilizados por ellos desde tiempos inmemoriales. Por ello, las comunidades se han opuesto tajantemente a la privatización de estas áreas y han solicitado la creación de una o más Reservas Comunales en dicho sector. Sin embargo, las autoridades municipales del distrito de Pebas argumentan que la creación de un área reservada en beneficio de la población indígena del distrito (aproximadamente 1.500 habitantes) recortaría las atribuciones municipales en cuanto al uso del territorio y frenaría las posibilidades de desarrollo del distrito.

Durante las campañas electorales de los políticos, las organizaciones comunales son ampliamente reconocidas, ya que éstas constituyen un potencial en votos para los aspirantes a los gobiernos locales y nacionales. Durante este período existen muchos ofrecimientos de infraestructura, donativos y fiestas. Pero una vez concluidas las campañas, las comunidades indígenas sufren nuevamente la marginación.

Migración de las comunidades por carencias de infraestructura educativa y de salud
Muchas de las comunidades visitadas por el equipo social presentan una deficiente infraestructura educativa y de salud. Es común encontrar puestos médicos sin medicinas o escuelas abandonadas, debido a que el número de alumnos no es suficiente para que el Ministerio de Educación envíe un profesor. Muchos comuneros con hijos pequeños se ven forzados a abandonar sus comunidades durante el período escolar (nueve meses al año) para que sus hijos puedan ir a la escuela en otra comunidad mayor. Un fenómeno similar sucede con los ancianos, que al no tener acceso a atención médica tienen que abandonar su comunidad y desplazarse a los centros poblados para así poder acceder a los servicios médicos que provee el Estado. Esta migración, a largo plazo, provoca el despoblamiento de las comunidades. Los jóvenes que crecen en las ciudades ya no quieren regresar a sus comunidades y los ancianos ya no cumplen con su rol tradicional de conservar las costumbres de su pueblo y enseñarlas a los más jóvenes.

RECOMENDACIONES

Protección y manejo

- **Fortalecer institucionalmente a las federaciones y capacitar a los líderes de las organizaciones indígenas.**

Uno de los problemas radica en que los cargos son de corto plazo; generalmente se eligen nuevos representantes cada dos años, aunque en la práctica el tiempo es menor ya que cuando los representantes no cumplen con su rol o cometen un error son cambiados rápidamente. Esto se complica más a raíz de las pugnas políticas que hay dentro de las organizaciones. Parte de la solución sería con la capacitación de los líderes; es necesario que éstos puedan permanecer al frente de sus organizaciones el tiempo necesario para que puedan recibir dichas capacitaciones y puedan poner en práctica lo aprendido. Esto significa crear conciencia en lo importante que es elegir a los líderes adecuados e implica reformular los reglamentos comunales y los estatutos de las federaciones de manera que se enfoque más en la continuidad de los líderes ya elegidos.

- **Buscar alternativas que permitan a las comunidades nativas la extracción de recursos naturales con fines económicos.**

El Estado exige que las comunidades nativas presenten planes de manejo para que puedan hacer uso de los recursos naturales con fines comerciales. Tampoco permite la extracción forestal con fines de subsistencia en los bosques de libre disponibilidad ni dentro de los territorios comunales a no ser que se cuente con un permiso de extracción forestal. Si bien este enfoque ha sido implementado para fomentar el uso racional y sostenible de los recursos naturales, el efecto que se produce en las comunidades nativas es el contrario. Las comunidades nativas tienen la capacidad técnica pero carecen de medios económicos para elaborar un plan de manejo de recursos naturales según los trámites largos, complicados y costosos que el Estado exige. Por esto, las comunidades se asocian con los habilitadores o madereros para extraer los productos del bosque a cambio de una pequeña suma de dinero.

El Estado debe comprender que las comunidades nativas son aliados importantes en la conservación y el uso sostenible de los recursos, y por lo tanto debe simplificar los trámites para aprobar planes de manejo de recursos naturales que presentan las comunidades nativas y debe de implementar los medios que le permitan brindar apoyo técnico a los grupos de manejo y verificar el cumplimiento de los compromisos asumidos por las partes involucradas.

- **Ampliar los territorios comunales de las comunidades que lo solicitan dentro de la Zona Reservada, para mejorar el espacio vital y establecer la zona de amortiguamiento del área de conservación.**

Muchas de las comunidades visitadas, principalmente aquellas localizadas en la cuenca del río Ampiyacu, tienen territorios muy pequeños y han experimentado un incremento poblacional que limitará en el corto plazo el acceso a los recursos naturales. Por ello han planteado, una vez creada la Zona Reservada y durante el proceso de zonificación se considere la ampliación territorial de aquellas comunidades que realmente lo requieran. En caso de que no exista la posibilidad de ampliar territorios adyacentes a la comunidad titulada, se debe considerar la creación de anexos. Esto permitirá reducir el impacto sobre los recursos localizados dentro de las futuras áreas protegidas y también permitirá la ampliación de la zona de amortiguamiento alrededor de éstas.

- **Definir las áreas de producción de fauna, flora y peces.**

La zonificación de una futura área natural protegida debe considerar que el uso que hacen los pobladores locales de los recursos va más allá de los límites de los territorios comunales (ver Figura 3; ORAI et al. 2001). Recomendamos que durante el proceso de zonificación se considere la creación de una o más Reservas Comunales de manera que las comunidades puedan seguir accediendo a aquellos territorios donde actualmente extraen recursos naturales, principalmente de productos diferentes a la madera.

Investigación

- **Realizar estudios biológicos y socioeconómicos relacionados al uso de los recursos naturales.**

Es importante conocer cuáles son los recursos naturales más importantes desde el punto de vista comercial para los pobladores de las comunidades nativas y ribereñas, ya que la extracción con fines comerciales de los recursos naturales dentro de las propuesta de Reservas Comunales requerirá de planes de manejo aprobados por las instituciones competentes. Los planes de manejo deberán basarse en las prácticas que los usuarios han desarrollado a través de décadas de experiencia. Los pobladores locales, y en especial los indígenas han desarrollado técnicas de manejo de los recursos naturales acordes a las características biológicas y ecológicas de las especies utilizadas y generalmente están muy difundidas entre la población local.

Historia de la zona y trabajos previos en la región

PROTEGIENDO LAS CABECERAS: UNA INICIATIVA INDÍGENA PARA LA CONSERVACIÓN DE LA BIODIVERSIDAD

Autores: Richard Chase Smith, Margarita Benavides y Mario Pariona

INTRODUCCIÓN

En mayo del año 2001, 26 comunidades nativas representadas por una asociación regional y tres federaciones de las comunidades locales presentaron una petición al Instituto Nacional de Recursos Naturales (INRENA) para la creación de una Reserva Comunal en un área del departamento de Loreto considerada como parte de su territorio tradicional (ORAI et al. 2001). El área con una extensión de 1,1 millones de ha yace entre los ríos Apayacu y Ampiyacu por el sur y los ríos Algodón y Putumayo por el norte (Figura 2).

En el presente capítulo, damos a conocer a los protagonistas y al proceso que dio origen a esta petición. En la primera sección, presentamos algunos datos cuantitativos referentes a las comunidades y sus asociaciones. En la segunda sección, damos una rápida revisión a su economía y a las condiciones que dieron lugar a la preocupación por conservar su territorio y la biodiversidad que alberga. En la tercera sección describimos el proceso de investigación y mapeo participativo que realizó el Instituto del Bien Común junto con las asociaciones comunitarias, el cual documentó el área que las poblaciones indígenas utilizan para realizar actividades extractivas, fuera de los linderos de sus tierras tituladas. En la última sección, se describen las acciones más recientes tomadas por la comunidad para proteger las cabeceras de sus ríos.

RESEÑA DE LAS COMUNIDADES Y SUS POBLADORES

A lo largo del río Ampiyacu, un pequeño tributario del Amazonas cerca de la frontera entre el Perú y Brasil, existen 14 comunidades de las etnias Huitoto, Bora, Yagua y Ocaina. Todos ellos son miembros de la Federación de Comunidades Nativas del Ampiyacu (FECONA), creada a principios de la década de los ochenta. Para el año 1997, ya existían unas 367 familias viviendo en estas comunidades, con un total poblacional de 1.708. Las 14 comunidades totalizan 40.151,5 ha demarcadas para su uso, de los cuales 28.722 ha o 72% están legalmente tituladas. Esto da un promedio de 23,5 ha/persona demarcadas legalmente para la realización de actividades de subsistencia y comerciales.

A lo largo del río Apayacu, el cual es también un pequeño tributario del río Amazonas, localizado muy cerca, río arriba, de la desembocadura del Ampiyacu, hay tres comunidades de la etnia Yagua. Ellas son miembros de la Federación Yagua de los Ríos Orosa y Apayacu (FEPYROA). En 1998, estas tres comunidades ya contaban con 76 familias y 373 personas. Tienen un total de 13.281 ha demarcadas para su uso, de las cuales 11.211,60 ha o el 84% están legalmente tituladas. Esto da un promedio de 35,6 ha/persona demarcadas para su uso legal.

Por el norte, a lo largo del río Putumayo, el cual conforma la frontera entre el Perú y Colombia, hay ocho comunidades conformadas por las etnias Huitoto, Bora, Quichua, Yagua, Cocama y Ocaina. En las cabeceras del río Algodón, un tributario del río Putumayo, hay sólo una comunidad Mayjuna y en la confluencia del Yaguas y el Putumayo hay dos comunidades nativas Yagua y Ticuna. Ellas son miembros de la Federación de Comunidades Nativas Fronterizas del Putumayo (FECONAFROPU). Para 1998, había un total de 131 familias en las 11 comunidades y una población total de 764 personas. Tienen un total de 116.499 ha demarcadas para su uso, de las cuales 71.660 ha o el 61,5% están legalmente tituladas. Esto arroja un promedio de 152,50 ha/persona demarcadas para su uso legal.

HISTORIA DE LA ECONOMÍA DEL ÁREA

La historia reciente de los indígenas es similar para todas estas comunidades. La región entera fue muy afectada por la fiebre de caucho (1890-1915); nuestra área de interés se ubica dentro de los inmensos territorios del Putumayo pertenecientes al infame Julio C. Arana y su Amazon Rubber Company. Hardenburg (1912) hace un recuento de la extrema crueldad y explotación de los indígenas en estos territorios, y la confirmación realizada por la British Casement Commission dio a conocer al público acerca de esta situación. Casi toda la población indígena estaba obligada a proveer de caucho a la compañía de Arana por medio del sistema de deudas de peonaje con las tiendas de la compañía.

El colapso de la época dorada del caucho y de la Amazon Rubber Company fueron factores importantes de la guerra fronteriza entre el Perú y Colombia al finalizar la década de los veinte y al comenzar la década de los treinta. En 1937, en el intento de escapar del conflicto armado, un hacendado peruano, quien a su vez había sido uno de los antiguos jefes de la Amazon Rubber Company, movilizó a un grupo grande de "sus" trabajadores indígenas Huitoto, Bora y Ocaina fuera del río Caquetá en Colombia hacia la cuenca del Ampiyacu. En las dos décadas siguientes, estos recolectaron productos del bosque—caucho, pieles de animales, palo de rosa, resinas y otros productos—para su patrón, pagando así su deuda perpetua adquirida en las tiendas de la compañía. Cuando su patrón abandonó el área en 1958, debido a la baja demanda de productos de la Amazonía a nivel mundial, los indígenas tuvieron sentimientos mezclados con respecto a su partida; aunque habían recobrado su libertad del sistema de deudas de peonaje, habían perdido lo que hoy en día recuerdan como una fuente segura de bienes.

Por más de 25 años, los indígenas probaron diferentes actividades con el fin de recobrar el acceso a esos bienes. Vendieron productos naturales del bosque a los comerciantes ribereños que entraron a la cuenca del Ampiyacu después de que el antiguo patrón se marchó, pero generalmente sin mucha ganancia. Durante la década de los setenta, intentaron la crianza de ganado, imitando un rancho establecido por los misioneros americanos en uno de los tributarios del Ampiyacu.

A mediados de la década de los ochenta, experimentaron una bonanza económica. Vendieron hojas de coca al cartel colombiano hasta que la policía empujó las actividades del cartel más al sur en el Perú. Un creciente negocio turístico benefició a las comunidades cerca de Iquitos, ya que varias veces a la semana un operador turístico traía turistas para comprar artesanías y presenciar las danzas tradicionales. Un proyecto de mercadeo de artesanías, promocionado por una tienda en Lima e implementado por FECONA, promovía la producción y venta de hamacas y bolsas hechas de fibra de chambira. Sin embargo, la evaluación realizada en 1992 sobre el proyecto concluyó que: "El proyecto no debe ser reactivado ya que la materia prima (chambira) se está usando sin ningún plan de conservación. No hay un intento de manejar la especie para que la tasa de reproducción iguale la tasa de explotación actual, por lo cual la especie puede desaparecer" (Smith y Wray 1996).

En la segunda mitad de esa década, el gobierno peruano estableció una sucursal del Banco Agrario en Pebas para promocionar la producción de yute como materia prima para una fábrica de sacos del gobierno localizada en la costa. El Banco Agrario dio numerosos créditos para la plantación de yute y compró toda la producción a precios subsidiados. Los cultivos de yute a lo largo del Ampiyacu, así como a lo largo de otros tributarios de la Amazonía, incrementaron drásticamente entre 1985 y 1990.

Las medidas de austeridad introducidas por el gobierno de Fujimori en 1990 hizo que se cerraran la fábrica de sacos y el Banco Agrario. Toda la cosecha de yute de ese año se pudrió. Al mismo tiempo, la epidemia de cólera y el incremento de actividades subversivas redujeron el flujo de turistas sustancialmente; las artesanías comenzaron a amontonar en las comunidades por la falta de comercio. Una vez más, la economía de las comunidades atravesaba tiempos difíciles.

Dos tendencias marcaron la economía local durante la década de los noventa. Por un lado, el único mercado regional que creció fue el de la carne de monte. Con la desaparición de las otras alternativas económicas, los hombres cazaban cualquier animal que encontraran en el bosque; la carne más selecta era vendida en el mercado regional por medio de intermediarios. El alto precio que les pagaban compensaba el esfuerzo realizado, pero a su vez los animales fueron desapareciendo. Al verse empujados a reconocer lo que estaba sucediendo, muchos de los miembros de las comunidades del Ampiyacu admitieron que estaban sobre-cazando a los animales de la región, violando sus normas tradicionales y tomando más de lo que necesitaban para subsistir. Aún así, y completamente conscientes de la situación, siguieron lamentando la pérdida de los animales y a su vez cazándolos hasta el borde de la extinción.

Por otro lado, la sobre-explotación de los recursos forestales alrededor de Iquitos llevó a numerosos extractores a buscar lugares más alejados, en donde los peces, madera y palmito, entre otros productos, aún fueron abundantes. Hubo un marcado incremento durante la década en el número de individuos y compañías que extraían ilegalmente estos recursos de los bosques y de las aguas del Ampiyacu. Con la nueva Ley Forestal aprobada en 2001, la industria maderera regional incrementó sus actividades de tala y remoción de árboles maderables valiosos en esta región antes de que se anularan las viejas concesiones y se aplicaran los nuevos requerimientos de los planes de manejo forestal. Las asociaciones comunales no han sido muy efectivas en cuanto al control de estas actividades ilegales.

En 1992, un estudio de la economía de los indígenas amazónicos mostró que el creciente deseo por la obtención de bienes materiales, junto con las fluctuaciones de demanda de ciertos productos de la Amazonía, habían producido profundos cambios en las sociedades indígenas de la Amazonía (Smith y Wray 1996). Muchos de estos cambios, e.g., la alta tasa de extracción y producción para complacer al mercado, y la combinación de la reducida movilidad y asentamientos más grandes y permanentes, han originado una presión enorme en los recursos naturales de la mayoría de las comunidades indígenas de la Amazonía. Los casos de la chambira, los animales de caza, y hoy en día, las especies maderables valiosas, demuestran claramente la urgente necesidad de implementar nuevos modelos de producción, extracción y conservación en la Amazonía. El desarrollo de una economía que sea productiva y ecológicamente viable es uno de los retos más grandes que enfrentan tanto las comunidades indígenas locales como la economía mundial.

PROTECCIÓN DE LAS CABECERAS POR MEDIO DEL MAPEO DEL USO DE RECURSOS

Las comunidades de Ampiyacu estuvieron entre las primeras de Loreto en recibir la titulación de sus tierras después de que se implementó la ley de Comunidades Nativas en 1974. Sin embargo, el tamaño promedio de las parcelas tituladas era muy pequeño y cubría solamente una pequeña porción del bosque y las áreas ribereñas usadas por la población local para sus actividades comerciales y de subsistencia. Los comuneros expresaron en numerosas ocasiones su marcado interés de proteger los recursos naturales de los cazadores ilegales en un área territorial mayor alrededor de sus comunidades. Aunque su asociación comunal FECONA había establecido control sobre el acceso fluvial hacia sus territorios, con un poco de éxito inicial, aún existían muchos puntos clandestinos de entrada que se utilizaban para la extracción de recursos.

La situación se volvió alarmante en 1999 por dos razones. Como resultado del acuerdo de paz firmado por Ecuador y el Perú, el gobierno peruano cedió al gobierno ecuatoriano los derechos de propiedad de una parcela ubicada cerca de la desembocadura del Ampiyacu, para ser utilizada como centro de las actividades comerciales ecuatorianas en el río Amazonas. Al mismo tiempo, los líderes de la comunidad se enteraron de que una compañía coreana había presentado una propuesta oficial al gobierno peruano para obtener la concesión de 250.000 ha para el establecimiento de un complejo industrial basado en productos forestales y posiblemente minerales. La concesión solicitada estaba ubicada en los bosques entre los ríos Ampiyacu y Putumayo, precisamente el área utilizada por los indígenas de ambas cuencas.

El Instituto del Bien Común (IBC) propuso trabajar conjuntamente con las tres asociaciones comunitarias del área y con ORAI (Organización Regional del AIDESEP en Iquitos) para proteger los recursos naturales y la biodiversidad de los ríos Ampiyacu, Apayacu y Algodón de las invasiones. Después de evaluar la propuesta en asambleas comunitarias, se firmó un acuerdo entre el IBC, ORAI, y las tres organizaciones indígenas (FECONA, FEPYROA y FECONAFROPU) para llevar a cabo el trabajo.

La estrategia de protección para las cabeceras consistía en trabajar junto con INRENA y las comunidades para la creación de una Reserva Comunal en el área. Debido a que el gobierno peruano no suele titular grandes porciones de territorios a indígenas, la Reserva Comunal ofrecía la única alternativa para las comunidades nativas para lograr la protección de las áreas que utilizan más allá de sus propiedades. A más de una década y media del establecimiento legal de este concepto en la Ley Forestal de 1978, la Reserva Comunal fue incorporada dentro del sistema nacional de áreas protegidas (SINANPE) bajo la administración del Ministerio de Agricultura (INRENA). Este cambio ofrecía una protección más fuerte para las Reservas Comunales y sus recursos, pero debilitaba el control indígena sobre los mismos.

El equipo de mapeo del IBC propuso unir esfuerzos para establecer de manera efectiva la cantidad de tierras que las comunidades usaban en realidad, para que la propuesta para la creación de una Reserva Comunal reflejara exactamente los patrones de uso actual de los recursos. Primero, los límites de la comunidad serían georeferenciados y digitalizados sobre el mapa base. La metodología para llevar a cabo ambos pasos fue desarrollado por el IBC, basándose en trabajos de campo realizados en otras partes de la Amazonía peruana, más el intercambio de metodologías de mapeo con proyectos similares en otras partes del mundo (Brown et al. 1995, Chapin y Threlkeld 2001, Eghenter 2000, Poole 1998, Saragoussi et al. 1999).

Previo al trabajo de campo para el mapeo de uso de los recursos, el equipo de mapeo del IBC generó un mapa base georeferenciado para toda la región, que incluía los límites de la comunidad y otros rasgos geográficos. Una imagen satelital del área y a la misma escala fue impresa y se juntó a una lámina transparente para la identificación de características que no se encontraban en el mapa base y para la orientación de los miembros de la comunidad. El equipo de mapeo trabajó después con los líderes de las tres asociaciones y las 26 comunidades durante los dos períodos de trabajo de campo. Durante el primer período de ocho semanas, el equipo trabajó con miembros de cada comunidad para la identificación de las áreas donde ellos pescan, cazan y recolectan varios productos forestales. Los recursos naturales importantes para la subsistencia y mercadeo fueron tomados en cuenta. Los puntos de significación cultural también fueron marcados. En muchos casos, se agregaron al mapa pequeños arroyos y otras características que no fueron localizadas inicialmente en el mapa base. Toda esta información fue discutida y aprobada por los miembros de las comunidades participantes. Una capa diferente fue usada en cada comunidad, dando como resultado, al finalizar este período de trabajo de campo, 26 mapas individuales de uso de recursos de las comunidades.

De vuelta en el laboratorio, los especialistas de SIG usaron una tabla de digitalización para ingresar la información en los mapas de la comunidad al sistema SIG, y para construir un mapa compuesto que combinara todos los sitios de uso de recursos de los 26 mapas comunitarios. No fue una sorpresa encontrar que los mapas de las diferentes comunidades se superponían, demostrando que ellas usaban las mismas áreas, aparentemente sin ningún tipo de discriminación o conflictos.

Este primer mapa compuesto fue mostrado a las comunidades para su verificación. La verificación se realizó de dos maneras. El equipo volvió a visitar algunas de las comunidades, y pidió a los líderes que verifiquen los puntos de uso de recursos, los puntos culturalmente significantes y las nuevas características geográficas ahora impresas en el mapa compuesto. El equipo de mapeo después procedió a instruir a tres miembros de la comunidad de Ampiyacu en el uso de unidades manuales de GPS. Este grupo pasó tres semanas viajando en las cabeceras del río Yahuasyacu para el registro de las coordenadas de los sitios reales de caza y recolección encontrados ahí; un segundo grupo realizó este mismo trabajo en las cabeceras del río Apayacu. La importancia de este tipo de verificación de datos de campo se demuestra en un reciente estudio que encontró un 11,70% de error en una muestra de 144 puntos GPS en la verificación de una metodología de mapeo para el uso de recursos participativos para 15 unidades domésticas en el Parque Nacional Jau en Brasil (Pedreira Pereira de Sá 2000).

Luego de esto se generó un mapa compuesto corregido, el cual se usó junto con la imagen satelital para definir los límites de la Reserva Comunal propuesta, de tal manera que todas las áreas usadas por la comunidad fueran incluidas. En la mayoría de los casos, la divisoria de aguas o un río era considerado como límite de la Reserva Comunal; el área total incluida en la reserva propuesta es de 1.111.000 ha.

Los líderes indígenas del ORAI y las tres asociaciones indígenas revisaron el mapa final y la propuesta. La iniciativa de creación de la Reserva Comunal fue también presentada y discutida con la municipalidades de Pebas y Estrecho y las oficinas locales del Ministerio de Agricultura.

PROPUESTA PARA LA PROTECCIÓN DE LAS CABECERAS DE RÍO

Basándose en los resultados del inventario biológico rápido del 2003, los cuales se presentan en esta publicación, las asociaciones comunales han actualizado su propuesta. Actualmente solicitan la creación de un Zona Reservada de 1,9 millones de ha, la cual cubriría las cabeceras de los ríos Apayacu, Ampiyacu y Algodón, más la cuenca entera del río Yaguas. La categoría de Zona Reservada es una categoría de transición, que la protege mientras se llevan a cabo más estudios que fundamenten el estatus definitivo del área protegida a ser creada. Las comunidades están ahora en el proceso de discutir una propuesta para crear un mosaico de tres categorías de uso de tierras: áreas estrictamente protegidas, áreas para el uso manejado y áreas para la expansión de tierras de las comunidades. La Zona Reservada propuesta comparte sus límites con 28 comunidades nativas y otras diez comunidades se ubican en su área de influencia. Esta propuesta se encuentra dentro del creciente número de áreas naturales protegidas propuestas por comunidades indígenas en la Amazonía peruana.

EL PAISAJE SOCIAL: ORGANIZACIONES E INSTITUCIONES EN EL ÁREA DE LA ZONA RESERVADA PROPUESTA

Autores: Hilary del Campo, Mario Pariona y Renzo Piana (en orden alfabético)

INTRODUCCIÓN

La Zona Reservada que se propone crear en las cuencas de los ríos Ampiyacu, Apayacu, Yaguas y Medio Putumayo conserva una gran diversidad biológica, étnica y cultural. Los tres factores han estado interrelacionados por siglos, ya que los pobladores indígenas utilizan recursos naturales de los bosques, ríos y cochas para su alimentación, la elaboración de medicinas, la construcción de viviendas, la fabricación de utensilios domésticos y muchas otras actividades. Actualmente, además de estos usos tradicionales, los mayores requerimientos de los pobladores por productos del mercado y la creciente demanda comercial de productos del bosque les han llevado a comercializar la carne de monte, la madera, las artesanías y la pesca en los principales centros de consumo de la región (Chirif et al. 1991).

Existen diversos estudios socioeconómicos, antropológicos y biológicos sobre la zona (ver Benavides et al. 1993, 1996; Denevan et al. 1986, Smith 1996, ORAI et al. 2001, IBC 2003). No obstante, aún existe poca información sobre los mecanismos de funcionamiento de las organizaciones sociales al interior de las comunidades nativas y de las federaciones indígenas que las agrupan. Esto dificulta la formación de una relación fructífera entre el Estado, organizaciones no gubernamentales y las comunidades nativas mientras gestionan para crear la propuesta Zona Reservada, y colaboran en el futuro para el desarrollo social y económico sostenible de la región.

En este capitulo se presenta una descripción resumida de las diversas instituciones y organizaciones sociales existentes en el ámbito de la Zona Reservada propuesta, con las cuales los pobladores locales organizan su vida y gestionan su territorio Así mismo, se explican las acciones que los directivos o líderes tradicionales realizan y deben realizar conforme a sus normas ancestrales o según el mandato de la Ley. Finalmente, se muestra un panorama general de las potencialidades de organización que ayudarían el establecimiento y gestión de una futura área natural protegida en la zona.

ÁREA DE ESTUDIO

El área propuesta de la Zona Reservada abarca tres distritos del departamento de Loreto: Pebas, Las Amazonas y Putumayo. Estos tienen sus sedes respectivas en Pebas, en la desembocadura del río Ampiyacu; San Francisco de Orellana, en la desembocadura del río Napo; y San Antonio de Estrecho, en la margen derecha del río Putumayo. Juntos, los tres distritos tienen aproximadamente 34.000 habitantes y una densidad poblacional de 0,57 habitantes por km^2 (Bardales 1999). Las Amazonas es el distrito más grande, con una población de 13.358. Los tres centros urbanos son administrados por un alcalde y sus regidores, elegidos democráticamente. En el área también existen diversos caseríos o comunidades campesinas-ribereñas, reconocidos por la autoridad política. Estos pequeños centros poblados, inicialmente promovidos por los patrones o colonos, actualmente son dirigidos por el Teniente Gobernador y el Agente Municipal.

Así mismo, existen 28 comunidades indígenas en los alrededores de la Zona Reservada propuesta, mayormente en las márgenes de los principales ríos. Las 14 comunidades en los ríos Ampiyacu y Yaguasyacu están pobladas por varios grupos étnicos, destacándose los pueblos indígenas Huitoto, Bora, Ocaina y Yagua. Las tres en el río Apayacu en principio estuvieron bajo el dominio de indígenas Yagua; no obstante, la comunidad de Cuzco hoy es administrada por familias indígenas Cocama y pobladores campesino-ribereños. En la parte del Medio Putumayo, las comunidades pertenecen a los grupos étnicos Huitoto, Ocaina, Yagua y Quichua. En la margen derecha del río Algodón, se ubica la comunidad de San Pablo de Totolla, administrada por la etnia

Mayjuna. Finalmente, se localizan en la desembocadura del río Yagua tres comunidades nativas, pobladas básicamente por indígenas Yagua (ver Apéndice 7).

ORGANIZACIÓN SOCIAL

Las federaciones nativas

Motivadas por la búsqueda de equidad social y por la necesidad de solucionar problemas territoriales como superficie de terreno reducido, falta de titulación y el ingreso de terceros con fines de extracción, las comunidades nativas en la zona comenzaron a organizarse en la década de los ochenta bajo la forma de federaciones indígenas. Las federaciones indígenas representan la base organizativa por medio de la cual se gestionará la Zona Reservada. Esto está en consonancia con sus estatutos de constitución que precisan que su principal objetivo es velar por los derechos consuetudinarios, garantizar el desarrollo de sus bases mediante el uso y conservación de los recursos naturales y gestionar recursos económicos para mejorar la calidad de vida de sus afiliados.

En el área de estudio existen tres federaciones:

La Federación de Comunidades Nativas del Ampiyacu (FECONA)

Esta federación, fundada en 1988, tiene su sede en la comunidad nativa Bora de Pucaurquillo, ubicada en la orilla izquierda del río Ampiyacu, cerca de la ciudad de Pebas. Sus bases actuales son 13 comunidades nativas en la misma cuenca y colindantes con la Zona Reservada propuesta. La federación está constituida por seis dirigentes que desempeñan sus cargos por un período de dos años. La FECONA cuenta con una radio que facilita la comunicación entre las comunidades que la conforman.

La Federación de Pueblos Yagua del Orosa y Apayacu (FEPYROA)

La FEPYROA, fundada en 1996, tiene su sede en la comunidad nativa de Comandancia, ubicada en la margen derecha del río Orosa. Esta federación está formada por 17 comunidades asentadas en las orillas de los ríos Orosa, Apayacu y Bajo Napo. Sólo las bases asentadas en el río Apayacu colindan con la Zona Reservada que se ha propuesto ante el INRENA. La directiva de la federación está constituida por seis personas cuyo mandato es por un período de dos años. La FEPYROA dispone de una radiofonía instalada en el caserío de Apayacu.

La Federación de Comunidades Nativas Fronterizas del Río Putumayo (FECONAFROPU)

La FECONAFROPU, fundada en 1996, tiene su sede en la ciudad de San Antonio de Estrecho, ubicada en la orilla derecha del río Putumayo. La federación agrupa a 44 comunidades asentadas a lo largo del río Putumayo y una asentada a orillas del río Algodón. Sólo las comunidades de la parte media del Putumayo, dos comunidades ubicadas en la boca del río Yaguas y la comunidad de San Pablo de Totolla colindan con la Zona Reservada propuesta. La federación está constituida por seis dirigentes, quienes desempeñan sus funciones por un período de dos años.

Aunque las federaciones nativas parecen materializarse al nivel local, ellas pertenecen a una comunidad internacional de aliados que apoya a los indígenas, sus derechos y su participación en la sociedad civil. Las federaciones indígenas están afiliadas a la Organización Regional AIDESEP Iquitos (ORAI). ORAI está afiliada a nivel nacional con la Asociación Interétnica de Desarrollo de la Selva Peruana (AIDESEP) y a nivel internacional con la Coordinadora Indígena de la Cuenca Amazónica (COICA). Además, tienen alianzas con organizaciones internacionales como la Alianza Amazónica (Amazon Alliance).

Las federaciones nativas han superado períodos difíciles, sobretodo cuando han sido inducidas al manejo de fondos de proyectos de desarrollo. Estas iniciativas, que en su mayoría provinieron de afuera y que fueron planteadas en base a supuestas necesidades de los comuneros, no tuvieron éxito porque eran incompatibles con los principios y culturas indígenas. Así mismo, en este período se descuidó el fortalecimiento de vínculos con el Estado, particularmente para el fortalecimiento de las relaciones entre las comunidades y las instituciones del gobierno, de manera que se generara un dialogo más fluido y veraz.

A pesar de estos retos, estas organizaciones están empezando a desempeñarse más eficientemente y continúan con la defensa de los derechos indígenas al territorio y al acceso a los recursos naturales mediante un proceso equilibrado y autónomo. En la cuenca del Ampiyacu la FECONA participó en el monitoreo de la extracción de productos del bosque en coordinación con los funcionarios del INRENA y del Ministerio de la Producción. Este monitoreo aliado permitió a la federación hacer un seguimiento más estricto de las cantidades de productos solicitados a las comunidades, fomentó el uso adecuado de las áreas de extracción, y facilitó el pago de las aportaciones que se generaron a través de la comercialización de los productos. También permitió que la federación dispusiera de recursos económicos para sus gestiones.

Organización comunal

Historia y bases legales

Las primeras comunidades nativas reconocidas y tituladas por el Estado surgieron en la cuenca del río Ampiyacu por el año 1975, por iniciativa del SINAMOS y posteriormente por las gestiones de AIDESEP Nacional, con el apoyo económico de las instituciones financieras internacionales (Chirif et al. 1991).

Las bases legales sobre las cuales se registran las comunidades nativas son tres: la Constitución Política del Estado, el Código Civil y el Decreto Ley No. 22175 (Ley de Comunidades Nativas y de Desarrollo Agrario de las Regiones de la Selva y Ceja de Selva; CEDIA 1996). Las comunidades nativas se caracterizan por tener personería jurídica y ser de interés público, con existencia legal, constituida por familias asentadas en forma nucleada o dispersa dentro de un determinado espacio territorial. Están vinculadas por elementos culturales como el idioma, lazos de parentesco, ayuda mutua y uso común de los recursos (CEDIA 1995a, 1995b, 1995c). La ley les otorga una autonomía para su organización interna, en el manejo de su régimen administrativo y económico, en el trabajo comunal, el uso y libre disposición de sus tierras y de los recursos naturales (CEDIA 1995a, 1995b, 1995c).

La Asamblea Comunal y la Junta Directiva son los órganos de gobierno de toda comunidad nativa. La Asamblea General es un órgano que permite la participación de los comuneros en la toma de decisiones de carácter comunal y está conformado por los comuneros inscritos en el Padrón de Comuneros (CEDIA 1996). La Asamblea es la que define los destinos y la marcha de la comunidad, siendo expresión de la autonomía que la ley le concede en cuanto al manejo de sus asuntos internos. Además, es la máxima autoridad dentro de la comunidad; por lo tanto, sus acuerdos tienen el carácter de cumplimiento obligatorio. La Junta Directiva está conformada por los comuneros elegidos en Asamblea General y representa a la comunidad en toda circunstancia. Está constituida por lo general por un Jefe, Sub-Jefe, Secretario de Actas, Tesorero y uno o dos Vocales, y es responsable de conducir el gobierno y la administración comunal (CEDIA 1996).

Actualmente existen organizaciones y cargos formales e informales al interior de las comunidades nativas. Las organizaciones formales proceden bajo el mandato de la ley y por disposiciones del Estado para promover su desarrollo y fueron creadas por las comunidades para sus vínculos con las instituciones de su entorno. Las organizaciones informales se crean para cumplir con las necesidades familiares, para la autorregulación en el uso de los recursos naturales y de las actividades generadas por la comunidad. Muchas veces la organización informal de la comunidad ordena a la organización formal y ambos patrones están presentes en la vida cotidiana de la comunidad. A diferencia de las organizaciones formales, las informales están basadas en vínculos sociales como alianzas familiares, redes informales de apoyo (solidaridad), el compadrazgo y alianzas matrimoniales.

Abajo hemos detallado las siguientes fortalezas sociales y mecanismos de organización, tanto formal como informal, que representan alianzas importantes para el futuro.

Organización formal

Los cargos formales principales de las comunidades son los del Presidente o Jefe Comunal, Teniente Gobernador y Agente Municipal. Los profesores de las escuelas y Promotores de Salud también participan en la toma de decisiones en la comunidad. Además, existen presidentes y presidentas de comités, asociaciones y clubes como el Comité de Vaso de Leche, la Asociación de Padres de Familia (APAFA), el Club de Madres y Comités de Pescadores Artesanales.

El Presidente Comunal es el líder de la Junta Directiva de la comunidad y el representante de mayor jerarquía, encargado de conducir el gobierno y la gestión comunal. El teniente gobernador es la autoridad que representa al Poder Ejecutivo en la comunidad. Él vigila la correcta ejecución de la política del gobierno, hace cumplir las leyes y demás dispositivos legales y se encarga de mantener el orden interno en un caserío o comunidad (CEDIA 1999). El teniente gobernador existe desde antes de la creación de las comunidades nativas. Actualmente se elige automáticamente en la comunidad; en otros casos es promovido por el gobernador del distrito. Finalmente, el Agente Municipal es designado por el Alcalde Distrital y realiza las actividades que le encarga el Consejo Municipal, tal como supervisar el registro civil, mejorar el ornato del centro poblado, mantener los servicios públicos (cancha deportiva, caminos vecinales, radiofonía, etc.). En los caseríos, el Agente Municipal tiende a desempeñar una relación de complementariedad de acciones en la administración de la comunidad con el Teniente Gobernador.

En el campo, hemos identificado los siguientes grupos formales organizados, sobre los cuales estos líderes tienen jurisdicción, que podrían ser involucrados en actividades relacionadas al manejo de los recursos naturales. Consideramos que es importante establecer vínculos con ellos de manera que se garantice su participación en la gestión del área.

Comité de Vaso de Leche

Este comité posee una junta directiva y está liderado por mujeres. La formación del comité es promovida por la municipalidad con la finalidad de ejecutar el reparto de alimentos provenientes del Programa Nacional de Apoyo Alimentario (PRONAA) a las comunidades. Su rol es gestionar ante la municipalidad la ración alimenticia que le corresponde y preparar y distribuir el desayuno para los niños de escasos recursos y de edad escolar. Estos comités funcionan con mucha eficiencia y muestran el gran nivel de organización que tienen las mujeres de la comunidad.

Asociación de Padres de Familia

La APAFA está encargada de vigilar el buen funcionamiento del centro educativo en la comunidad o caserío y contribuye con los requerimientos que los docentes solicitan para el cumplimiento de sus metas. Esta organización existe desde el momento que se crea el centro educativo y está reconocida por el Ministerio de Educación. Todos los padres de los niños que asisten a la escuela eligen a una junta directiva que es presidida por un padre de familia. Usualmente los docentes de las comunidades juegan un rol importante en el funcionamiento de esta organización, ya que asesoran a los comuneros en la toma de decisiones, apoyan en los tramites y gestiones que la comunidad demanda. La APAFA representa una fuente para actividades educativas que se pueden realizar en la comunidad, como el fortalecimiento de educación ambiental en las escuelas.

Comités de Pescadores Artesanales

Estos comités son promovidos por el Ministerio de la Producción a través de la Dirección Regional de la Producción, con la finalidad de ordenar y promover la actividad pesquera artesanal en las zonas rurales. Estos comités existen en el caserío de Apayacu, en Pebas y en San Antonio de Estrecho y reciben apoyo financiero bajo la modalidad de fondos rotativos del Proyecto Especial de Desarrollo Integral de la Cuenca del Putumayo (PEDICP). Estos comités pueden desarrollar un rol importante en la gestión de los cuerpos de agua en la Zona Reservada propuesta, en caso de recibir una capacitación con enfoque de sostenibilidad y conservación.

Promotores de Salud

Los promotores generalmente están vinculados con el Ministerio de Salud. Administran los botiquines y puestos médicos en las comunidades y prestan atención médica a los comuneros. La mayoría de la población indígena y ribereña emplean plantas medicinales y la ayuda de los curanderos o shamanes. Esto muestra la importancia y el mantenimiento del conocimiento tradicional que se aplica de manera paralela y complementaria a la medicina occidental.

Organización informal

En la medida que surgen nuevas actividades o se promueven iniciativas de desarrollo, en el interior de las comunidades nativas, automáticamente se movilizan mecanismos informales de organización, no necesariamente reconocidos, con la finalidad de contribuir en su gestión. Muchas veces, los mecanismos más eficaces de gestión se encuentran en lugares no esperados dentro de la organización social. Estas organizaciones o individuos son respetados por la comunidad, tienen buen nivel de participación, e involucran a comuneros de toda edad y género. Para que la participación de los comuneros sea exitosa es necesario reconocer estas formas de organización y aprender de sus mecanismos de funcionamiento con la finalidad de involucrarlas en gestiones a favor de la conservación y el manejo de los recursos naturales. Entre las principales que se encontraron destacan:

Líder tradicional (curaca)

El *curaca* es un líder tradicional y de carácter vitalicio en el grupo o clan familiar. En el caso de la cuenca del río Ampiyacu, estos líderes están perdiendo su rol y posición jerárquica, y su nombramiento ya no es tradicional. Sin embargo, aún desempeñan una función importante y sus decisiones son consideradas por la máxima autoridad comunal. Además, la labor importante de los curacas es su visión de vínculo con la naturaleza, fundamento para la sostenibilidad y la convivencia perpetua con el medio ambiente. El curaca es el principal promotor de transferencia de sabidurías y conocimientos en las comunidades tradicionales.

Grupos para faenas publicas ("mañaneo")

Estos grupos se organizan generalmente para realizar un trabajo específico o concreto, como la limpieza del centro poblado o la extracción de un producto con fines para el bien común. Son muy comunes en las comunidades nativas y caseríos, y participan varones y mujeres. Las actividades que habitualmente desarrollan son por un período máximo de cuatro horas y casi siempre durante las primeras horas del día.

Grupos familiares de trabajo ("minga")

Estos grupos casi siempre son organizados entre amigos y familiares cercanos para realizar actividades productivas de apoyo a una familia. Se organizan frecuentemente en todas las comunidades y caseríos para realizar actividades como trabajo en las chacras (cultivos, cosechas) y la construcción de viviendas. Generalmente el trabajo dura un día y se concluye en una pequeña fiesta de confraternidad (comida y mazateada). En las comunidades nativas del río Ampiyacu las mujeres organizan mingas para realizar actividades de artesanía. La minga es un ejemplo clásico de la capacidad organizativa que tienen las comunidades, ya que se levanta en base a redes sociales para realizar trabajos para el bienestar de toda la comunidad, y fortalece enlaces entre familias, vecinos y redes de género.

Grupos de trabajo para chacras comunales

Participan toda la población de la comunidad en los grupos de trabajo, los cuales son organizados principalmente por el Agente Municipal en coordinación con el Presidente Comunal. El objetivo de los grupos de trabajo es cubrir gastos comunales o adquirir un producto que se destinará para el beneficio comunal. Estos grupos siembran chacras con productos que tienen demanda en el mercado, tales como plátano, maíz, arroz, y en algunas ocasiones extraen madera. A veces los grupos de trabajo para chacras comunales están organizados con enfoque de género, como en la comunidad de Yaguasyacu en el río Apayacu, donde las mujeres mantienen una chacra comunal cuya cosecha es compartida entre las familias. Los grupos de trabajo son contactos importantes en la región, particularmente en el desarrollo de actividades económicas compatibles con las exigencias de la Zona Reservada propuesta, el saneamiento de tierra y el manejo de recursos maderables.

Grupos de trabajo para extracción de madera

Estos grupos están conformados por menos de diez personas. Permanecen en el bosque por un período de dos o tres meses, extrayendo madera en conjunto. La venta y los ingresos generados por esta actividad son individuales. Los conocimientos de técnicas de extracción de productos maderables por estos grupos permiten un impacto reducido; sin embargo, estas prácticas podrían mejorarse y explicitarse en los planes de manejo de las futuras Reservas Comunales.

Grupo para actividades de caza

Estos grupos casi siempre incluyen tres o cuatro varones que salen al bosque a cazar por un período de 15 a 20 días. Al final de la jornada diaria se reúnen con fines de autocontrol. Los productos obtenidos con fines comerciales son individuales. Los cazadores son prácticos en la comprensión de la ecología, biología y técnicas de captura de los animales y aves. Estos conocimientos fortalecerían el manejo y conservación de la fauna silvestre. Aunque las mujeres no participan en esta actividad, son ellas las que reciben y preparan la carne. Poseen gran conocimiento de la cantidad de animales cazados, además de tener influencia en qué especies deben cazarse para el consumo familiar.

Comisión para organizar fiestas tradicionales

Esta comisión es liderada por el curaca. La comunidad invitada asume el compromiso con mucha seriedad, participando varones, mujeres y niños. Las fiestas se caracterizan por el intercambio de frutos silvestres, carne de monte, peces seleccionados y productos agrícolas de mejor calidad. Esta acción incrementa la solidaridad, revalora la cosmovisión del bosque y fortalece las tradiciones culturales y la alianza entre los curacas.

Comité para la administración de la electrificación comunal

Este comité en Pucaurquillo trabaja con éxito en actividades como la vigilancia y mantenimiento del motor, y el cobro de derechos por el uso de energía. La importancia de este comité reside en los mecanismos internos de autocontrol y fiscalización de los fondos económicos (el gusto por hacer), con la finalidad de garantizar el abastecimiento de la energía eléctrica en la comunidad.

Comité de artesanas

Este comité es producto del Proyecto de Artesanía, financiado por Oxfam América (Benavides et al. 1993). En Pucaurquillo los miembros de este comité están organizados para comercializar sus productos de artesanía en Iquitos y en algunas oportunidades participan en ferias en Lima. Aproximadamente el 90% del trabajo artesanal está en manos de las mujeres y son ellas las que lideran el comité. Este comité representa un contacto importante para futuras actividades económicas compatibles con la Zona Reservada propuesta.

Comité folclórico

Este comité surge con el propósito de brindar un servicio más ordenado y de mejor calidad en las presentaciones folclóricas que se realizan en las malocas, principalmente para los turistas que arriban a las comunidades de Pucaurquillo. El comité también coordina actividades para participar en otras ciudades y reclamar beneficios justos a las empresas turísticas con las que tienen convenios (Benavides et al. 1993).

Otras organizaciones informales

En las poblaciones indígenas existen estructuras de organización social que han funcionado desde tiempos ancestrales y que aún persisten, en algunos casos de forma casi imperceptible, y que requieren una atención específica. En muchas comunidades nativas la gestión de un determinado espacio territorial es conducida por clanes familiares y es liderada por un miembro del clan. Una comunidad puede estar gobernada por dos, tres o más clanes familiares. En estos casos, el dominio del espacio geográfico está gobernado bajo el concepto de propiedad, con límites imaginariamente definidos. Bajo esta visión, el uso y aprovechamiento de los recursos se enfoca de manera extensiva en función a la capacidad potencial del bosque y es ejercido solo por un clan. Cuando se trata de productos con fines de comercialización, el jefe del clan organiza la actividad de extracción, realiza los tratos para la comercialización del producto y el ingreso se distribuye entre los componentes del grupo y no a nivel comunal.

Instituciones estatales vinculadas con las comunidades nativas y caseríos

Las instituciones estatales tienen la responsabilidad de apoyar al desarrollo de las comunidades y caseríos, y una alianza entre el Estado y las comunidades en la región es importante para la Zona Reservada propuesta. En dicho caso las instituciones competentes son las municipalidades, por ser el gobierno local de mayor jerarquía. Los miembros de las comunidades y caseríos locales son ciudadanos que tienen muchas capacidades y mucho que ofrecer a los distritos en los cuales residen. Para superar el apoyo limitado que generalmente reciben, las comunidades nativas han adaptado su organización social para gestionar sus derechos como parte de la sociedad civil a los distritos municipales, el gobierno regional, dependencias ministeriales e instituciones de desarrollo como FONCODES, PRONAA y proyectos especiales. Mediante esta buena organización y luego de negociaciones pacientes y complicadas por parte de sus representantes o autoridades, han logrado varios servicios básicos como la construcción de centros educativos, puestos de salud, puentes peatonales, veredas peatonales, instalación de radiofonías, instalación de motores para generación de energía eléctrica y la construcción de silos en algunas comunidades nativas y caseríos.

Municipalidades distritales

En la Zona Reservada propuesta, existen tres oficinas municipales que representan a las comunidades y a la población civil en general: las de los distritos de Pebas, Las Amazonas y Putumayo.

La oficina municipal de Pebas se ubica en la ciudad de Pebas y cuenta con una agencia de enlace en Iquitos. Por iniciativa de la municipalidad existe una ligera coordinación con las comunidades del río Ampiyacu, a pesar de contar con una Regidora Indígena (Huitoto de Pucaurquillo). Las comunidades nativas han manifestado que les gustaría tener mayor presencia y colaboración constante de los municipios. Sin embargo, las comunidades recuerdan con entusiasmo que en 2003 la Federación Indígena (FECONA) recibió un pequeño apoyo económico para la organización del Congreso Indígena.

La oficina municipal del distrito de Las Amazonas se encuentra en la ciudad de San Francisco de Orellana y también cuenta con una oficina de coordinación en Iquitos. Con la finalidad de generar recursos económicos en las comunidades nativas, el municipio viene comprando productos derivados del aserrío de madera (postes para alumbrado eléctrico, construcción de puentes peatonales) para las obras que el municipio ejecuta.

La oficina municipal del distrito de Putumayo se encuentra en San Antonio del Estrecho y cuenta con una oficina de enlace en Iquitos. Mediante diversas gestiones realizadas ante la municipalidad por la FECONAFROPU y miembros de las juntas directivas de las comunidades que la constituyen, se ha logrado que algunas comunidades puedan equiparse con equipos de radiofonía. Así mismo, se han canalizado fondos de los programas de desarrollo para la construcción de centros educativos y para algunos proyectos de electrificación comunal.

Otras instituciones estatales

Además de los municipios distritales, las comunidades mantienen vínculos con otras instituciones del Estado, como el Instituto Nacional de Recursos Naturales (INRENA), la Policía Ecológica y el Instituto Nacional de Desarrollo (INADE). El INRENA es una institución estatal que pertenece al Ministerio de Agricultura que administra, promueve y vela por el control en el manejo de los recursos naturales. En el área de estudio dispone de dos sedes administrativas: una en la ciudad de Pebas y otra en San Antonio de Estrecho. También cuenta con un puesto de control en el caserío del Alamo (río Putumayo).

La Policía Ecológica es una institución del Ministerio del Interior cuya misión es velar por el cumplimiento de los dispositivos legales que aseguran el uso racional de los recursos naturales y la conservación del medio ambiente. Su única oficina está en Iquitos, por lo cual el personal policial de las Comisarías Rurales y Puestos de Vigilancia asumen el rol de la Policía Ecológica.

El Proyecto Especial de Desarrollo Integral de la Cuenca del Putumayo (PEDICP) tiene vínculos con las comunidades de la zona de estudio por medio de su oficina en Iquitos. El PEDICP es una institución que forma parte del Instituto Nacional de Desarrollo (INADE) con una oficina de administración en Iquitos. Su sede principal en San Antonio de Estrecho promueve actividades productivas en el campo agrícola, pecuario y forestal, y brinda apoyo social en toda la cuenca del río Putumayo. Además, en el área forestal asesora el manejo de los bosques de la comunidad nativa de Santa Mercedes en el río Putumayo.

ENGLISH CONTENTS

(for Color Plates, see pages 17–32)

PARTICIPANTS

FIELD TEAM

Margarita Benavides *(social research/organization)*
Instituto del Bien Común
Lima, Peru

Daniel Brinkmeier *(communications)*
Environmental and Conservation Programs
The Field Museum, Chicago, IL, USA

Alvaro del Campo *(field logistics)*
Environmental and Conservation Programs
The Field Museum, Chicago, IL, USA

Hilary del Campo *(social inventory)*
Center for Cultural Understanding and Change
The Field Museum, Chicago, IL, USA

Mario Escobedo Torres *(mammals)*
Universidad Nacional de la Amazonía Peruana
Iquitos, Peru

Robin B. Foster *(plants)*
Environmental and Conservation Programs
The Field Museum, Chicago, IL, USA

Max H. Hidalgo *(fishes)*
Museo de Historia Natural
Universidad Nacional Mayor de San Marcos
Lima, Peru

Dario Hurtado *(flight logistics)*
Peruvian National Police

Guillermo Knell *(amphibians and reptiles, field logistics)*
CIMA-Cordillera Azul
Lima, Peru

Italo Mesones *(plants)*
Facultad de Ingeniería Forestal
Universidad Nacional de la Amazonía Peruana
Iquitos, Peru

Olga Montenegro *(mammals)*
Department of Wildlife Ecology and Conservation
University of Florida, Gainesville, FL, USA

Debra K. Moskovits *(coordinator)*
Environmental and Conservation Programs
The Field Museum, Chicago, IL, USA

Robinson Olivera Espinoza *(fishes)*
Museo de Historia Natural
Universidad Nacional Mayor de San Marcos
Lima, Peru

Mario Pariona *(social inventory)*
Servicio Holandés de Cooperación al Desarrollo
Iquitos, Peru

Tatiana Pequeño *(birds)*
Museo de Historia Natural
Universidad Nacional Mayor de San Marcos
Lima, Peru

Renzo Piana *(social inventory)*
Instituto del Bien Común
Lima, Peru

Nigel Pitman *(plants)*
Center for Tropical Conservation
Duke University, Durham, NC, USA

Marcos Ríos Paredes *(plants)*
Universidad Nacional de la Amazonía Peruana
Iquitos, Peru

Lily O. Rodríguez *(amphibians and reptiles)*
CIMA-Cordillera Azul
Lima, Peru

Richard Chase Smith *(general logistics/social organization)*
Instituto del Bien Común
Lima, Peru

Douglas F. Stotz *(birds)*
Environmental and Conservation Programs
The Field Museum, Chicago, IL, USA

Aldo Villanueva *(field logistics)*
Universidad Ricardo Palma
Lima, Peru

Corine Vriesendorp *(plants)*
Environmental and Conservation Programs
The Field Museum, Chicago, IL, USA

COLLABORATORS

Instituto Nacional de Recursos Naturales (INRENA)
Lima, Peru

Herbarium of the Universidad Nacional de la Amazonía Peruana (AMAZ)
Iquitos, Peru

Rik Overmars
SNV Netherlands Development Organization (SNV-Perú)
Iquitos, Peru

Ermeto Tuesta
Instituto del Bien Común
Lima, Peru

INSTITUTIONAL PROFILES

The Field Museum

The Field Museum is a collections-based research and educational institution devoted to natural and cultural diversity. Combining the fields of Anthropology, Botany, Geology, Zoology, and Conservation Biology, museum scientists research issues in evolution, environmental biology, and cultural anthropology. Environmental and Conservation Programs (ECP) is the branch of the museum dedicated to translating science into action that creates and supports lasting conservation. Another branch, the Center for Cultural Understanding and Change, works closely with ECP to ensure that local communities are involved in conservation in positive ways that build on their existing strengths. With losses of natural diversity accelerating worldwide, ECP's mission is to direct the museum's resources—scientific expertise, worldwide collections, innovative education programs—to the immediate needs of conservation at local, national, and international levels.

The Field Museum
1400 S. Lake Shore Drive
Chicago, IL 60605-2496 USA
312.922.9410 tel
www.fieldmuseum.org

Native communities of the Ampiyacu, Apayacu and Medio Putumayo rivers

Twenty-eight indigenous communities live along the northern and southern borders of the proposed Zona Reservada. These communities belong to the Yagua, Huitoto, Bora, Quichua, Cocama, Ocaina, Mayjuna, Resígaro and Ticuna peoples. Most of these cultures have lived in the region for generations; others arrived in the nineteenth century as slaves for the rubber industry. In the 1980s and 1990s, the communities established three indigenous federations to defend their rights and territory. The Federación de Comunidades Nativas del Ampiyacu (FECONA) represents several communities on the Ampiyacu River. The Federación de Pueblos Yagua de Orosa y Apayacu (FEPYROA) represents several communities on the Apayacu, Napo and Orosa rivers. The Federación de Comunidades Nativas Fronterizas del Putumayo (FECONAFROPU) represents several communities on the Putumayo and Algodón rivers. All three federations belong to the regional indigenous organization ORAI: the Organización Regional AIDESEP Iquitos.

Organización Regional AIDESEP Iquitos
Avenida del Ejercito 1718
Iquitos, Peru
51.65.808.124 tel
orai@amanta.rcp.net.pe

Instituto del Bien Común

The Instituto del Bien Común (IBC) is a Peruvian non-profit organization devoted to promoting the best use of shared resources. Sharing resources is the key to our common well-being today and in the future, as a people and as a country; to the well-being of the large number of Peruvians who live in rural areas, in forests, and on the coasts; to the long-term health of the natural resources that sustain us; and to the sustainability and quality of urban life at all social levels. IBC is currently working on three projects: the Pro Pachitea project, which focuses on local management of fish and aquatic ecosystems; the Indigenous Community Mapping project, which aims to defend indigenous territories; and a project with the communities and organizations of the Ampiyacu, Apayacu and Putumayo rivers to promote the sustainable management of the forests that border indigenous territories in the region, through the creation of a Reserved Zone and the future designation of several communal reserves. The IBC recently completed the ACRI project, a study of how communities manage natural resources, and distributed the results in a number of publications.

Instituto del Bien Común
Avenida Petit Thouars 4377
Miraflores, Lima 18, Peru
51.1.421.7579 tel
51.1.440.0006 tel
51.1.440.6688 fax
www.biencomun-peru.org

SNV Netherlands Development Organization (SNV-Perú)

SNV is a Dutch organization dedicated to aiding development, improving governance, and reducing poverty in developing nations. Through SNV, international experts share knowledge, experience and abilities with local institutions dedicated to development in 28 countries in Asia, Africa, Europe and Latin America. SNV has worked for 36 years in Peru, concentrating on economic development, local governance, and the use and management of natural resources, while promoting equality in gender, culture, and environment. To encourage long-term, sustainable results, SNV works to improve the performance and increase the influence of local development organizations. This strategy seeks to facilitate change in organizations and in countries, reduce the imbalance of power, and provide structural solutions that reduce poverty.

SNV Netherlands Development Organization
Oficina Programa Amazonía
Calle Morona 147, Ap. 298
Iquitos, Peru
51.65.231.374 tel
51.65.243.078 tel
www.snv.org.pe
www.snvworld.org

Centro de Conservación, Investigación y Manejo de Áreas Naturales (CIMA-Cordillera Azul)

CIMA-Cordillera Azul is a private, non-profit Peruvian organization that works to conserve biological diversity. CIMA's work includes directing and monitoring the management of protected areas, promoting economic alternatives that are compatible with biodiversity protection, carrying out and communicating the results of scientific and social research, building the strategic alliances and capacity necessary for private and local participation in the management of protected areas, and assuring the long-term funding of areas under direct management.

CIMA-Cordillera Azul
San Fernando 537
Miraflores, Lima, Peru
51.1.444.3441 tel
51.1.242.7458 tel
www.cima-cordilleraazul.org

Museum of Natural History of the Universidad Nacional Mayor de San Marcos

Founded in 1918, the Museum of Natural History is the principal source of information on the Peruvian flora and fauna. Its permanent exhibits are visited each year by 50,000 students, while its scientific collections—housing a million and a half plant, bird, mammal, fish, amphibian, reptile, fossil, and mineral specimens—are an invaluable resource for hundreds of Peruvian and foreign researchers. The museum's mission is to be a center of conservation, education and research on Peru's biodiversity, highlighting the fact that Peru is one of the most biologically diverse countries on the planet, and that its economic progress depends on the conservation and sustainable use of its natural riches. The museum is part of the Universidad Nacional Mayor de San Marcos, founded in 1551.

Museo de Historia Natural de la
Universidad Nacional Mayor de San Marcos
Avenida Arenales 1256
Lince, Lima 11, Peru
51.1.471.0117 tel
www.unmsm.edu.pe/hnatural.htm

ACKNOWLEDGMENTS

We are deeply grateful to the indigenous communities of the Ampiyacu, Apayacu, Yaguas, and Medio Putumayo region, and to the coordination and facilitation of the indigenous communities and the federations that represent them, who invited us to carry out this inventory of their forests. Without the generous and constant support of the indigenous communities throughout our work together—from the first meetings and overflights, to the construction of the remote campsites, to the field inventories themselves—this project would still be on the drawing board. We are especially grateful to the leaders of the indigenous federations, especially Benjamín Rodríguez Grandes of ORAI, Hernán Lopez of FECONA, Manuel Ramírez of FEPYROA, and Germán Boraño of FECONAFROPU, for whom this inventory represents one small step in a long and ongoing struggle.

We are also extremely grateful to Margarita Benavides, and the other staff at the Instituto del Bien Común, and to Mario Pariona, Rik Overmars, and the other staff at SNV-Perú's Iquitos office, whose many years of experience in the region laid the practical and conceptual groundwork for the inventory and facilitated innumerable logistical details. Thanks to their prior work in the area, many of the complicated social, cultural, and political questions regarding the proposed conservation area had been answered long before we started.

At the remote field sites that the biological team visited, advance teams established campsites under very difficult conditions. We owe immeasurable thanks to Alvaro del Campo, who coordinated and oversaw all of the activities, and whose extraordinary capacity for problem-solving got us through each road-block. Once again, Dario Hurtado provided miraculous coordination for air transport between rustic unmarked heliports, ferrying impossible amounts of cargo and personnel (even dugout canoes) with helicopters from Copters Perú and the Policía Nacional del Perú. For their help in the overflights preceding the inventory, we thank Richard Alex Bracy of North American Float Planes in Iquitos, and the Fuerza Aerea Peruana.

Local communities did nearly all of the advance work. Asterisks mark members of the advance teams who did an extra service, remaining at the camp to help the biological team throughout the inventory. The Yaguas camp was built by Walter Vega Quevare*, Melitón "Coronel" Díaz Vega*, Robinson Rivera Flores, Rigoberto Salas Peña, Haaker Mosquera Merino*, and William Mosquer Merino of the Pucaurquillo community; Andrés Flores Tello, Cleber Panduro Ruiz, Elber Manuel Ruiz Sánchez, and Linder Flores Arikari* of the Brillo Nuevo community, and Pedro Gonzales Guevara of Pebas, with the coordination of Alvaro del Campo. Denis Mosquera Merino in Pucaurquillo was an additional help to the Yaguas team during the construction of the campsite.

The Maronal camp was built by Hernán López Rodríguez*, Alfredo Meléndez López*, Aurelio Campos Chacayset*, Teobaldo Vásquez Pinedo, Carlos Vásquez Pinedo, Henderson Ruiz Imunda, Robert Panduro Mibeco, Victor Ruiz Rodríguez, Jabán Nepire López, and Isaac Nepire Ejten, all of Brillo Nuevo; Benavides Trigoso Peña, Jhonny Díaz Prado, Mauricio Rubio Ruiz, Pedro Mosquera Roque, and Guillermo Collantes Lligio* of Pucaurquillo; and Juan Carlos Silva Peña, Abelardo Cachique, Gregorio Tello Arirama of Ancon Colonia, with the coordination of Guillermo Knell.

The Apayacu camp was built by Atilio Ruiz Barbosa*, Purificación Ruiz C.*, José Murayari C.*, Lindenber Gadea F.*, Manuel Ramírez López*, Emilio Ortiz S., Amancio Ruiz Barbosa, Orbe Noroña, Melchor Greffa F., Abraham Jaramillo C., and Reynaldo Greffa F., with the coordination of Aldo Villanueva.

At all three campsites, Eli Soria Vega and Hortensia Arirama Vega kept the team well-fed from their fabulous field kitchen, while Alvaro del Campo, backed up by Jennifer Eagleton and Rob McMillan in Chicago, ensured the complicated logistics went off without a hitch.

At the Iquitos herbarium, we are especially grateful to Mery Nancy Arévalo García and Manuel Flores for their long-standing support for our projects there. We also thank Walter Ruiz Mesones, Ricardo Zarate, and Hilter Yumbato for transporting and drying the plant specimens. The plant team also thanks Jaana Vormisto and Sanna-Kaisa Juvonen for providing valuable literature.

The ornithological team is indebted to Tom Schulenberg for many valuable contributions to the bird report. The ichthyological team thanks Hernán Ortega for helpful comments on the manuscript, and for providing comparative inventory data from Putumayo. The herpetological team thanks Pekka Soini and Jean Lescure for providing bibliographic material from the Paris Museum of Natural History.

In Lima we again thank CIMA-Cordillera Azul for their logistical support, especially Jorge (Coqui) Aliaga, Tatiana Pequeño and Lily Rodriguez, who provided significant help with corrections in Spanish. Douglas Stotz and Olga Montenegro helped hugely with proofreading. Jim Costello, as always, put an immense effort into the special requirements of this report. Our work continues to benefit enormously from the support of John W. McCarter, Jr., and from the financial support of the Gordon and Betty Moore Foundation.

MISSION

The goal of rapid biological and social inventories is to catalyze effective action for conservation in threatened regions of high biological diversity and uniqueness.

Approach

During rapid biological inventories, scientific teams focus primarily on groups of organisms that indicate habitat type and condition and that can be surveyed quickly and accurately. These inventories do not attempt to produce an exhaustive list of species or higher taxa. Rather, the rapid surveys 1) identify the important biological communities in the site or region of interest, and 2) determine whether these communities are of outstanding quality and significance in a regional or global context.

During social asset inventories, scientists and local communities collaborate to identify patterns of social organization and opportunities for capacity building. The teams use participant observation and semi-structured interviews to evaluate quickly the assets of these communities that can serve as points of engagement for long-term participation in conservation.

In-country scientists are central to the field teams. The experience of local experts is crucial for understanding areas with little or no history of scientific exploration. After the inventories, protection of natural communities and engagement of social networks rely on initiatives from host-country scientists and conservationists.

Once these rapid inventories have been completed (typically within a month), the teams relay the survey information to local and international decision-makers who set priorities and guide conservation action in the host country.

REPORT AT A GLANCE

Dates of field work	3-21 August 2003
Region	Lowland forests of northeastern Peru, in the broad interfluvium between the Amazon and Putumayo rivers, three degrees south of the equator. The region's indigenous communities, with the results from the inventory, propose formal protection for a 1.9 million-ha wilderness bordering their lands. The area's southern reaches are less than 50 km from the city of Iquitos, but its northern reaches, along the Colombian border, are some of the most inaccessible areas in Peru.
Sites surveyed	Three sites at the heart of the proposed reserve: the upper headwaters of the Yaguas River, the upper headwaters of the Ampiyacu River, and the upper headwaters of the Apayacu River. The Yaguas is an immense, essentially uninhabited river valley with settlements only at its mouth (Figure 2). The site we visited was old-growth floodplain forest. The other two sites are dominated by upland forest on low hills, mostly under 200 m elevation and drained by small headwater streams lined by swamp forest. The proposed Reserved Zone also includes a 100-km stretch of the blackwater Algodón River, a biologically distinct ecosystem that we surveyed from the air but did not visit.
Organisms surveyed	Vascular plants, fishes, reptiles and amphibians, birds, large mammals, and bats.
Highlights of results	Biological communities in the proposed Reserved Zone are among the planet's most diverse, harboring as many as 1,500 vertebrate and 3,500 plant species. Plant and animal diversity were astonishing at all three sites we visited, but the vast, undisturbed, and inaccessible Yaguas valley had the highest conservation value. **Plants:** Upland plant diversity, on low, acidic hills of intermediate fertility, is astronomical. As in Yavarí, south of the Amazon River (Pitman et al. 2003), the team registered more than 1,500 plant species in the field, of an estimated regional diversity of 2,500-3,500 species. Small-scale diversity of woody plants here may be the highest on the planet; one of our 100-stem inventories contained 88 different species. Forests here are floristically similar to those around Yavarí and Iquitos, but lack white-sand soils. However, many common plant species, like the tree *Clathrotropis macrocarpa* (Fabaceae), are typically Colombian taxa that only reach these northernmost forests of Peru and were not in Yavarí, to the south. **Fishes:** In black- and whitewater streams, rivers, and lakes at the three sites we registered 207 fish species. We expect that the total ichthyofauna of the proposed reserve exceeds 450 species—more than 60% of all fish species in the Peruvian Amazon. Fifteen species we collected are new to Peru and five are new to science,

including an electric fish in the genus *Gymnotus*. The never-before-studied Yaguas River was the most diverse site we sampled; half of the species recorded there were not seen anywhere else during the inventory. Overall, roughly half of the species that we found in this northern region did not occur to the south, in the region we sampled the Yavarí River.

Reptiles and amphibians: The Iquitos area is a global epicenter of herpetological diversity, and more than 300 species of reptiles and amphibians are expected to occur in the proposed Reserved Zone. We registered 64 out of an estimated 115 species of amphibians, including a salamander and an unfamiliar caecilian, and 40 out of an estimated 194 species of reptiles, including 15 snakes, 19 lizards, three caimans, and three turtles.

Birds: The ornithological team registered 362 bird species during the inventory, of an estimated regional avifauna of 490 to 540 species. Five of the species we recorded are restricted to the northwestern Amazon, and an additional 18 only occur north of the Amazon River. Among the species expected along the Putumayo River is the Critically Endangered gamebird *Crax globulosa*.

Mammals: Mammal communities are untouched by human influence on the Yaguas River, where the team found what may be the highest density of lowland tapirs ever recorded—11 sightings in less than two weeks—and recorded groups of white-lipped peccaries (*Tayassu pecari*) with 500 individuals. The other two sites show the effects of occasional hunting by local communities, but will sustain a very diverse wildlife under improved management. We estimate a regional mammal fauna of at least 119 species, including the rare canid *Atelocynus microtis*. In Peru, the primate *Saguinus nigricollis* is restricted to this Putumayo-Amazonas interfluvium, and is not currently protected within Peru's parks system.

Human communities

The proposed Reserved Zone is bordered to the north and south by the 26 indigenous communities who have led the initiative to establish it. These include Huitoto, Bora, Yagua, Ocaina, Quichua, Cocama, and Mayjuna communities; two additional communities, Ticuna and Yagua, are at the mouth of the Yaguas. These communities have a total population of roughly 3,000 people and titled lands totaling >110,000 ha. The indigenous federations that represent the communities have built partnerships with the SNV Netherlands Development Organization, the Instituto del Bien Común, The Field Museum, CEDIA, and other organizations to produce detailed maps of indigenous resource use in the area and to push for the protection of their traditional lands.

REPORT AT A GLANCE

Main threats

Most of the proposed Reserved Zone is relatively untouched at present, but forests along all the main rivers except the Yaguas are visited frequently by local hunters, fishermen, and small-scale loggers. No proposed forestry concessions overlap with the proposed conservation land. In 1999, the government of Loreto considered a Korean proposal to build a huge industrial complex for forest and mineral products in the area. In the north, chronic instability, drug transport, and isolation are long-term problems in remote communities along the Colombian border.

Current status

The indigenous communities' 2001 proposal to establish a Communal Reserve in a 1.1 million-ha expanse of their traditional territory could not be approved by Peru's protected areas service (INRENA), for whom protecting this megadiverse area of Peru has long been a priority, without additional biological information. Based on the results of the recent rapid biological inventory, the proposal has been modified to incorporate the entire watershed of the Yaguas River, rather than just its headwaters, thereby increasing the proposed Reserved Zone to 1.9 million ha. The proposed conservation complex includes Communal Reserves and a National Park (see below). The new proposal has been viewed favorably by INRENA.

Principal recommendations for protection and management

01 ***Establish a core area of strict protection:*** **Yaguas National Park.** The National Park will protect intact forests with the highest conservation value on the landscape—the headwaters of the Apayacu and Ampiyacu rivers, a stretch of blackwater habitats along the Algodón River, and the uninhabited portion of the Yaguas River.

02 ***Establish four communal reserves*** for managed use by the resident native communities (see map below and Figure 3).

03 ***Readjust the boundaries of native communities*** to reflect current use.

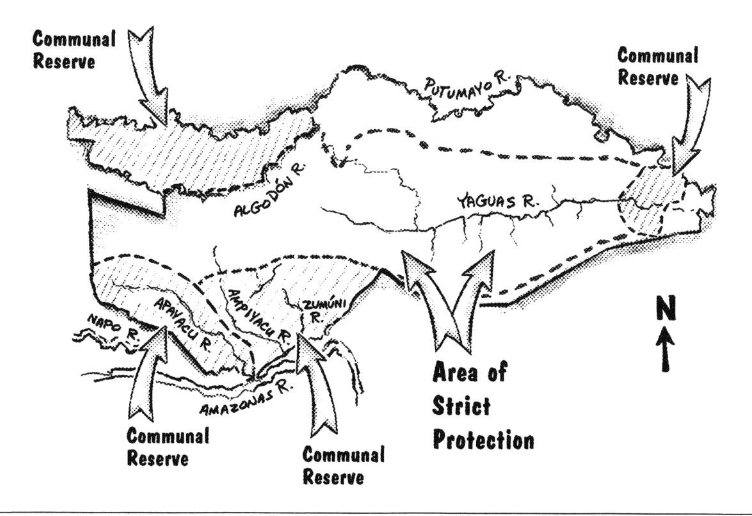

REPORT AT A GLANCE

Long-term conservation benefits

01 ***A new conservation area of global importance,*** protecting the world's most diverse forests north of the Amazon River.

02 ***Permanent preservation of a source area*** for commercially important fish and large mammal populations vital to the economy of Loreto.

03 ***Watershed protection*** for five major rivers in Loreto.

04 ***Participation of local indigenous populations in the management of the region's natural resources,*** as stakeholders in and beneficiaries of the long-term protection and sustainable use of the greater Ampiyacu valley.

Why Ampiyacu, Apayacu, Yaguas, and Medio Putumayo?

And why such a complicated name? Bounded to the north and south by three major rivers—the Napo, the Putumayo, and the Amazon itself—and drained by five tributaries—the Apayacu, Ampiyacu, Yaguasyacu, Algodón and Yaguas—this sprawling lowland wilderness in northeastern Peru eludes a straightforward label. Even the nine different indigenous groups who have lived in these forests for generations have no easy answer. What they do agree on—and what underlies their proposal to create a new conservation area here for Peru—are the sacred places, called *sachamamas*, at the remote heart of this landscape: the poorly explored forests considered by tradition to be a sanctuary for fauna and flora, watched over by mythical forest spirits.

For three weeks in August 2003, our biological and social teams explored these forests with indigenous colleagues from nearby communities. A tapestry of low hills stretching to the horizon in every direction, criss-crossed by creeks and dotted with palm swamps, this landscape is home to one of the richest biological communities on Earth, harboring probably 1,500 vertebrate species alone, many of which occur only north of the Amazon River. Mammal surveys recorded the highest density of lowland tapirs anywhere on Earth; ichthyologists estimate that 40% of Peru's freshwater fish live in the area; more than 500 bird species are expected; and more species of trees grow in a football-field-sized patch of forest here than are native to all of North America.

If biologists and locals agree on the sacredness of this area's core forest, we also agree on the need to use forest products in the surrounding forests, closer to the communities, in a way that will benefit people and wildlife in the long term. To that end, the communities have already completed a meticulous map of their resource use in the region. The next step is to design a mosaic of land uses in which "sacred," strictly protected forests coexist peacefully with forests that are managed sustainably by and for the people who live here.

Why a New Protected Area in Amazonian Peru?

Peru's Amazonian lowlands, an expanse of tropical forest the size of Madagascar, are already home to 16 protected areas. The best known of these—Manu National Park, Cordillera Azul National Park, and the Pacaya-Samiria National Reserve—protect vast tracts of land. Why establish more?

The answer is that existing reserves do not cover an adequate representation of the biological diversity in the region. In fact, only a small expanse of lowland Amazonia is currently in protected areas in Peru. As of January 2004, protected areas accounted for 14.9% of Amazonian Peru below 500 m elevation (Figure 11). This coverage is significantly below the South American average (22%), as well as several other Latin American countries, from Venezuela (47%) and Brazil (18%) to the Dominican Republic (32%). Even more worrisome, the proportion of lowland forest that is strictly protected from resource extraction—that is in parks managed as wilderness—is only 2.9%. Manu and Cordillera Azul national parks are indeed immense, but because they are on the Andean slopes, they protect more montane than lowland forests.

Conservation coverage is weakest in the department of Loreto, where the forests described in this book are located. Loreto is the size of Germany, mostly roadless, and probably Peru's most diverse department, but only 0.4% of it is currently in strictly protected parks. An additional 8.6% is in other conservation categories, but most of this corresponds to Pacaya-Samiria, a sprawling wetland which protects none of the terra firme forest that dominates the department. There is only one protected area in the megadiverse uplands north of the Napo and Amazon rivers across their 700-km traverse from Ecuador to Brazil, and it is relatively small by Amazonian standards (the 620,000-ha Zona Reservada Güeppí).

The proposed Reserved Zone in the Ampiyacu, Apayacu, Yaguas, and Medio Putumayo region is designed to fill this gap, protecting the plants and animals that exist only north of the Amazon River. Establishment of the Reserved Zone will boost conservation coverage of Loreto's lowland forests to 14.2%, and coverage of Peru's Amazonian lowlands to 18.2%.

Overview of Results

LANDSCAPE AND SITES VISITED

For three weeks in August 2003, the rapid biological inventory team surveyed upland and floodplain forests, lakes, rivers, and swamps at the heart of the currently proposed 1.9 million-ha Reserved Zone (Figure 2). We focused on three remote sites in the headwaters of the Yaguas, Ampiyacu and Apayacu rivers, a region previously unvisited by biologists. At the same time, the social team was visiting 18 indigenous communities bordering the proposed Reserved Zone and discussing local initiatives to establish a new conservation landscape.

Although northern Peru is famous for extreme environmental patchiness—epitomized by the white sand islands around Iquitos—the landscape of the proposed Reserved Zone, bounded by the Putumayo River to the north and the Amazon and Napo rivers to the south, is relatively homogeneous in soils, geology and climate. Seen from above, in satellite images and overflights, endless low hills stretch west, east, and north into Colombia, dotted with thousands of tiny palm swamps. We found no obvious environmental gradients in the areas we visited, and no white sand soils, though the contrast between the classic blackwater river that drains the northern portion of the area (the Algodón) and the primarily whitewater rivers that drain the central and southern portions hints at some important large-scale soil differences.

The warm, wet, and humid climate here and across most of Loreto is technically aseasonal, in that no month sees less than 100 mm of rain. Annual rainfall is 3 m, typically peaking in March and November and lowest in June and February. This relatively predictable picture is punctuated occasionally by short and catastrophically violent windstorms, which can topple thousands of trees in a matter of minutes.

VEGETATION AND FLORA

Because of their proximity to Iquitos, forests along the southern border of the proposed Reserved Zone—especially near Pebas and the Sucusari River—have been relatively well studied by botanists. By contrast, forests in the central and northern forests were a mystery until this inventory. Despite our best efforts in the field, including 1,350 collections, 1,900 photographs, and nearly 3,000 plants inventoried in quantitative surveys, the fantastic diversity of these plant communities and the brevity of our inventory mean that perhaps half of the regional flora has yet to be documented by botanists.

Based on our results, and more complete inventories of areas closer to Iquitos, we estimate that between 2,500 and 3,500 plant species grow in these forests. The majority of these are woody taxa—mostly trees, shrubs, and lianas—with a smaller component of understory herbs and epiphytes. At small scales, the species richness of these woody plant communities is perhaps the highest on Earth. One sample of 100 trees and shrubs in a small patch of understory contained 88 different species, the most "common" of which was represented by just three plants. Our three 1-ha transects of large trees contained an *average* of 299 species—70% more than in comparable surveys in Manu National Park.

Only a handful of the plants we collected during the inventory have been studied by taxonomic specialists, but this has already turned up taxa that are new to science or to Peru. One apparently undescribed species is an understory herb in the monotypic genus *Cyclanthus* (Figure 5F); another is a tree in the Clusiaceae (Figure 5E). Our collection of the understory herb *Monophyllanthe araracuarensis* (Marantaceae, Figure 5H) is only the second; the first is from the Caquetá River basin in Colombia.

Several other species that we collected are well-known elements of Colombian forests on the other side of the Putumayo, but these are balanced by a large number of species that are widely distributed throughout Loreto. The best example of the former is the tree *Clathrotropis macrocarpa* (Fabaceae), dominant in several Peruvian and Colombian forests to the north of the Amazon and Napo, but only known from scattered collections to the south. Most of the other dominant tree species in the uplands here are common across much of the Iquitos region, like *Oenocarpus bataua* (Arecaceae), *Senefeldera inclinata* (Euphorbiaceae), *Eschweilera coriacea* (Lecythidaceae), *Virola pavonis* (Myristicaceae), *Hevea guianensis* (Euphorbiaceae), *Protium amazonicum* (Burseraceae) and various species in the genus *Iryanthera* (Myristicaceae).

Swamp forests are common on the landscape, but not in the typical fashion. Rather than dominating large blocks of land, swamps here are scattered in tiny pockets along the streams that drain the low hills. Most of these swamp forests are dominated by the distinctive palm *Mauritia flexuosa* and look similar on satellite images and overflights, but can be compositionally dissimilar in the extreme on the ground.

FISHES

The ichthyological team studied fish communities at 32 standardized sampling stations spanning the range of aquatic habitats at our sites. Covering more than a hectare in extent, these stations included the 40-m wide main channels of the Yaguas and Apayacu rivers, upland streams narrow enough to step across, oxbow lakes, palm swamps and occasionally flooded low-lying areas, in whitewater, blackwater, and clearwater habitats. Because our inventory took place in a dry period, river levels were relatively low and there were few inundated floodplains to sample. We were also unable to sample the Algodón River, a large, blackwater tributary of the Putumayo that remains a very high priority for fish surveys.

The 5,000 fish specimens we collected during the inventory have been sorted to 207 species in 33 families and 11 orders. As expected in upper Amazonian fish communities, two orders—Characiformes and Siluriformes—dominate community structure, accounting for 84% of the species we recorded. Additional species registered by the social team in interviews with local communities and species recorded by previous expeditions to the lower Apayacu bring the total for the Ampiyacu, Apayacu, Yaguas, and Medio Putumayo (AAYMP) region to 289. We estimate that with additional inventories, the region may have as many as 450 fish species, or a full 60% of the ichthyofauna of Amazonian Peru.

Fish diversity of the region seems especially high because the ichthyofauna is a mix of taxa shared with southern-bank tributaries of the Amazon, like the Yavarí River, and taxa shared with the Putumayo basin. As a result, roughly half of the fish community of the AAYMP would remain unprotected if the proposed Yavarí Reserved Zone were declared, highlighting the importance of protecting both regions.

We collected at least one species that is a new record for Peru—*Moenkhausia hemigrammoides*— as well as 15 others that may also prove to be new for Peru. Five species are potentially new to science, including electric fish in the genus *Gymnotus* (Figure 6E) and pimelodid catfish in the genus *Cetopsorhamdia.*

The vast majority of the species we recorded are smaller than 10 cm long as adults, and many of them are economically valuable as ornamental fish. Among the larger, commercially important fish we found *Arapaima gigas* (*paiche*), *Osteoglossum bicirrhosum* (*arahuana*, Figure 6B) and *Cichla monoculus* (*tucunaré*); there are also reports of *Colossoma macropomum* (*gamitana*), *Piaractus brachypomus* (*paco*), *Pseudoplatystoma fasciatum* (*doncella*) and *Brachyplatystoma filamentosum* (*saltón*). Local communities reported that many of these important food species are periodically overfished by freezer boats that occasionally work the rivers in the region.

AMPHIBIANS AND REPTILES

Forests around Iquitos are a global epicenter of herpetological diversity and home to 115 amphibian and 194 reptile species. The herpetological team spent two weeks seeking out amphibians and reptiles in a variety of habitats and microhabitats at the three sites, identifying others by their song, and collecting 66 specimens for the UNMSM Natural History Museum in Lima.

The preliminary list from the inventory includes 64 amphibian and 40 reptile species. Diversity was especially high in the genera *Osteocephalus* (eight species) and *Eleutherodactylus* (13). The number of *Osteocephalus* species is the highest ever recorded for a single area. We did not record several frog species known to occur in flooded forests on the lower Ampiyacu and Apayacu, which indicates high levels of habitat-related beta diversity exist in the proposed Reserved Zone.

Two of the amphibians registered appear to be undescribed species, including one of the eight *Osteocephalus* species (Figure 7F) and a caecilian in the genus *Oscaecilia* (Figure 7D), discovered eating earthworms during a middle-of-the-night downpour in our Yaguas camp. Our records of *Osteocephalus mutabor* and *Lepidoblepharis hoogmoedi* represent significant range extensions for these species, and our collection of the false coral snake *Rhinobotrium lentiginosum* (Figure 7C) is apparently only the third for Peru.

BIRDS

Several sites on the northern banks of the Napo and Amazon rivers, including Sucusari and Pebas, have been well surveyed for birds. By contrast, the middle Putumayo, Algodón, Yaguas, and the vast majority of the terra firme forests in the AAYMP region have not, to our knowledge, been studied by ornithologists. The three sites we visited provided a good look at the most diverse bird habitat in the AAYMP region—upland forest—but we missed a number of blackwater birds, large river island birds, and open-habitat birds that almost certainly occur on the Algodón or Putumayo.

In eighteen days of field work we registered 362 bird species. Based on bird lists from nearby sites, we estimate a regional avifauna for the proposed AAYMP Reserved Zone at nearly 500 species. Most of the ~140 species we expect but did not record are either very rare, and would require longer-term sampling to discover, or specialize on riparian habitats that were not common at the sites we visited. An additional 40 species would be expected if the proposed Reserved Zone were extended to include large river habitats along the Putumayo or lower Algodón.

Most of the birds we recorded are widespread species, but five are endemic to northwestern Amazonia: Fiery Topaz (*Topaza pyra*, Figure 8E), Salvin's Curassow (*Crax salvini*), Dugand's Antwren (*Herpsilochmus dugandi*), Ochre-striped Antpitta (*Grallaria dignissima*, Figure 8D), and Red-billed Ground-cuckoo (*Neomorphus pucheranii*). Another 18 species are present in Peru only north of the Amazon, and these are currently unprotected by Peru's parks system, including the proposed Yavarí Reserved Zone. Seven of the species we recorded, including the nationally endangered Harpy Eagle (*Harpia harpyja*), are on Peru's endangered species list. We did not encounter the Wattled Curassow (*Crax globulosa*), a critically endangered species at the global level, but it may occur on the floodplains or islands of the Putumayo.

Bird communities in the AAYMP region appear largely intact, and game birds (guans, curassows, trumpeters and tinamous) were common at all three sites we visited. Hunting pressure was especially low in the Yaguas River site, where we observed pairs of Salvin's Curassow (*Crax salvini*) daily. Without protection and management, this is unlikely to remain the case, especially along the rivers that provide easy access to hunters and logging parties. One solution is to establish a network of protected areas, where hunting-free source areas can replenish game bird populations in adjacent sink areas where hunting is managed. Wherever they are located, these source and sink areas will represent the first large conservation area in Loreto that protects upland bird communities. To the extent that the areas can also include significant stretches of large river habitat, the proportion of Loreto's megadiverse avifauna under protection will rise.

MAMMALS

The mammal communities of the forests between the Napo, Amazon, and Putumayo are poorly studied, and range maps of several species in the scientific literature show question marks for this area. Our inventory focused on large mammals, and was complemented by several nights trapping bats with mist nets. We recorded 39 non-volant mammal species and 21 bat species, for a total that is roughly half of the 119 mammal species expected to occur in the proposed Reserved Zone. This expected diversity represents more than a quarter of all mammals known from Peru.

Ten of the 13 expected primate species were recorded during the inventory. Of special interest are two tamarin species in the genus *Saguinus*. *S. nigricollis* is perhaps the most range-restricted mammal registered in the inventory, with a distribution that extends narrowly to neighboring areas in Ecuador, Colombia and Brazil, and is not currently protected by any Peruvian park. Before our inventory, its congener *S. fuscicollis* was not confirmed to occur between the Amazon and the Putumayo, and our observations fill a large gap in its distribution, linking Peruvian populations south of the Amazon to Colombian populations north of the Putumayo. Interestingly, *S. fuscicollis* was much less abundant here than in other known populations, and significantly outnumbered by *S. nigricollis*.

Populations of large primates were smaller than expected, even in the unhunted Yaguas site, and may reflect persistent impacts of historical depletion. By contrast, ungulate populations were large and healthy, overwhelmingly so for some key species. At Yaguas we documented what is likely the highest density of lowland tapir (*Tapirus terrestris*) ever seen anywhere, with more than 11 direct observations in a two-week period. At this same site we encountered groups of white-lipped peccaries (*Tayassu pecari*) estimated to number some 500 individual animals. During the inventory we also recorded a large number of Amazonia's rarest or most threatened mammal species, such as the giant armadillo (*Priodontes maximus*), the short-eared dog (*Atelocynus microtis*), the giant anteater (*Myrmecophaga tridactyla*), and the jaguar (*Panthera onca*).

Our limited bat sampling resulted in a preliminary list of 21 species, representing approximately a third of the expected bat fauna in the region. Notable records include an unidentified specimen in the genus *Myotis*, which may be new to science, and a large

Sturnira that matches the poorly known *S. aratathomasi*, a species thought to be largely montane. *S. aratathomasi* and *Artibeus obscurus* are both considered near threatened at the global level.

The Yaguas River valley site was the best preserved of the three we visited, and merits strict protection as a source area for animals hunted in the surrounding communities to the north and south. Impacts were obvious at the other two sites, which are visited occasionally by hunting parties from communities lower on the Apayacu and Ampiyacu. At both Maronal and Apayacu, mammal communities were less diverse and less abundant, and animals were much more wary around humans. A mosaic of strictly protected and managed-use areas in the AAYMP region will provide a perfect opportunity to implement game management programs in the major watersheds in cooperation with local residents.

HUMAN COMMUNITIES

Because the original proposal for a conservation area in the AAYMP region originated in the indigenous communities that live along its borders, the social context of the proposed Reserved Zone was well known at the time of the biological inventory. Twenty-six indigenous communities occur to the north and south of the proposed area, mostly along the Apayacu, Ampiyacu, and Putumayo rivers, with one community on the Algodón and two at the mouth of the Yaguas. These communities are home to some 3,000 people in nine different ethnic groups—Huitoto, Bora, Yagua, Ocaina, Cocama, Quichua, Mayjuna, Resígaro and Ticuna—and are represented by three indigenous federations that represent communities in the Apayacu watershed, the Ampiyacu watershed, and the Putumayo watershed respectively.

The social team visited 18 of these communities in August 2003 to discuss conservation opportunities with local residents and to identify local practices, strengths, and relationships relevant to conservation efforts in the region. Two day-long workshops in the Apayacu and Putumayo regions brought local residents and leaders together in discussions about threats to the social and environmental well-being of the communities, solutions to those threats, various options for conservation areas under Peruvian law, and the status of the proposal for a Communal Reserve submitted to INRENA in 2001. Shorter visits, interviews, and discussion groups in individual communities opened a window on local concerns, aspirations, and daily life in the communities, and provided a forum for ideas and complaints regarding new proposed conservation areas.

THREATS

The AAYMP region is large and politically heterogeneous, and different threats affect different areas. To the north, the principal threat is chronic political instability along the Colombian border. Intimidation by Colombian guerrillas and loggers is commonplace on the Peruvian side of the border, and in the absence of a strong government presence much of the region remains largely lawless. Unless special attention and resources are directed to communities along the Putumayo, a new conservation area in the AAYMP will risk having a porous and problematic northern border.

To the south, the most serious concern is unregulated resource extraction along the Ampiyacu and Apayacu rivers, which are logging, hunting, and fishing grounds for the nearby markets in Iquitos. Local communities complain that the forests and lakes outside of their territories—and sometimes inside them—are frequently targeted by logging and hunting parties from outside the region, who extract resources with no management plan or long-term vision. A large Korean company recently proposed to build an industrial complex in the region; the proposal was not approved but remains an attractive option for some government authorities and could revive. Local communities themselves use large areas of the forest outside their legal territories to hunt, fish, and log, and this informal, unregulated resource extraction is also a potential threat to the core areas in the long-term.

Throughout these forests, the marginalization of indigenous communities represents a persistent low-level threat. The lack of basic government services has resulted in a slow depopulation of many communities, the consequent erosion of traditional power structures, and a profound distrust of government agencies and officials. There is also a divide between indigenous communities and the mostly non-indigenous district-level authorities, and contrasting long-term visions for the landscape.

CONSERVATION TARGETS

In any landscape, certain species, forest types, and ecosystems have special conservation value. The following table highlights species, forest types, and ecosystems in and around the proposed Ampiyacu, Apayacu, Yaguas, and Medio Putumayo Reserved Zone that are of special importance to conservation. Some are important because they are threatened or rare elsewhere in Peru or in Amazonia; others are unique to this area of Amazonia, key to ecosystem function, important to the local economy, or important for effective long-term management.

ORGANISM GROUP	CONSERVATION TARGETS
Biological Communities	Near-entire watersheds of three large rivers—the whitewater Ampiyacu, Apayacu, and Yaguas—and much of a fourth—the blackwater Algodón. Large tracts of Loreto's most representative forest type, poorly protected elsewhere in the department: intact, megadiverse upland forest. A diversity of aquatic habitats and microhabitats in the Putumayo and Amazon drainages.
Vascular Plants	Extraordinarily diverse plant communities growing on terra firme hills and terraces. Threatened populations of commercial timber species (especially *Cedrelinga cateniformis* (Figure 5A), *Cedrela* spp., and *Calophyllum brasiliensis*). Readily accessible floodplain and inundated forests. Blackwater riparian communities not protected elsewhere in Loreto.
Fishes	One of the most diverse freshwater ichthyofaunas of Peru. Populations of commercially valuable migratory fish species, including *doncella* (*Pseudoplatystoma fasciatum*). A great variety of small ornamental species, including *pez hoja* (*Monocirrhus polyacanthus*, Figure 6C) and other species likely new to science.
Reptiles and Amphibians	Intact and diverse herpetofaunal communities in a mosaic of forest types. Recovering populations of commercially hunted species, like caimans and tortoises. Restricted-range species.
Birds	Five species endemic to northwestern Amazonia and 18 others known in Peru only north of the Amazon. Game species, including Nocturnal Curassow (*Nothocrax urumutum*) and Pale-winged Trumpeter (*Psophia crepitans*). Large hawks, including Harpy Eagle (*Harpia harpyja*).

CONSERVATION TARGETS

Mammals	Hyperdiverse and intact communities of non-volant mammals and bats, best represented in the Yaguas River valley. The highest population density ever recorded for the lowland tapir, *Tapirus terrestris.* *Saguinus nigricollis,* a restricted-range primate, and intact populations of several other primate species under hunting pressure elsewhere in Amazonia. The endangered giant armadillo, *Priodontes maximus,* and at least three other globally threatened species.
Human Communities	Sacred places set aside by local indigenous communities as refuges for flora and fauna. Reforestation with economically valuable hardwood and fruit trees. A large-scale map of hunting, logging, and other extractive activities by indigenous communities.

The conservation landscape we propose for the Ampiyacu, Apayacu, Yaguas, and Medio Putumayo region will provide **long-term protection for areas as rich in cultural as in biological diversity.** Our vision is an integrated system of land use areas that simultaneously provides (i) a refuge for biodiversity, including the **hundreds of unprotected species occurring only in forests north of the Amazon River,** and (ii) a strong framework for conservation stewardship, with **local indigenous communities actively participating in the management and protection of natural resources** in their forest homes.

A new reserve in the region will secure a *better economic, environmental, and cultural future* for Peruvians in Loreto and the rest of the country by:

01 **protecting vast tracts of high diversity terra-firme forests** absent from other reserves in Peru,

02 **preserving traditional ways of life** for the nine indigenous groups living in the area—a central component of Peru's rich cultural heritage,

03 **creating economic opportunities** for indigenous and *ribereño* communities—and by extension, the nearby markets in Pebas and Iquitos,

04 **safeguarding the headwaters** of five principal rivers in the region of Loreto—a proactive measure to ensure uncontaminated water for future generations,

05 **establishing source areas of game** to replenish animal populations depleted by unmanaged hunting—including tapirs, peccaries, and large primates.

RECOMMENDATIONS

Our long-term vision for the Ampiyacu, Apayacu, Yaguas, and Medio Putumayo landscape is an integrated system of land use areas that simultaneously protect the region's diverse forests, and the traditional practices and lifestyles of the local communities living in them. This vision is the product of collaborations over five years with resident native communities, and this rapid inventory. We offer preliminary recommendations for the Ampiyacu, Apayacu, Yaguas, and Medio Putumayo region below, including specific notes on protection and management, inventories, sustainable resource use, research, and monitoring.

Protection and management

01 **Establish the proposed *Ampiyacu, Apayacu, Yaguas, Medio Putumayo Reserved Zone* inside the boundaries outlined in Figure 2.** Reserved Zone status will ensure immediate protection while studies determine the most appropriate set of final categories for the areas within the set boundaries.

02 **Create within the Reserved Zone a mosaic of protected and use areas,** based on the results of the rapid biological inventory, the use map of local communities, and the keen interest of local communities in continuing to use and manage natural resources in the area. From the results of the rapid inventories and discussions with indigenous residents, we recommend the following matrix of protected and non-protected areas:

A. **A core area of strict protection—*Yaguas National Park*—**that includes the headwaters of the Apayacu and Ampiyacu rivers, a stretch of blackwater habitats along the southern banks of the Algodón River, and a large portion of the Yaguas watershed. These intact forests have the highest conservation value in the landscape.

A national park will protect important breeding areas for economically valuable plants, fishes, birds, and mammals, and a large tract of Loreto's dominant forest type (upland forest) with its magnificent array of plant and animal species. Protection of that rich biodiversity will come at a relatively low cost to the department: the proposed core area covers just ~2% of Loreto (and just 1.5% of Peru's Amazonian lowlands), but will provide long-term protection for >3,000 plant and ~1,500 vertebrate species, many of them protected nowhere else in Peru.

A new national park here will increase the proportion of Loreto's megadiverse lowland forests that currently enjoy strict protection from an inadequate 0.4% to just below 3%.

RECOMMENDATIONS

Protection and management (continued)

B. **Four Communal Reserves for managed use by the resident native communities,** as listed below. These Communal Reserves will be the first protected areas of this kind in Loreto (the Tamshiyacu-Tahuayo Communal Reserve is not yet part of Peru's national protected areas system). Given their proximity to Iquitos, these protected areas will attract significant conservation and development investments to Loreto, and are sure to be an energetic foundation for sustainable use programs that benefit both human communities and wildlife.

i. **Apayacu Communal Reserve in the southwestern portion of the proposed Reserved Zone,** including the middle and lower watershed of the Apayacu River and adjacent areas in the Napo watershed (see Figure 3), and managed jointly by INRENA, local indigenous communities, and FEPYROA.

ii. **Ampiyacu Communal Reserve in the southeastern portion of the proposed Reserved Zone,** including the middle and lower watershed of the Ampiyacu River and adjacent areas in the Napo watershed (see Figure 3), and managed jointly by INRENA, local indigenous communities, and FECONA.

iii. **Algodón-Medio Putumayo Communal Reserve in the northwestern portion of the proposed Reserved Zone,** (see Figure 3), managed jointly by INRENA, local indigenous communities, and FECONAFROPU.

iv. **Yaguas Communal Reserve in the lower part of the Yaguas basin, contiguous to the native communities located at its mouth** (see Figure 3), and managed jointly by INRENA, local indigenous communities, and FECONAFROPU.

C. **Re-adjusted boundaries of native community properties through development of detailed land-use and land-ownership (cadastral) maps.** In some cases, territories established years ago are no longer adequate to support the basic needs of their residents, and should be enlarged to accommodate current needs.

Protection and management (continued)

03 **Strengthen local government and community institutions to buffer the proposed Reserved Zone and to improve quality of life of local residents.**

A. **In the northern portion of the Reserved Zone, promote binational action for conservation along the Peru-Colombia border.** Work with Peruvian and Colombian authorities, interested communities, and nongovernmental organizations—especially PEDICP, the Special Project for Development for the Putumayo Basin—to bring new resources and attention to this neglected region. Implement special measures to buffer the Algodón-Medio Putumayo Communal Reserve, and the indigenous communities that will manage it, from a continued influx of immigrants and from incursions by Colombian loggers and hunters.

B. **In the southern portion of the Reserved Zone, work with and strengthen local and regional institutions,** to explore alternatives for controlling and managing the logging activities in the Ampiyacu and Apayacu basins.

04 **Ensure participation of local indigenous and *ribereño* populations in the management of the region's natural resources,** as stakeholders in and beneficiaries of the long-term protection and sustainable use of biodiversity in the AAYMP region. Promote regular dialogue and build a working relationship among INRENA, local indigenous federations, and local authorities in the district capitals of the region (Pebas, San Antonio de Estrecho, and San Francisco de Orellana) and the Regional Government. Ensure that management of the proposed Communal Reserves remains in the hands of the communities that have used these forests for generations, and guarantee participation of local communities in the management of the strictly protected core area. Provide local residents with strong programs and educational materials, hire most park guards from nearby towns, establish park guard stations and regular patrols, and post signs at key entry points along the borders.

05 **Secure sustainable funding** that will provide the technical and financial assistance requested by local communities to improve the effectiveness and long-term viability of their management and protection. This should include scholarships for the leaders of indigenous communities and federations, scholarships for young indigenous students and biologists of the region, and improved primary education in the communities, to ensure a pool of experienced, talented, and well-trained residents to help monitor and manage the proposed protected areas.

RECOMMENDATIONS

Further inventory

01 **Continue basic plant and animal inventories in the large sections of the proposed Reserved Zone that the rapid biological inventory team did not visit.** Especially high priorities include:

A. *The middle and lower Yaguas River valley.* Our survey was the first visit of biologists to this extensive, uninhabited river basin. Additional information on plant and animal communities in its lower stretches is necessary for zoning the strictly-protected area proposed for these forests. Biological inventory of the Yaguas could be profitably combined with an inventory of Colombian forests near the mouth of the Yaguas and linking the proposed national park to Colombia's Amacayacu National Park (see below).

B. *Blackwater habitats along the Algodón River.* These are likely to include significant numbers of plant and animal taxa that are not present anywhere else in the proposed Reserved Zone and deserve special attention in research and management.

C. *Patches of terraced upland forest scattered throughout the proposed Reserved Zone.* These may contain some plants and animals that do not occur in the more common hilly upland forest. Exploring these terraces is easiest from the Sabalillo research station on the lower Apayacu (see below).

D. *Large river islands at the mouth of the Algodón and along the Putumayo.* These are not currently inside the limits of the proposed Reserved Zone, because they are believed to be significantly disturbed by hunting and settlement. However, intact habitat of this kind has high conservation value and could potentially be included in the protected areas proposed for the region. These islands are one of the preferred habitats of the threatened game bird *Crax globulosa.*

02 **Conduct fish inventories in the main courses and lateral habitats of the Algodón and Yaguas Rivers,** which have never been visited by ichthyologists.

03 **Conduct binational inventories in association with Colombian researchers** to the east of the proposed Reserved Zone, in the area between the proposed Yaguas National Park and the Colombian Amacayacu National Park, to investigate opportunities for cross-border conservation and joint patrolling and management of these remote areas.

RECOMMENDATIONS

Further Inventory (continued)

04 **Confirm the presence or absence of potentially occurring species of special conservation interest,** such as the threatened game bird *Crax globulosa,* the rare and endemic trees *Licania vasquezii* and *L. klugii,* the threatened giant river otter *Pteronura brasiliensis,* and the range-restricted frogs *Eleutherodactylus aaptus* and *E. lythrodes.*

Research

01 **Compile existing data and publications from the long list of inventories and research projects carried out along the southern and northern borders of the proposed Reserved Zone,** which date back more than a century. These include detailed studies at Pebas, at the ACEER research station and elsewhere on the Sucusari River, at the Sabalillo research station, as well as data from the Alpha Helix expedition, Peruvian and Colombian expeditions to the Putumayo River, and other less-known projects.

02 **Promote the Sabalillo research station on the lower Apayacu as a center for research and training** in the region. The station has a good inventory program underway, strong links to local universities and communities, and shares research results from the station on an excellent website (www.projectamazonas.com).

Sustainable Use of Local Resources

01 **Build on the region's strong history of studies on local resource use and management to develop viable extractive alternatives to timber** that provide real economic benefits for indigenous communities. Biological and socioeconomic studies of forest products are needed because extraction of forest products from communal reserves will require that communities submit detailed management plans to INRENA.

02 **Provide scholarships to train young indigenous students** in social and biological aspects of conservation and management of natural resources.

03 **Explore the technical and legal possibilities for creating areas outside of the Communal Reserves for commercial logging by the local communities and under management plans.** Build on existing programs in local communities that reforest degraded areas with economically valuable tree species to identify areas in need of reforestation and new tree species of interest, and to build new nurseries in each of the major watersheds.

04 **Implement community-based recovery programs for species impacted by historical overhunting,** like black caimans (*Melanosuchus niger*), river tortoises (*Podocnemis* spp.), and large primates.

RECOMMENDATIONS

Sustainable Use of Local Resources (continued)

05 **Provide indigenous people with assistance and training in the design and implementation of management plans for natural resources located within their communities and the Communal Reserves.** The use of economically important natural resources (fish, wildlife, non-timber forest products, etc.) should be evaluated and management plans designed in order to encourage the sustainability of these extractive activities.

Monitoring

01 **Implement community-run programs in each major watershed to monitor the status of key threats, populations, species, and habitats over the long term.** Relevant examples include monitoring populations of black caiman *(Melanosuchus niger),* river turtles *(Podocnemis* spp.), and large primates impacted by historical hunting, and documenting incursions of hunters, fishermen and loggers.

02 **Implement community-based programs that monitor the hunting and fishing effort and harvest of local communities in the region over the long term** to ensure that current uses of wildlife meat and fish are sustainable and to modify management, as needed, to maintain their sustainability.

03 **Monitor basic economic activity of communities in the vicinity of the proposed Reserved Zone,** including data on the prevalent sources of income for men and women, per capita income, and rates of underemployment.

04 **As nearby Iquitos continues to grow, monitor deforestation rates, population growth rates, and quality of life in and around communities** in the vicinity of the proposed Reserved Zone.

Technical Report

OVERVIEW OF INVENTORY SITES

The proposed Ampiyacu, Apayacu, Yaguas and Medio Putumayo (AAYMP) Reserved Zone is a 1.9 million-ha wilderness area in the lowland forests of northern Amazonian Peru, its southern limit just 60 km north of the city of Iquitos. The area is bordered to the north and south by the Putumayo, Napo and Amazon rivers, and drained by four large tributaries: the Algodón, Yaguas, Ampiyacu and Apayacu.

The AAYMP's landscape is typical of the lowland Amazon basin, with hundreds of low, rolling hills underlain by thick slabs of sedimentary deposits. Instead of imposing landmarks like mountains, waterfalls, or lakes, the primary landscape features are streams, small swamps, and saltlicks. Climate, too, is relatively predictable: warm, wet, and aseasonal.

The banks of the Putumayo, Napo and Amazon are lined by small towns and indigenous communities, as are the lower stretches of the Apayacu and Ampiyacu, and the upper stretches of the Algodón. Apart from two communities at its junction with the Putumayo, the entire watershed of the Yaguas River is uninhabited.

During the rapid biological and social inventory of the proposed reserve in August 2003, the social team surveyed communities along the major rivers in the north and south, while the biological team focused on three sites at the uninhabited heart of the area. In this section we give a brief description of the sites visited by both teams. The following chapters provide detailed descriptions of the flora, fauna, and human communities at each site.

SITES VISITED BY THE BIOLOGICAL TEAM

Prior to the field work, we scanned satellite images for sites that offered a good selection of the principal terrestrial and aquatic habitats in the region. At each of the three sites we selected, an advance field team hiked in to establish a campsite, ~25 km of temporary trails, and a small landing pad. The remainder of the team and equipment traveled between sites by helicopter.

Yaguas campsite
(2°51'53.5"S 71°24'54.1"W, ~120-150 m elev.)

This was the first site we visited, and the only one we inventoried in the Putumayo watershed. Our camp was located in the upper reaches of the Yaguas River, some five days' canoe travel upriver from its junction with the Putumayo and several days' travel from the nearest town. None of the local guides who worked with us in the field had ever been in this area, and no uses were reported for it in a recent map of local communities' land use (see "Protecting the Headwaters: An Indigenous Peoples' Initiative for Biodiversity Conservation" and Figure 3). During the rubber boom, early in the twentieth century, the Yaguas was an important collection center for natural rubber harvested in the surrounding forests (M. Pariona, pers. comm.), but the entire watershed is now essentially uninhabited and its forests undisturbed. The only sign of human presence we encountered were two large trees on the Yaguas floodplain that had been felled and partially sawn into planks at least a decade earlier. From the air, uninhabited forest extended unbroken to the horizon in every direction.

For six days we explored the forests around our campsite on a low bluff overlooking the Yaguas. To the north and west of camp, majestic old-growth forest covered the broad floodplain. To the east, an abandoned river channel mostly filled in with low vegetation held a tiny blackwater lake, apparently fed by rainwater. This lake, too small to appear in topographic maps of the area, was remarkable in that its border was only 10 m from the river's edge but its water level nearly 10 m above that of the Yaguas.

The channel of the Yaguas is roughly 40 m wide here (during our visit the river was low and only ~15 m wide), but its floodplain is quite broad. From our campsite it was a 1.5-km walk inland, through forests that flood when the river rises—a complex of low levees, abandoned river channels, swampy low areas and *aguajales*—to the first hills of the uplands. Most of the forest we studied at this site was influenced by the river in one way or another, as the trail network explored different floodplain habitats: the steep banks of the Yaguas, a *Mauritia* palm swamp, an island in the middle of the river, and the blackwater lake.

As at the other two sites we visited, the uplands here were composed of low, gently rolling hills under 200 m elevation. (The highest point within the proposed Reserved Zone is 233 m.) The first hills above the floodplain at this site may have been old river terraces; they were only 10-20 m higher than the floodplain and their soils 60% silt. Less than a kilometer farther inland, higher hills rose up much more steeply, approximating the sort of terrain that was common at the second and third sites.

Maronal campsite
(2°57'56.3"S 72°07'40.3"W, ~160-180 m elev.)

The second site was roughly 80 km west-southwest of the first, in hilly upland forest in the upper reaches of the Ampiyacu River basin. Our camp was just a few kilometers from the dividing line between the Ampiyacu and Algodón watersheds, and the only nearby bodies of water were tiny streams draining the surrounding hills. The closest river, a 10-m wide tributary of the Ampiyacu known as the Supay, was 3 km to the west of camp.

For six days we explored these hills along 30 km of trails. Here too the hills were mostly low and gentle, but elevations were 30-40 m higher than at the first site; this was the high terra firme that we were not able to explore completely at the first campsite. As at the first site, upland soils here were characteristically acidic, low in most nutrients, and mostly a mix of silt and sand.

While there were only narrow strips of floodplain near the camp, much of the low-lying land between hills in the vicinity is poorly drained and holds small patches of swamp forest. From the air (as well as on the satellite image), one surveys a great expanse of upland forest speckled with hundreds of tiny stands of palm-dominated swamps.

Although this campsite was also far from human communities, both recent and historical human impacts were more obvious here than on the Yaguas. One reason was that our campsite was located on an old trail that links the Amazon and Algodón rivers, running from the communities on the lower Ampiyacu in the south to the Quebrada Raya on the Algodón in the north. (A parallel trail runs from Pebas to the mouth of the Algodón; see map in Figure 3.) The trail is used infrequently today, and much of it is overgrown, but it was formerly an important route for goods and travel. Our guides told us that until some 40 years ago, a family lived at the halfway point of this trail, not far from our campsite, harvesting rubber, collecting animal skins, and trading with passing travelers. Apart from an abundance of old trails and a few old marked trees, we found few lasting impacts related with this old homestead and the trail.

By contrast, recent impacts of logging teams working along the Supay, west of our camp, were very apparent. Just a few months before our visit, logging teams had harvested several large trees, leaving behind a rustic camp, large clearings, skidder trails, and a 1-km trail along which timber was rolled or carried to the Supay, to be floated down the Ampiyacu. According to our guides, the species of interest were *lupuna* (*Ceiba pentandra*), *cumala* (*Virola* spp.), and *marupá* (*Simarouba amara*). Apart from logging activity, indigenous land-use maps for the area show this to be an occasional hunting ground (see "Protecting the Headwaters: An Indigenous Peoples' Initiative for Biodiversity Conservation" and Figure 3). Large animals were not as abundant at this site as at Yaguas (see "Mammals").

A couple of kilometers to the north of camp was a large patch of naturally disturbed forest (known in this part of Peru as *purma*), which stands out clearly on satellite images of the area as a yellow patch in a sea of green. This landscape feature is the result of a violent downdraft which flattened several dozen hectares of forest during a 1986 windstorm. The clearing has now been naturally reforested by fast-growing pioneer trees in the family Cecropiaceae. The giant herb *Phenakospermum guyannense* (Strelitziaceae) dominates the midstory in large patches, shading a meager understory vegetation. Windstorm-damaged patches like these are an occasional feature of forests across the Amazon lowlands, and their origins and dynamics are not well understood.

Apayacu campsite
(3°07'00"S 72°42'45"W, ~120-150 m elev.)

Our third inventory site was on the upper Apayacu River, in the southwestern corner of the proposed Reserved Zone and just ~35 km north of the confluence of the Napo and Amazon rivers. This site was 67 km west-southwest of the second site and 147 km west-southwest of the first site (Figure 2).

We set up camp on a bluff above the river, with its narrow floodplain to one side and a complex of low hills to the other. Part of the 25-km trail system traced the river's course, while other sections explored the hills and the nearby Huayra stream, and circled a large, stream-fed swamp surrounded by upland forest. Here too the hills were relatively gentle and interspersed with patches of swampy lowlands, and very similar in soils, topography, elevation, and vegetation to the hilly sections of the previous sites. The floodplain of the Apayacu was much narrower than that of the Yaguas, however, often extending just a few meters from the river's edge (see "Flora and Vegetation").

This was the least remote of the three sites we visited, only ~20 km upriver from the Yagua community of Cuzco. Large animals were relatively scarce here, in part because of regular hunting along the river (see Figure 3), and in part because a hunting camp had operated in the vicinity of our campsite the year before, according to our guides. While we were at this camp, a fishing and hunting party from the communities downriver passed by on their way up the Apayacu. Logging impacts were also apparent at this site, especially upriver from camp along the Apayacu.

COMMUNITIES VISITED BY THE SOCIAL TEAM

While the biological team was in the field, the social team surveyed 18 of the 26 native communities to the north and south of the proposed Reserved Zone.

To the north, along the Algodón and Putumayo rivers, we worked in seven communities belonging to the Yagua, Huitoto, Bora, Ocaina, Mayhuna and Quichua indigenous groups. These communities form part of the FECONAFROPU indigenous federation

(Federación de Comunidades Nativas Fronterizas del Putumayo).

To the southwest, along the Apayacu River, we visited four communities belonging to the Yagua and Cocama indigenous groups and forming part of the FEPYROA indigenous federation (Federación de Pueblos Yaguas de los Ríos Orosa y Apayacu). To the southeast, along the Ampiyacu River, we worked in seven communities belonging to the Bora, Huitoto, Ocaina and Yagua indigenous groups, and including a few Resígaro families. These communities form part of the FECONA indigenous federation (Federación de Comunidades Nativas del Ampiyacu). We discuss all of these communities, as well as the others in the region that the social group did not visit, in more detail in "Human Communities." Summary information on communities in the vicinity of the proposed Reserved Zone is given in Appendix 7.

In addition to the community surveys, the social team also carried out semi-structured interviews with government authorities, including mayors and INRENA representatives, in Pebas (on the Ampiyacu) and San Antonio de Estrecho (on the Putumayo).

FLORA AND VEGETATION

Authors/Participants: Corine Vriesendorp, Nigel Pitman, Robin Foster, Italo Mesones, and Marcos Ríos

Conservation targets: Extraordinarily diverse plant communities growing on terra firme hills and terraces; threatened populations of commercial timber species (especially *Cedrelinga cateniformis, Cedrela* spp., and *Calophyllum brasiliensis)*; readily accessible floodplain and inundated forests; blackwater riparian communities not protected elsewhere in Loreto

INTRODUCTION

Forests in the southern reaches of the proposed Reserved Zone—a four-hour boat ride from Iquitos—are fairly well known to botanists. Starting in the 1970s, several botanists collected along the banks of the Ampiyacu River and its tributary, the Yaguasyacu (A. Gentry, J. Revilla, and the Alpha Helix Expedition: T. Plowman, R. Schultes, and O. Tovar). More recent studies in these southern reaches include a large-scale quantitative inventory of woody plants (Duivenvoorden et al. 2001, Grández et al. 2001), a detailed mapping of palm distributions (Vormisto 2000), and a large-scale survey of ferns and melastomes (Tuomisto et al. 2003). Two years ago, a permanent base for biological studies, the Sabalillo Research Station, was established along the Apayacu by Proyecto Amazonas (2003); researchers are building a list of flora in the vicinity of the station (D. Graham, pers. comm.).

At the northern end of the proposed Reserved Zone—in the watershed of the Putumayo River—the forests are well known to the indigenous populations (see "Human Communities") but still relatively unknown to scientists. To our knowledge, neither the Algodón watershed nor the vast majority of the Yaguas watershed have ever been explored by botanists.

METHODS

During our three weeks in the field, the botanical team fanned out across each site, with the goal of characterizing the vegetation and generating a preliminary list of the flora. We catalogued plants of all life forms, from herbs and epiphytes to canopy emergents, using a combination of fertile collections, quantitative surveys along transects, and field observations. Altogether we collected around 1,350 plant specimens, now deposited in the Iquitos herbarium (AMAZ), the Museum of Natural History in Lima (USM), and the Field Museum (F). R. Foster and C. Vriesendorp took nearly 1,900 photographs for a preliminary plant guide to the region. With the help of the native indigenous groups, the preliminary plant guide will eventually include common names in local languages.

At each site, N. Pitman, I. Mesones, and M. Ríos inventoried all trees ≥10 cm diameter at breast height in a transect measuring 1-ha (5 m x 2 km), for a total of 1,955 adult trees. C. Vriesendorp, I. Mesones, and M. Ríos carried out quantitative inventories of 800 understory plants, and I. Mesones inventoried

Burseraceae and palms. R. Foster made detailed observations on all aspects of these plant communities, in addition to spearheading the group's effort to generate a preliminary species list.

VEGETATION OVERVIEW

At the largest spatial scales—seen on satellite images or in overflights—vegetation in the AAYMP region has a more or less uniform appearance, due to the immense stretches of upland forest on low, rolling hills, which extend to the east, west, and north into Colombia. These hilly upland forests appear to account for at least 70% of the landscape. Within this matrix, large patches of a second kind of upland forest are discernible on satellite images, accounting for maybe 10% of the landscape and showing up in Landsat images (bands 5, 4, and 3) as dark patches with flatter, terraced topography. This forest type is scattered irregularly through the AAYMP region, but appears most frequent between the Apayacu, Napo and Amazon in the south, and between the Algodón and Putumayo in the north.

Flooded forests and swamps complete the landscape, but not in the typical fashion. The only large blocks of swamp or flooded forest inside the proposed Reserved Zone are in the floodplains of the Algodón River. Elsewhere, tiny stands of swamp and flooded forest dot the hilly and terraced upland forests. Both from the air and on the ground, the impression is of low terra firme hills encircled by narrow strips of flooded forest or swamp. At all three of our campsites, getting from one hilltop to another often involved slogging through the narrow swamp that separated them.

The structure of these forests, both upland and flooded, is typical of lowland Amazonia. Upland forests have a closed canopy at 25 or 30 m height, with scattered emergents towering 15 or 20 m higher than the canopy, and an understory that may be dense with shrubs, treelets, and herbs; dominated by a single palm or fern species; or deep in shade and relatively open. All forest types here are dappled with occasional treefall gaps. But in contrast to other sites in Loreto—like Yavarí—clearings associated with the ant-inhabited treelet *Duroia hirsuta,* locally known as *supay chacras,* are practically absent (Pitman et al. 2003).

Compositionally, the AAYMP region reflects an intersection of several regional floras, but floristic work is still too rudimentary to make more than casual observations. We recorded some species that are common farther north in Colombia but relatively rare elsewhere in Loreto (*Clathrotropis macrocarpa,* Fabaceae); other species more typical of forests in Allpahuayo-Mishana (*Parkia igneiflora,* Fabaceae); and several species that we had never seen before and that are not represented in the Iquitos herbarium. Although many of the species we registered are widespread across Loreto and western Amazonia, one of the most common tree species found along the floodplain in the lower reaches of the Ampiyacu, *Didymocistus chrysadenius* (Euphorbiaceae), was absent from our sites closer to the headwaters (Grández et al. 2001).

FLORISTIC RICHNESS

Based on our field observations and collections at the three inventory sites, we generated a preliminary species list of ~1,500 species for the AAYMP region (Appendix 1). With the additional species registered on the Ampiyacu and Yaguasyacu by Grández et al. (2001), and using botanical work in areas surrounding Iquitos as a benchmark (Vásquez-Martínez 1997), we estimate a total flora for the proposed reserve of 2,500-3,500 species.

Small-scale species richness of woody plants here is perhaps the highest on Earth. Certainly it is hard to imagine a more diverse treelet inventory than the one we carried out in terra firme at Apayacu: 88 different species in 100 plants, with the most "common" species represented only three times. All three inventories of adult trees revealed similarly astonishing levels of diversity, containing an *average* of 299 species/ha. There too, most trees were extremely rare; half of the species we recorded are represented in the dataset by a single tree! Together, these inventories substantiate recent reports that these forests—and their neighbors just south of the equator in western Amazonia—are the world's richest in tree diversity (ter Steege et al. 2003).

Certain genera and families were extraordinarily species rich, while others were surprisingly species poor, compared to other sites in Amazonia. Across all three sites, diversity in the genus *Mabea* (Euphorbiaceae) was higher than at any other site we know, with at least six different species commonly found in the over- and understory, and one of these growing as a liana. Palms (Arecaceae) were especially diverse and abundant throughout the region, with 50 species recorded overall. Although not among the most diverse tree families overall, we found substantially more Clusiaceae in these forests (17 spp. in the tree plots alone) than at other known sites in Amazonia.

In the overstory, the most diverse families sampled in three 1-ha tree transects on terra firme were Fabaceae *sensu lato* (86 spp.), Lauraceae (45 spp.), and Chrysobalanaceae (38 spp.). *Licania* was the most diverse genus overall, followed by *Eschweilera* (Lecythidaceae), *Pouteria* (Sapotaceae), *Inga* (Fabaceae), *Tachigali* (Fabaceae) and two genera of Myristicaceae, *Virola* and *Iryanthera*.

Herb diversity was highest within the Marantaceae family, and *Ischnosiphon* and *Monotagma* spp. were a common feature in all of the sites, often dominating small patches of forest. A high diversity and abundance of *Paullinia* and *Machaerium* lianas offset the surprising dearth of Bignoniaceae. Compared to other sites in Amazonia, epiphytes, especially Araceae (*Philodendron, Anthurium, Rhodospatha, Heteropsis*) and fern trunk climbers (*Lygodium* spp. and *Microgramma* spp.) were abundant, although not overwhelmingly diverse.

Ficus (Moraceae), *Heliconia* (Heliconiaceae) and *Psychotria* (Rubiaceae) were noticeably underrepresented at all three of our inventory sites. In some forests, these three genera are disproportionately species-rich compared to the rest of the community, and typically their fruits and flowers support the vertebrate community during times of food scarcity. Trees in the family Sapindaceae were also poorly represented at all three sites, although we expect to find them on richer soils in the region.

HABITAT TYPES AND VEGETATION

As is typical of lowland Amazonia, small-scale variation in soil types combined with remarkably high diversity makes defining communities and habitat types a challenge. During our rapid inventory, as a rough approximation, we used drainage and gross features of the landscape to classify several broad habitat types. Many of these occurred at all sites, although a couple of habitats occurred only at a single site. We discuss the composition and structure of each habitat, following a gradient from wetter habitats towards terra firme, highlighting site-to-site variation where important.

Riverside flora (Yaguas and Apayacu)

Plant communities along riversides are perhaps the most easily defined and recognizable elements in the Amazonian landscape, as active meanders generate obvious successional sequences along banks. By Amazonian standards, the rivers in the proposed Reserved Zone are atypical, at least in our inventory sites close to the Yaguas and Apayacu headwaters. Beaches and exposed mudbanks were uncommon at both sites, with little evidence of the gradual erosion, flood dynamics, or active meanders typical of other Amazonian rivers (e.g., the Madre de Dios). Banks along the Ampiyacu and Yaguas do not appear to erode gently; instead, soil falls off in large sheets, creating steep walled causeways akin to miniature canyons. Despite the "boxy" nature of the waterways, several species could be found reliably along the mudbanks and riverside of both the Yaguas and the Apayacu.

Mudbanks often supported two or three species, dominated by a *Piper* (Piperaceae) shrub and a sedge (Cyperaceae). Oddly, no grass species were found growing here, and two infrequent sedge species were the only other species sometimes present in these exposed, highly disturbed areas.

Along the riverside, a predictable flora of water-tolerant and pioneer species occurred in several successional stages, starting with *Tabernaemontana siphilitica* (Apocynaceae) and *Annona hypoglauca* (Annonaceae) closest to the water. Behind these short-statured plants, *Triplaris* sp. (Polygonaceae) and *Cecropia latiloba* (Cecropiaceae) grew in dense aggregations, and *Calliandra* sp. (Fabaceae), at least three different species of *Inga* (Fabaceae), and a *Neea* sp. (Nyctaginaceae) dominated the stretch of riverside vegetation farthest inland. Patches of *Heliconia juruana* (Heliconiaceae), one of the few heliconias encountered during our inventory, were present throughout the understory.

Streamsides

Streams at all three sites also displayed very steep walls, suggesting a similar pattern of erosion may occur along these smaller waterways. We found many species typical of gaps (*Hyeronima, Croton;* Euphorbiaceae) in the high light environments along the streambeds. In areas of stream overflow, the ground cover was often a single species of filmy fern (Hymenophyllaceae). In the overstory along stream banks we often encountered *Sterculia* trees (Sterculiaceae), their enormous fruits bobbing slowly downstream, or more dangerously, crashing loudly downward through the vegetation and plunging into the water. Alongside *Sterculia,* the palm *Euterpe precatoria,* the tree *Tovomita stylosa* (Clusiaceae) and a *Zygia* (Fabaceae) shrub were common.

Aguajales

As elsewhere in Loreto, the AAYMP region showcases an immense variety of swamp forests. These are often lumped under the term *aguajal,* due to the frequent dominance of the palm *Mauritia flexuosa,* known locally as *aguaje* (Kalliola et al. 1998). Nevertheless, the floristic composition of *aguajales* varies from huge pure stands of *Mauritia* to small patches containing a mixture of *Mauritia* and other trees. Two swamps dominated by *Mauritia* may be totally different in the rest of their flora.

For example, a large inundated area at the Yaguas site—easily visible on the satellite image and presumably river fed—occurred close to the main course of the Yaguas. Here other palm species, including *Astrocaryum murumuru* var. *murumuru, Oenocarpus bataua,* and *Socratea exorrhiza,* were just as abundant as *Mauritia,* and the understory was varied. At the Maronal site, two swamps—small in size and invisible on the satellite image—occurred in areas flooded by streams. A thin strip of *Mauritia* filled in the central, wettest area, which was surrounded by a diverse assemblage of overstory trees and shrubs more typical of terra firme. In Apayacu, a medium-sized swamp forest at least 2 km in circumference grew in an inland basin, fed by small streams and rainwater. Here *Caraipa* (Clusiaceae) dominated the understory, and *Mauritia* was much more abundant than at the other two sites. It stands to reason that several other, floristically different *aguajales* grow in the AAYMP region; in overflights we observed large tracts of swamp forest with near-complete *Mauritia* dominance and stretches of open water. Similarly, it seems likely that the *aguajales* in this region of Loreto have substantially different flora and fauna from those that dominate large stretches of the department to the southwest, around the mouth of the Pastaza River. The blanket term *aguajal* oversimplifies the biology and dynamics of these floristically heterogeneous forests.

Floodplain forests (Yaguas and Apayacu)

Floodplain forests at the two riverine sites, Yaguas and Apayacu, are markedly different from one another. At the Yaguas site, we found a well-defined floodplain with levees, occasionally inundated areas, and near-continuously inundated areas. Along the Apayacu, the floodplain area was neither vast nor predictable; small patches of inundated forests merged seamlessly into different communities on higher ground.

On the extensive Yaguas floodplain, we typically encountered trees of *Tachigali* (Fabaceae), *Astrocaryum murumuru* var. *murumuru* (Arecaceae), *Eschweilera gigantea* (Lecythidaceae), *Ceiba pentandra* (Bombacaceae), and the beautiful orange buttresses of *Sloanea guianensis* (Elaeocarpaceae). The palm *Manicaria saccifera,* almost always occurring in clumps of two stems, was abundant in occasionally inundated areas. Typical understory species included *Oxandra xylopioides* (Annonaceae), *Rinorea lindeniana* (Violaceae), both *Protium nodulosum* and *trifoliolatum* (Burseraceae), along with two abundant species of *Sorocea* (Moraceae), both fruiting and flowering during the inventory. A small understory palm, *Hyospathe elegans* (Arecaceae), occurred in dominant patches across kilometers of the floodplain in Yaguas, in addition to prevailing in stream overflow areas in Maronal.

Terra firme hills

At all three sites the dominant vegetation type is upland forest on gently rolling hills (see above). Our 1-ha transects sampling adult trees suggest that the species composition and diversity of this forest type are quite similar at the three sites we visited, even though the farthest sites are >140 km apart. On average, 39% of the species in a transect are shared with any other transect, and 55% of trees belong to shared species. Based on these numbers, our working hypothesis is that tree community composition is relatively predictable over a large proportion of the AAYMP region. In other words, the common species shared by our transects probably dominate forests in most of the AAYMP.

Ironically, these tree communities are so diverse that almost no species are common in an absolute sense. The canopy palm *Oenocarpus bataua* (Figure 5G) was the most common tree across our inventory, but accounted for a mere 3.6% of all trees Other species that were "common" in the transects include two explosively dehiscent species, *Senefeldera inclinata* (Euphorbiaceae) and *Rinorea racemosa* (Violaceae), and several animal dispersed species: *Eschweilera coriacea* (Lecythidaceae), *Virola pavonis* (Myristicaceae), *Mabea* cf. *angularis* (Euphorbiaceae), *Iriartea deltoidea* (Arecaceae), *Protium amazonicum* (Burseraceae), and *Hevea* cf. *guianensis* (Euphorbiaceae); most of these are also common in many other sites in northern Loreto. This list of dominants is a curious mix of taxa that prefer richer soils, like *Iriartea*; taxa typical of poorer soils, like *Senefeldera* and *Hevea;* and taxa that are broad generalists, like *E. coriacea*. This compositional mix extends to rarer species as well, perhaps reflecting the fact that upland soils at these sites are intermediate between sand and clay, composed of ca. 50% silt.

Tree diversity in these forests is formidable. Our transects contained an average 299 species/ha—more tree species in a single hectare than are native to the United States. Even the lowest-diversity transect (at Yaguas, where we registered 283 species) ranks among the top ten most diverse hectares in the world. The variation in diversity between our sites vanishes when the datasets are standardized by the number of trees, suggesting that diversity is predictably high across immense stretches of upland forest here.

Quantitative inventories of understory stems revealed a similar pattern of extremely high diversity, with a handful of species shared among transects. Species common as trees were also common in the understory, including *Senefeldera inclinata, Clathrotropis macrocarpa, Virola pavonis, Mabea* cf. *angularis* and *Rinorea racemosa.* On sandier hills, *Neoptychocarpus killipii, Lepidocaryum tenue,* and *Geonoma maxima* were quite common, although often in patches, co-occurring with *Pausandra trianae,* an explosively dehiscent treelet.

A single Marantaceae species, *Monophyllanthe araracuarensis,* covered several square kilometers of terra firme at Maronal and Apayacu, carpeting more than a dozen small hills, before suddenly disappearing. Other Marantaceae genera (*Monotagma, Calathea, Ischnosiphon*) and a fern (*Adiantum* sp.) formed more modest patches in all three sites. Their patchy distributions suggest these lifeforms may respond to imperceptible small-scale soil or drainage differences, perhaps much more so than larger plants such as trees.

UNIQUE HABITATS AND UNDERSTUDIED HABITATS

Oxbow lake vegetation and large-scale *purma*

Two habitats—vegetation bordering an oxbow lake and even-aged secondary forest (*purma*)—we encountered at one inventory site only (Yaguas and Maronal respectively). However, from the satellite image it is clear that both of these habitats are found in other areas of the proposed Reserved Zone.

At the Yaguas site, a small oxbow lake, roughly 500 m in circumference and therefore invisible on the satellite image, sits 10 m from the main course of the

Yaguas River. Tree species typical of blackwater lakes grow in the shallow water along the lake edge, including dense aggregations of *Bactris riparia* (Arecaceae), and several individuals of *Macrolobium acaciifolium* (Fabaceae). *Croton* and *Hyeronima* (Euphorbiaceae) species colonized the drier high light areas, overtopping large patches of the herb *Crinum erubescens* (Amaryllidaceae).

Across the AAYMP region, as in other lowland Amazonian sites, areas of even-aged secondary forest, or *purma,* jump out as bright smears on the satellite image (Figure 2). These *purmas* occur when a dramatic sequence of unpredictable atmospheric events, or downbursts, pushes air downward with enough force to flatten patches of forest (Nelson et al. 1994). In 1985-86, travelers on the trail between the Ampiyacu and Algodón rivers near our Maronal camp noticed several small *purmas* in the area, along with one stretch so extensive that it obliterated any traces of the trail for kilometers. Seventeen years later, we found these areas overgrown with even-aged secondary forest dominated by a *Cecropia sciadophylla* (Cecropiaceae) overstory, and a *Phenakospermum guyannense* (Strelitziaceae) understory.

Unsampled habitats

Although our inventory covered a diverse range of habitats, we missed two obvious landscape features: upland terraces (see above), and the Algodón, a blackwater river dominating the northern reaches of the proposed reserve. Both of these merit in-depth inventory and protection. From the overflights, we know that large stretches of forest along the Algodón are dominated by the clonal palm *Astrocaryum jauari* and the tree *Macrolobium acaciifolium* (Fabaceae), suggesting a classic blackwater habitat with a markedly different floristic composition from the sites we visited—a distinctive habitat with high conservation value. The floristic composition of the upland terraces, and their similarity to the adjacent terra firme hills, is harder to predict. Several of these terraces occur close to the communities of Cuzco and Sabalillo along the Apayacu, so gathering information about their conservation value could be relatively straightforward.

NEW SPECIES, RARITIES, AND RANGE EXTENSIONS

Although most of the plant species we collected during the inventory are still unidentified, some have already been confirmed as new species, or significant range extensions for described species. It is difficult to confirm new tropical species quickly, because typically more than ten years pass before an unknown tropical plant collection is described as new to science. We suspect that 10-15 specimens collected during the inventory are likely new species, but can only confirm one: a new species for the monotypic genus *Cyclanthus* (Cyclanthaceae). The only described species in the genus, the well-known and broadly distributed understory herb *C. bipartitus,* has smooth bifid leaves with a broad bract cupping the spadix. The new species has a simple leaf with raised veins, and a slender spathe—twice as long as that of *C. bipartitus*—framing the spadix (Figure 5F).

Another herb, unknown to all of us, is also potentially a new species. We found this species of *Rapatea* (Rapateaceae) in the understory at several sites. Despite the distinctive appearance of its crinkled, accordion-like leaves, we have yet to find this species in herbarium collections. Additionally, we collected an unknown species of Clusiaceae with a softball-sized fruit (Figure 5E). This tree has been identified as belonging to *Lorostemon* (B. Hammel and P. Stevens, pers. comm.). This genus apparently has not been recorded previously in Peru, and the specimen may represent a new species.

Several species on our list represent range extensions for poorly known species, and at least one is not listed in the *Catalogue of the Flowering Plants and Gymnosperms of Peru* (Brako and Zarucchi 1993). Our record of *Monophyllanthe araracuarensis* (Marantaceae) is only the second for this species, and the first for Peru (Figure 5H). The only previous record of *M. araracuarensis* is the type collection from a population near the Caquetá River in Colombia.

Along the Yaguas River, we found another poorly known species, the palm *Manicaria saccifera,* growing in clumps of two individuals. Although it was common in the Yaguas floodplain, this population represents only the third record for this species in Peru. The current distribution for this species indicates a disjunction, with collections from Central America to the Chocó, and then no further records from Colombia until reaching the Guiana Shield. Our small patch of *M. saccifera* in northern Peru represents one of the southernmost parts of its distribution.

THREATS, OPPORTUNITIES, AND RECOMMENDATIONS

On a regional scale, the AAYMP area represents a tremendous opportunity to protect a vast expanse of terra firme—the dominant habitat here and throughout the Peruvian Amazon. Currently, not a single reserve in Loreto protects significant tracts of upland forest. Indeed, existing protected areas in Loreto protect several habitats that are not present in the AAYMP, such as the vast inundated forests of Pacaya-Samiria and the white sand hills of Allpahuayo-Mishana.

Despite their promise, we noted several threats to forests in the area. Our sites were located near the center of the proposed Reserved Zone, nearly equidistant from the population centers along the Ampiyacu and Apayacu to the south, and the Algodón to the north. However, even in these remote sites, we found fading scars on tapped rubber trees, stumps of felled timber trees, and the remains of temporary hunting camps.

We also found evidence of timber extraction at all three sites. The greatest destruction was at Maronal, where we found the remains of six felled trees, five of which were skidded to a stream and presumably floated downriver. The sixth was an enormous *lupuna* (*Ceiba pentandra*) with more than 22 m of valuable bole left to rot in the forest. Even though all felled trees were growing close to rivers, loggers had cleared substantial areas of forest (~10 m x 50 m) to drag the cut wood to the water. In seedling surveys of these clearings, we found only two seedlings of commercially valuable species, with the rest of the regrowth (more than 1,000 individuals) dominated by fast-growing weedy species.

Populations of the most valuable timber trees in Loreto seem naturally rare in these forests (*Cedrela* spp., *Cedrelinga cateniformis*, and *Swietenia macrophylla*). Nevertheless, roughly 30% of the trees in our upland tree transects belong to other genera that have some commercial value as sawnwood in Loreto (fide Dolanc et al. 2003). Without a small number of valuable species that can help focus management, designing and carrying out non-destructive and sustainable logging practices will be a challenge in these forests.

If areas adjacent to the proposed reserve are to be logged, we recommend active management based on informed cutting limits—specifically, prohibiting the logging of pre-reproductive individuals. Species of *cedro* (*Cedrela* spp.), *tornillo* (*Cedrelinga cateniformis*, Figures 5A, B), and *lupuna* (*Ceiba pentandra*) often do not reproduce until their diameters are greater than 80 cm (C. Vriesendorp, pers. obs.; Gullison et al. 1996).

Furthermore, few of these timber species regenerate without active reforestation, involving planting seedlings and subsequently clearing lianas and herbs from these juveniles as they grow. Several indigenous communities, including Brillo Nuevo and Pucaurquillo, are already reforesting close to populated centers, potentially alleviating pressures on timber species in the long term (M. Pariona, pers. comm.; see "Human Communities").

FISHES

Authors/Participants: Max H. Hidalgo and Robinson Olivera

Conservation targets: Diverse fish communities in rivers, lakes, and streams, and in smaller aquatic habitats of the forest interior; entire watersheds of three large rivers (the Apayacu, Yaguas and Ampiyacu); commercially and evolutionarily important species, including *Arapaima gigas* (*paiche*) and *Osteoglossum bicirrhosum* (*arahuana*); commercially important migratory species, like *Zungaro zungaro* (*zungaro*) and *Pseudoplatystoma fasciatum* (*doncella*), which are fished intensively elsewhere in Amazonia; numerous ornamental species, like *Monocirrhus polyacanthus* (*pez hoja*) and *Boehlkea fredcochui* (*tetra azul*), some of them potentially new to science; rare species like *Thalassophryne amazonica* (*pejesapo*)

INTRODUCTION

The Amazon lowlands, the largest natural region of Peru, are drained by an immense aquatic network of countless lotic (rivers, streams, and creeks) and lentic (lakes, or *cochas*) habitats. Because these aquatic habitats are divided into basins and sub-basins, and interact with vegetation to create a large number of habitats and micro-habitats for fish, diversification has been impressive. Roughly 750 fish species have been recorded for the region, which accounts for 87% of the freshwater ichthyofauna of Peru (Chang and Ortega 1995). Peru's continental ichthyofauna is expected to exceed 1,100 species once the many poorly explored headwater regions and minor basins—like the Apayacu, Yaguas, and Ampiyacu rivers—have been studied (Ortega and Vari 1986).

This inventory focused on fish communities in the headwaters of these three rivers. At a larger scale, these rivers correspond to two major watersheds: that of the Putumayo River (Yaguas) and that of the Amazon itself (Ampiyacu and Apayacu). Our principal goals were to collect basic information on the fish of a poorly explored site (taxonomic composition, structure and distribution), observe and document the conservation status of aquatic habitats in the region, and make scientific collections from an area that is of interest to conservation.

Information regarding previous inventories in this region is scant. Historically, the Ampiyacu River has played an important role in South American ichthyology, because Cope's research in the 19th century led to the description of several new species collected in Pebas (Cope 1872, 1878). We were also fortunate to have species lists from recent inventories by Graham (2002) and Schleser (2000) in some tributaries of the Apayacu River. And because inventories similar to this one have recently been carried out in the Yavarí (Ortega et al. 2003a) and Putumayo Rivers (Ortega and Mojica 2002), we were able to make some basic comparisons of the ichthyofaunas of these regions of Loreto.

METHODS

In each of the three campsites we inventoried fish communities for five days, with the help of a local guide. We established between nine and twelve sampling stations at each campsite, for a total of 32 (Appendix 2). At each station we recorded GPS coordinates, noted basic habitat characteristics, and collected fish. At all three campsites, access to the habitats we sampled was primarily by trail, but in Apayacu we used a *peque-peque* boat.

Selection of the sampling stations

We selected the sampling stations based on habitat type, quality, size, and accessibility, as well as other logistical considerations. The stations cover a broad spectrum of aquatic habitats, including primary tributaries (rivers and streams), lentic habitats (lakes and temporary pools in the forest interior, sometimes called *tahuampas* locally), and aquatic habitats in uplands and low-lying areas, principally *Mauritia* palm swamps. Of the 32 stations evaluated, 27 were lotic habitats (rivers and streams) and five lentic (three *tipishcas*, or oxbow lakes still connected to the main river, one temporary pool in the forest at the Yaguas site, and one oxbow lake). Thirteen stations were whitewater, 11 clearwater, and eight blackwater.

In the large rivers we were able to establish several different sampling stations, but in streams we established just one. We sampled nine stations in the

Yaguas and Apayacu rivers, four of them in *tipishcas* and five on the banks of the main river.

Given the time of year and the field conditions, we were not able to sample inundated floodplain forest. This is a very important habitat for the reproduction of commercially important species, particularly some large catfish like *doncellas* and various species of Characidae, Curimatidae, *bocachicos* and *lisas*. Lentic habitats (lakes) were also undersampled. We did not visit the Algodón River basin, which remains a blank spot on the map for ichthyology and deserves significant attention.

Fish collections and analysis

We collected fish with nets measuring 5 x 1.8 m and 4 x 1.2 m, with netting of 5 and 2 mm respectively, sweeping the nets along the banks. At each station we repeated the sweeps until we obtained a representative sample (until all microhabitats had been sampled and the collected species began to repeat themselves). We made occasional use of hook and line to record large food species. We also made diurnal and nocturnal observations of the clear- and blackwater sites, to identify species that could not be captured.

We fixed collections immediately in a 10% formol solution, leaving them in solution for a minimum of 24 hours. We then transferred them to 70% ethyl alcohol. We made preliminary identifications in the field using standard keys (Eigenmann and Allen 1942, Géry 1977) and our experience from other fish inventories in Amazonian Peru, especially on the Yavarí River (Ortega et al. 2003a).

Because New World freshwater fishes (especially Amazonian fishes) are still poorly studied, phylogenetic relationships of many groups remain unresolved, and classifications are often tenuous, preventing the accurate identification of several groups. During the rapid inventory it was possible to identify a good proportion of the material to species; the remainder we identified to genus, subfamily, or family, and sorted to morphospecies, as is standard in such inventories (e.g., Chernoff 1997). More precise identifications will be made in the Ichthyological Department of the UNMSM Natural History Museum, and in consultation with specialists in other institutions. We deposited all collections at the UNMSM Natural History Museum in Lima.

DESCRIPTION OF STUDY SITES

Yaguas

Here we established nine stations, including the 40 m wide Yaguas River, a blackwater lake, a large whitewater stream, and a variety of aquatic habitats in the forest interior. These included small blackwater creeks and temporary pools connected to the river at floodlevel. The Yaguas River is a tributary of the Putumayo, with whitewater that is a creamy brown color, poorly transparent, rich in nutrients and suspended sediments, and with a soft, sand and silt bed. Few banks are exposed, and the beaches we found were steeply angled (45-60°). The main channel appeared to be at an intermediate stage between high- and low-water, and had an average depth of 5 m. Following a light rain of a few hours, the water level rose a few meters.

Maronal

At this site we were deep in upland forest, and all 11 stations sampled were forest creeks under a closed canopy. The majority of these habitats had clear water that was slightly greenish and totally transparent, with few suspended sediments, intermediate pH, and variable levels of nutrients, although a few tended towards blackwater. Three additional stations were blackwater and two others whitewater. The main stream in the vicinity of this campsite, collector of most of the small upland creeks here, is the Supay. Roughly 15 m across, the Supay is a lotic, blackwater tributary of another stream that empties into the Ampiyacu River.

The other streams studied at this campsite were smaller than 5 m across, with very narrow banks and soft bottoms composed mostly of organic matter: leaf litter, and many submerged trunks and roots. Several had deep holes and underwater tunnels, which provided a large number of microhabitats for fish. These streams are strictly rainfed, and their water level rises and falls quickly following even moderate rains. Some of the sampling stations established at this site were small, apparently seasonal pools (some no larger than 1 m^2) in low-lying areas, especially in *Mauritia* palm swamps.

Apayacu

At this third campsite, the main habitat we studied was the Apayacu River. The Apayacu is similar to the Yaguas but slightly narrower (<40 m across). It is a whitewater river lined by steep, narrow banks, and with a bottom of sand and organic matter. Here we were able to explore more of the river's large tributaries than in Yaguas, because we had a motorboat. The largest tributaries were deep and very similar to the main river in their steep banks, which made sampling a challenge. The type of water in these habitats varied from clearwater to whitewater to black. We sampled ten lotic habitats and two lentic ones.

RESULTS

Species diversity and community structure

We collected some 5,000 fish specimens during the rapid inventory, resulting in a preliminary list of 207 species, 111 genera, 33 families, and 11 orders (see Appendix 3). Adding other food fish registered by the social team in the indigenous communities they visited (Figure 6H) brings the number of species recorded during the inventory to 219. Including results from previous inventories by Graham (2002) and Schleser (2000) brings the number of species known from the AAYMP region to 289. Of these, 56% have been identified to species, while the remainder require more study (40%) or are potentially new to science (~5%).

More than 75% of the species we registered are smaller than 10 cm long as adults. The most abundant of these are species of the family Characidae (~40% of the individuals) with value as ornamentals. Among the larger, commercially important fish we found *Arapaima gigas* (*paiche*), *Osteoglossum bicirrhosum* (*arahuana*, Figure 6B) and *Cichla monoculus* (*tucunaré*); there are also reports of *Colossoma macropomum* (*gamitana*), *Piaractus brachypomus* (*paco*), *Pseudoplatystoma fasciatum* (*doncella*), and *Brachyplatystoma filamentosum* (*saltón*).

Sixty-two percent of the species we registered belong to ten families in the order Characiformes (129 species), and 80% of these belong to the family Characidae (103). The second most diverse order was Siluriformes, with 22% of the total species diversity (46 species). Of the nine families in the Siluriformes, Loricariidae was the most diverse, with 17 species—8% of the ichthyofauna and 37% of the catfish we recorded in the inventory. The other nine orders and 31 families represent only 15% of all species. This overwhelming dominance in diversity of Ostariophysi species (Characiformes, Siluriformes, and Gymnotiformes) is typical of many other watersheds in the Peruvian Amazon (Chang 1998, de Rham et al. 2000, Ortega et al. 2001, 2003a, 2003b).

Diversity by site and by habitat

Of the three campsites we visited in the inventory, Yaguas had the most species (131). Maronal had 79 and Apayacu 112 species. In Yaguas we also found the most diverse sampling stations of the inventory, mostly in the Yaguas River. In one station in the main channel we recorded 43 species and in another, a *tipishca*, we recorded 39 species.

Whitewater habitats were the most diverse in fishes, especially the main channels and *tipishcas* of the Yaguas and Apayacu rivers. Next highest in diversity were blackwater habitats. In Yaguas we found a blackwater stream with 35 species (the second highest diversity at the site). The only lake we studied had 32 species.

In Maronal, blackwater habitats were the most diverse, with a mean of 21 species and a maximum of 30 per station. Clearwater habitats averaged 20 species. In Apayacu, the different types of water had very similar diversities; clearwater (the most common), whitewater and blackwater all had very diverse stations (up to 35 or 36 species).

Because of the season, we did not find areas of flooded forest as large as those encountered on the Yavarí River by Ortega et al. (2003a). As a result, in Yaguas and Apayacu lotic habitats were the most diverse and few lateral habitats were available to study. In Maronal, the stream network we studied corresponded to the microbasin of the Supay Stream and was not affected by flooding on the Ampiyacu River. Water level of these small streams is very much influenced by rainfall, allowing them to flood lateral habitats in upland forest and providing new microhabitats for fish. This may explain the high number of species found for the site (79).

Compositional similarity among campsites

Only 15% of the species recorded in the inventory (31 species) were found at all three sites. Fifty-nine percent (123 species) were found at only one site (50, 25, and 24% of the species found at Yaguas, Maronal and Apayacu, respectively). The two sites in the Amazon watershed (Maronal and Apayacu) were more similar to each other than to the site in the Putumayo watershed (Yaguas). Yaguas and Maronal shared 25% of their species; Yaguas and Apayacu 29%; and Maronal and Apayacu 35%. When Maronal and Apayacu are lumped and compared to Yaguas—to compare the Amazon and Putumayo basins—the similarity is 32%.

Interesting records

Moenkhausia hemigrammoides is confirmed as a new record for Peru, and some 15 other species, mostly in the genera *Hemigrammus, Hyphessobrycon, Moenkhausia* and *Jupiaba,* are possibly new as well. Some of these were also registered in the recent inventory of the Yavarí River (Ortega et al. 2003a).

Perhaps five species are new to science. These include electric fish in the genus *Gymnotus* (Figure 6E), pimelodid catfish like *Cetopsorhamdia,* and a few characids.

We found a variety of species that are valuable as ornamentals and that are restricted to a few watersheds in Loreto, like *Boehlkea fredcochui* (*tetra azul*) and *Monocirrhus polyacanthus* (*pez hoja*, Figure 6C). Another interesting record is *Thalassophryne amazonica* (*pejesapo*), a rare species that is poorly represented in the collections at the UNMSM Natural History Museum in Lima.

In the creeks at Maronal we found several small individuals of fish that grow to be very large. One example is a catfish found in a creek not more than 5 m across, inside a submerged palm trunk, which was first identified as the large game fish *zungaro* (*Zungaro zungaro*). More recent work suggests it may instead be a new species for Peru in the genus *Pseudopimelodus.*

DISCUSSION

Regional diversity

The Ampiyacu, Apayacu, Yaguas, and Medio Putumayo (AAYMP) region has one of the most diverse fish communities of the Peruvian Amazon. Comparable inventories elsewhere have registered 310 species in the Putumayo basin (Ortega and Mojica 2002), 240 species in the Yavarí basin (Ortega et al. 2003a), 232 species in the Tambopata-Candamo basin (Chang 1998), 210 species in the Manu basin (Ortega 1996), ~200 species in the Pachitea basin (Ortega et al. 2003b), 156 species in the lower Urubamba basin (Ortega et al. 2001), 105 species in the Heath basin (Ortega and Chang 1992), and 93 species in Cordillera Azul (de Rham et al. 2000). Our conservative estimate for the ichthyofauna of the AAYMP region is between 400 and 450 species.

We made some basic comparisons of diversity and composition between the AAYMP region and the closest inventories, those in the Yavarí and Putumayo. The AAYMP inventory recorded fewer species than the Yavarí inventory (207 vs. 240 species, respectively). In both areas, the Characiformes and Siluriformes dominate community structure, with more than 80% of species. The compositional similarity between the two regions is roughly 50%.

By contrast, the AAYMP region shares only 35% of its species with the list of 310 species reported for the Putumayo basin (Ortega and Mojica 2002). These results are very interesting, because there are at least two reasons to expect a greater similarity between the AAYMP region and Putumayo than between the AAYMP region and Yavarí. First, the Yaguas River was the most diverse site in the AAYMP inventory, and it is a tributary of the Putumayo. Second, both the AAYMP and the Putumayo are north of the main Amazon, while the Yavarí River is south of it.

Although ours is just a preliminary inventory, the available information suggests that the relatively short distance between the mouths of the Ampiyacu, Apayacu, and Yavarí (~300 km) allows a greater interchange of fish species between these rivers than between the first two and the much more distant Putumayo. This may be especially important for some small species in the Characiformes and Siluriformes (the dominant taxa), which might find the broad Amazon a geographic barrier for large-scale migration between other aquatic habitats.

The lower similarity between the Putumayo basin and the AAYMP region may also be due to the addition of taxa in the Putumayo that are typical of its northern (Colombian) tributaries and not present in Peru. Indeed, some 30 new fish species for Peru were discovered during the recent inventory of the Putumayo (H. Ortega, pers. comm.).

More rigorous explanations for these patterns will require additional research in systematics, community ecology, species distributions, and biogeography, as well as year-round exploration of the poorly known basins in this region. The region spanning the Ampiyacu, Apayacu, Yaguas, Medio Putumayo, and Yavarí river basins may have the highest diversity of freshwater fish in Peru. At a larger scale, the Loreto region probably has the highest diversity of freshwater fish in Peru, because of the large number of important tributaries and vast extensions of flooded forest there (Chernoff et al. in press, Ortega et al. 2003a, de Rham et al. 2001, Hidalgo 2003).

Conservation importance

Apart from its remarkable diversity of fish, the AAYMP region includes an impressive variety of well-preserved aquatic habitats, especially in the headwaters, that deserve protection. The proposed conservation area includes several aquatic habitats that play key roles in the dynamics of fish communities, and in the migration, reproduction, and feeding of numerous economically and ecologically important species.

Present and potential threats to the region include unmanaged logging, which intensifies soil erosion, impoverishing aquatic habitats and microhabitats for fish. Overfishing of food and ornamental fishes by commercial fishermen, without regard for minimum sizes, net sizes, or harvest limits, is also a threat to commercially important species. The continuous use of toxic substances to catch fish, particularly *barbasco* and *huaca*, has negative effects in aquatic habitats in the short and long term.

Establishing integrated management of these basins is a high priority, and will be especially effective if the proposed conservation area includes entire watersheds. For this reason, we recommend that any protected area established in the area include the complete watersheds of the Yaguas and Algodón rivers.

AMPHIBIANS AND REPTILES

Authors/Participants: Lily O. Rodríguez and Guillermo Knell

Conservation targets: Intact herpetological communities in upland forests; species traditionally hunted for food (like *Leptodactylus pentadactylus*, large frogs in the genus *Osteocephalus*, and caimans) or for commerce (like land tortoises, black and white caimans, and the aquatic turtles *Chelus fimbriatus*, and *Podocnemis sextuberculata*; restricted-range species

INTRODUCTION

There have been several herpetological studies of the region between the Putumayo, Napo and Amazon rivers over the last 25 years, but this inventory is the first to work in the heart of the region, and the first to study reptiles and amphibians of the Yaguas River valley. Much of the previous work in the surroundings of the proposed Reserved Zone, on the lower Ampiyacu River (Lynch and Lescure 1980, Lescure and Gasc 1986) and in forests along the Napo River (Rodríguez and Duellman 1994), focused on floodplain or *várzea* habitats. Additional research between 1995 and 2002 at the Sabalillo biological station on the lower Apayacu River has also provided a great deal of herpetological information (D. Graham, D. Roberts, R. Bartlett, R. Hartdegen, C. Yánez Miranda, pers. comm.).

Our inventory focused on the amphibians and reptiles of upland forests. The distinction is important, especially in the Ampiyacu and Apayacu watersheds, where the herpetofauna we found in the headwaters shows some marked differences from the herpetofauna known from the floodplain forest on the lower stretches of these rivers. For example, the largest and most common frog in Amazonia (*Bufo marinus*) occurs in the lower watershed but was not spotted in the headwaters.

METHODS

We spent 16 days and a total of 140 sampling hours in the three sites visited by the inventory team. G. Knell carried out most of the field work, working at all three sites during the inventory, making observations on the herpetofauna at the second site during its construction the week before the inventory, and collecting information on commercially important species in the communities of Cuzco and Sabalillo, on the lower Apayacu. L. Rodríguez only sampled the third site. During the inventory, other members of the team contributed additional collections and observations.

In the field, we relied on opportunistic observations and collections. We walked trails, riverbanks and streambanks during the day and at night, collecting or field-identifying animals by direct observation or songs. Among the microhabitats we paid special attention to were occasional pools in low-lying areas of the floodplain forest, clearings and tree-fall gaps (including the heliports), leaf litter, the bases of buttressed trees, and the branches and bracts of dead palms.

Field-identified species were photographed and released. We collected hard-to-identify species for further study by taxonomic specialists. The collection of 66 animals will be deposited in the Natural History Museum in Lima.

RESULTS

Diversity

We registered 64 amphibian and 40 reptile species during the inventory (Appendix 4). This is more than half of the 115 amphibian species known from Iquitos (Rodríguez and Duellman 1994). Because of their more secretive habits, we registered only 21% of the 194 reptile species of the Iquitos region (Lamar 1998); this is a reasonable proportion for a rapid inventory and indicates a healthy reptile community. That more than half of the Iquitos region's megadiverse amphibian fauna can be registered in the AAYMP region in just 16 days is an indication of the very high conservation value of these forests for herpetofauna.

Among the amphibians, we found especially remarkable diversity in the genera *Osteocephalus* (eight species) and *Eleutherodactylus* (13). The diversity of *Osteocephalus* is the highest ever recorded for a single region, and confirms earlier suggestions about the conservation importance of this region (Rodríguez 1996, Figure 7F).

Despite the impressive diversity in some groups, we did not find a number of frog species that are typical of floodplain or swamp habitats. Small frogs in the genus *Scinax* and *Hyla* were notably absent; these have explosive reproduction and are generally abundant in puddles and ephemeral pools. The low diversity of these genera is an important contrast with anuran communities in the Yavarí River valley (Rodríguez and Knell 2003), the Putumayo region, and the lower Ampiyacu basin. The range-restricted species *Eleutherodactylus aaptus* and *E. lythrodes* were not recorded either, which suggests that they may be restricted to floodplain forests in these watersheds and are rare or absent in the uplands.

New species and other notable records

At least two of the 64 amphibian species we recorded are likely new to science. Among the eight sympatric species of *Osteocephalus* we collected a medium-sized frog that appears to be new (Figure 7F). We also found what a taxonomic specialist believes to be an undescribed species of *Oscaecilia* (M. Wake, pers. comm.), a rare genus of caecilian or blind snake with only two species known from Peru (Figure 7D). Caecilians are legless, fossorial amphibians whose biology and geographic distribution are poorly known; in Peru only 15 species have been recorded.

Among the dendrobatids, we identified three species of *Colostethus*. The first, *C. trilineatus*, we collected only in the Yaguas camp; the other two, including a taxon similar to *C. trilineatus* but larger and with a yellow throat, were collected at Maronal. We did not find *C. melanolaemus*, described recently from the ACEER biological station, a locality along the Napo (some 30 km south of our Apayacu camp), and also recorded on the Yavarí; perhaps it is a floodplain species not present in the uplands.

Two records represent significant range extensions. *Osteocephalus mutabor*, known from the Pastaza River, has been recorded very close to the Ecuadorean border on the Napo River (Duellman and Mendelson 1995). *Lepidoblepharis hoogmoedi* is a lizard known from Tabatinga in Brazil, near the confluence of the Putumayo and Amazon rivers. These records suggest a common origin of the herpetofauna found throughout the headwaters of the Pastaza, Napo, and Putumayo rivers, in a region that stretches from the Andean foothills in Ecuador to the Ampiyacu and Yaguas in Peru.

Among the reptiles we found the rare false coral snake *Rhinobotrium lentiginosum* (Figure 7C), which has been registered very sparsely in Peru. Our collection may be just the third on record. *Atractus* cf. *snethgeleae* and the two species of *Micrurus* are also rare records, generally from *várzea* forests.

Highlights of the sites surveyed

Yaguas

At this site we found the largest number of reptiles and common floodplain species. The most common species in our first camp were toads in the *Bufo typhonius* complex. Most of the individuals recorded were juveniles and belonged to the morphospecies *B. typhonius* sp. 1. The dendrobatid *Colostethus trilineatus* was very abundant and active both in the morning and in the afternoon, and the leptodactylid *Eleutherodactylus altamazonicus* was spotted several times on nocturnal walks close to camp. Common species close to streams and seasonal pools included *Leptodactylus petersi* and *L. pentadactylus*, and hylids like *Hyla calcarata*.

The most interesting record at this camp was the new caecilian in the genus *Oscaecilia* (Figure 7D), discovered one night feeding on worms in the middle of a rainstorm. We also found two individuals of the colubrid snake *Xenopholis scalaris* close to a palm swamp, two species of *Micrurus*, and five species of *Anolis*.

Maronal

This was the inventory's most interesting site, given the number of rare upland taxa we found. Among the most interesting records are *Hyla albopunctulata* and the new species of *Osteocephalus* (Figure 7F), which was found in a small depression in the forest. The most common species were two toads in the *Bufo typhonius* complex, sp. 1 and sp. 2, which were observed both day and night sleeping on plants about a meter above the ground. Several dendrobatids were common, including *Epipedobates femoralis, E. hahneli, Dendrobates amazonicus, D. tinctorius igneus*, and an unidentified *Colostethus*. *Osteocephalus deridens* was common in low-lying areas, where it sang from bromeliads more than 2 m above the ground. *Hyla marmorata* and *H. geographica* were also sighted here several times. In hillier areas, *Osteocephalus taurinus* and *O. buckleyi* were among the most common species. We also found *Phyllomedusa atelopoides*, the only terrestrial species in the genus.

Anolis nitens scypheus was sighted commonly in the leaf-litter during our walks. This lizard has one of the largest body sizes and one of the smallest geographic ranges of its group.

Apayacu

The biggest surprise here was the absence of *Bufo marinus*, even though our camp was on the banks of the Apayacu River. Arboreal frogs in the genus *Osteocephalus*, like *O. planiceps, O.* cf. *yasuni*, and *O. cabrerai*, were the most common species here. *Hyla geographica* was very common close to creeks and streams, while along the river bank and in forest pools it was common to find *Hyla boans, Leptodactylus petersi, L. pentadactylus,* and *Physalaemus petersi.*

In a 500-m stretch of the river one night we observed nine dwarf caimans (*Paleosuchus trigonatus,* Figure 7A). The boa *Corallus hortulanus* (Figure 7B) was sighted here on two occasions, also close to the river.

RECOMMENDATIONS

Protecting the sites we visited will ensure the long-term conservation of an intact upland herpetofauna in a global epicenter of amphibian and reptile diversity. The most important current threat is deforestation. Because the three sites we visited were primarily upland forest, where several commercially important timber species grow, future management plans for timber extraction in the region should focus on maintaining conditions for the herpetological community, like soil and leaf litter moisture, and light and temperature levels at the soil surface.

Apart from continuing with the inventory of the regional herpetofauna, we recommend studies that focus on arboreal groups and species apparently restricted to upland forests. We also recommend surveys during the dry season to determine the use and impact of local communities on populations of the threatened aquatic turtles *Podocnemis expansa, P. unifilis, P. sextuberculata* and *Chelus fimbriatus*. Equally important is documenting the conservation status of large caiman populations, especially the black caiman (*Melanosuchus niger*). If any of these populations show evidence of overhunting, local communities should implement recovery plans to complement the establishment of new protected areas.

BIRDS

Authors/Participants: Douglas F. Stotz and Tatiana Pequeño

Conservation targets: Five species endemic to northwestern Amazonia: Fiery Topaz *(Topaza pyra),* Salvin's Curassow *(Crax salvini),* Dugand's Antwren *(Herpsilochmus dugandi),* Ochre-striped Antpitta *(Grallaria dignissima),* and Red-billed Ground-cuckoo *(Neomorphus pucheranii),* and 18 others known in Peru only north of the Amazon; diverse terra firme forest community; game birds, expecially the Nocturnal Curassow *(Nothocrax urumutum),* Salvin's Curassow *(Crax salvini),* Pale-winged Trumpeter *(Psophia crepitans);* large hawks, including Harpy Eagle *(Harpia harpyja)* and hawk-eagles *(Spizaetus* spp.)

INTRODUCTION

Peru's northern Amazonian lowlands remain undersurveyed for birds, even in areas close to the city of Iquitos. North of the Amazon and east of the Napo, relatively few sites have been well surveyed, and all of these are fairly close to these major rivers.

The town of Pebas at the mouth of the Ampiyacu River was a well-known collecting locality in the 1800s. Important collections there included those of Castelnau and Deville, Barlett, and Hauxwell. Apayacu, near the mouth of the Apayacu River, has been visited by a variety of ornithologists during the last century. The largest collection from this site was by the Olallas, who were in the region from December 1926 to February 1927 (T. Schulenberg, pers. comm.).

Teams of ornithologists from Louisiana State University worked in the region during the early 1980s. They visited three localities north of the Amazon and east of the Napo, including the lower Sucusari River, an east-bank tributary of the Napo; the Quebrada Oran, a north-bank tributary of the Amazon east of the Napo; and the Yanayacu River, another east-bank tributary of the Napo. Capparella (1987) lists the species collected at these sites. Cardiff (1985) reported significant records from the Sucusari (and another locality on the right bank of the Napo), including three species new for Peru. The Sucusari was worked subsequently much more thoroughly by Ted Parker.
T. Schulenberg has created an unpublished database

with records from these five localities, which we used for comparison with our findings.

METHODS

Our protocol consisted of walking trails, looking and listening for birds. Observers departed camp between one hour before and shortly after first light. We were typically in the field until mid-afternoon, returning to camp for lunch, after which we returned to the field until sunset. Observers occasionally remained in the field through the day, and sometimes returned to camp well after dark. We attempted to walk separate trails each day to maximize coverage of all habitats in the area. At Yaguas, we did not visit more distant parts of the trail system, more than 5 km from camp. Similarly, at Maronal, trails to the *purma* and the Quebrada Supay were undersurveyed.

We took point-count censuses of birds at each of the three camps. In these censuses, we recorded all birds seen or heard during fifteen minutes at eight consecutive points along a trail, 150 m apart. We initiated point counts shortly after first light, and typically finished by 8:30 AM, within three hours of local sunrise. All birds detected were noted, regardless of their distance from the survey point. We concentrated these surveys in forest habitats, but we attempted to locate different series of point counts in the different types of forest found at each camp. We obtained 32 point counts at the Maronal and Apayacu camps, and 24 at Yaguas.

Both observers carried a tape recorder and microphone on most days to record bird sounds, to document species occurrences, and for playback to confirm identifications. We kept daily records of the number of each species observed. In addition, we compiled a daily list of species encountered during a round-table meeting of all observers each evening. This information, along with point count data, was used to estimate relative abundances of species at each camp. Observations from others in the inventory team, especially D. Moskovits, supplemented our records.

RESULTS

Diversity

We found 362 species of birds during the rapid inventory (Appendix 5). The vast majority of these (more than 300) are forest species. Terra firme forest had the most diverse avifauna, with 216 species; an additional 23 species were along streams in upland forest. The other forest species were only in low-lying forests along the rivers, or in palm swamps. At Yaguas we found 272 species, at Maronal 241, and at Apayacu 301.

The five localities discussed in the introduction of this chapter have a combined species list of 515 species. We found 16 species that had not been recorded at those sites. Because they are all on or near large rivers, those sites include a number of habitats that were not present in our survey. We estimate that about 490 species will be found in the region with more complete surveys, including larger stretches of riverine habitat. Most of these additional species are either uncommon or are associated with riverine habitats that were poorly represented at the sites we visited. Only about 20 of the additional species expected are true forest species. An additional 40 species could be expected within the proposed Reserved Zone, if the area surveyed were expanded to include areas along much larger rivers (the Putumayo, or perhaps the lower Algodón), river islands such as exist on the Putumayo, or areas of extensive *várzea* forest.

Species composition, distributions, and conservation status

The avifauna of the AAYMP region is typically Amazonian, and most species are widespread.
The northwestern corner of Amazonia has been identified as an area of endemism (Napo Center, Cracraft 1985), extending south to the Amazon River and north and east to the Vaupes River. We found five species that are restricted to this area: Fiery Topaz (*Topaza pyra,* Figure 8E), Salvin's Curassow (*Crax salvini*), Red-billed Ground-Cuckoo (*Neomorphus pucherani*), Dugand's Antwren (*Herpsilochmus dugandi*), and Ochre-striped Antpitta (*Grallaria dignissima,* Figure 8F). The ranges

of an additional 11 species that we found are restricted to north of the Amazon, and seven other species occur in Peru only north of the Amazon, but cross the Amazon farther east in Brazil. All of these species use forest habitats.

We found no species considered to be globally threatened by the IUCN (Birdlife International 2000). Only one of the species we observed, the widespread but always rare Harpy Eagle (*Harpyja harpia*), is treated as near-threatened by IUCN. In general, the large ranges of Amazonian birds, plus the existence of extensive forest, means that Amazonian birds are not at immediate risk of extinction. One species that occurs in the region but that we did not register during the inventory, the Wattled Curassow (*Crax globulosa*), is critically endangered. It could occur on river islands and in extensive areas of *várzea* in or near the proposed Reserved Zone. Historically, it was collected near Pebas.

Several of the birds we encountered are on Peru's threatened species list. Harpy Eagle (*Harpia harpyja*) is considered endangered, while King Vulture (*Sarcoramphus papa*), Blue-and-yellow Macaw (*Ara ararauna*), Scarlet Macaw (*Ara macao*), Red-and-green Macaw (*Ara chloroptera*), Chestnut-fronted Macaw (*Ara severa*), and Red-bellied Macaw (*Ara manilata*) are considered vulnerable. Salvin's Curassow (*Crax salvini*), Maroon-tailed Parakeet (*Pyrrhura melanura*), Blue-headed Parrot (*Pionus menstruus*), Yellow-crowned Parrot (*Amazona ochrocephala*) and Mealy Parrot (*Amazona farinosa*) are listed with an indeterminate status. None of these species appears to be under any serious threat.

Notable records

Although this part of the Peruvian Amazon has been poorly surveyed for birds, we did not encounter any species that were completely unexpected. We did find a few species that are very poorly known in Peru. Most notable are three species that Álvarez and Whitney (2003) treated as specialists on nutrient-poor soils: *Nyctibius bracteatus, Lophotriccus galeatus,* and *Conopias parva.* As noted by the botanical team, the area surveyed is intermediate in nutrient level. This region appears to have no white-sand soils, and the streams are not classic blackwater streams. The tie between these species and very nutrient-poor soils appears tenuous. We found none of the classic white-sand specialists discussed by Álvarez and Whitney (2003), which include four species newly described to science, and seven other species not previously reported from Peru. Other poorly known species that we found include Fiery Topaz (*Topaza pyra,* Figure 8E), Sapphire-rumped Parrotlet (*Touit purpurata*), and Collared Gnatwren (*Microbates collaris,* Figure 8B).

DISCUSSION

Habitats and avifaunas at surveyed sites

At all three sites, the dominant habitat was terra firme forest on poor clay soils, with low-lying, poorly drained areas and a number of small forest streams scattered throughout. At Maronal and Apayacu, we surveyed moderately hilly terra firme forest extensively. This habitat was not found close to camp at Yaguas and received less attention from us there. At Yaguas, the upland forests we surveyed were mainly on old floodplain terraces above the annual flood level. The Yaguas and Apayacu camps lay alongside whitewater rivers sufficiently broad to open up the canopy. The Yaguas River creates a narrow floodplain forest while the upper Apayacu does not. At Maronal, none of the streams were more than a couple of meters wide, and did not open up the canopy. A small oxbow lake at Yaguas and small *aguajales* (palm swamps) at Yaguas and Apayacu provided additional habitats at these camps that were absent at Maronal.

Yaguas

The river and nearby oxbow lake at Yaguas provided the most distinctive element of the avifauna at this site. However, bird communities in these habitats were depauperate by Amazonian standards, even recognizing the small extent of available habitat. There were very few water birds. The only heron seen during the inventory was Rufescent Tiger-heron (*Tigrisoma lineatum*); two other species were recorded the week before the inventory, while the camp was being constructed. Three species of kingfishers, Green Ibis (*Mesembinibis cayennensis*), Sungrebe (*Heliornis fulica*), Hoatzin (*Opisthocomus hoazin*), and Gray-necked Wood-Rail (*Aramides cajanea*) were the only other waterbirds recorded here. Diversity of other typical riverside birds was also low. Among the species absent were Ladder-tailed Nightjar (*Hydropsalis climacocerca*), Gray-crowned Flycatcher (*Myiozetetes granadensis*), several species of swallows, Blue-gray Tanager (*Thraupis episcopus*), Yellow-browed Sparrow (*Ammodramus aurifrons*), and seedeaters (*Sporophila* sp.). Point counts in the riverine forest were the least diverse, although the numbers of individuals per point was comparable to other sites.

<u>Maronal</u>

The avifauna at Maronal was essentially a terra firme forest community. Small forest streams added to the diversity but were too small to introduce a significant riverine species component. A few species usually associated with river edges or human perturbation, such as Yellow-tufted Woodpecker (*Melanerpes cruentatus*) and Rufous-throated Woodcreeper (*Dendrexetastes rufigula*), occurred here in the abundant treefalls, especially on the ridgetops. Along the forest streams we found a few species that typically occupy transitional, but not terra firme forests, like Plumbeous Antbird (*Myrmeciza hyperythra*) and Wire-tailed Manakin (*Pipra filicauda*). We also found Long-billed Woodcreeper (*Nasica longirostris*), a typical riverside bird, to be common here, even occurring in the ridgetop forests. Its abundance was surprising, as we had anticipated that it would be absent from the site.

We observed a single Harpy Eagle (*Harpia harpyja*) in flight by the heliport, our only record at any of the three camps. Given the wide extent of intact forest and good populations of arboreal mammals, it seems likely that the large eagles are more widespread in the region than our single observation might suggest. Variegated Antpitta (*Grallaria varia*, Figure 8C), previously known in Peru only from the Sucusari River, was present at Maronal, and we found a nest (Figure 8D, see below).

Another interesting find at Maronal was the overlap of two species of *Malacoptila*. We found White-chested Puffbird (*Malacoptila fusca*) regularly, and recorded Rufous-necked Puffbird (*Malacoptila rufa*) on one occasion. For the most part several species of *Malacoptila* replace one another parapatrically in western Amazonia and along the slopes of the Andes. However, this species pair was also found together along the Yanayacu River by an LSU expedition in 1983, and they have been found together at other sites, like the Morona and the mouth of the Curaray rivers (T. S. Schulenberg, pers. comm.). These two species appear to be broadly sympatric across much of northern Peru. The details of their interactions remain to be discovered.

Another species pair with an intricate distribution pattern in the region are two species of *Terenura* antwrens. At Maronal, we observed and tape-recorded Ash-winged Antwren (*Terenura spodioptila*), a species poorly known in Peru. It has been collected at Güeppí, and Ted Parker observed it at the Sucusari River. However, the more southerly Chestnut-shouldered Antwren (*Terenura humeralis*) has been recorded at several sites north of the Amazon and east of the Napo River.

<u>Apayacu</u>

The Apayacu site bordered the Apayacu River, but as in Yaguas, the complement of riverine birds was small. If anything, the riparian avifauna at this site was less diverse than at Yaguas, lacking such birds as Undulated Tinamou (*Crypturellus undulatus*), Hoatzin (*Opisthocomus hoazin*) and Lesser Kiskadee (*Pitangus lictor*). Along much of the river, the forest was typical terra firme with typical terra firme birds. The terra firme forest bird community was better represented here than at Yaguas, but not as complete as at Maronal. A small *aguajal* here provided sightings of Point-tailed Palmcreeper (*Berlepschia rikeri*), still known from only a handful of localities in Peru, and Sulphury Flycatcher (*Tyrannopsis sulphurea*), two species typically found in association with *Mauritia* palms.

The most notable species we found at Apayacu were Rufous Potoo (*Nyctibius bracteatus*) and Helmeted Pygmy-Tyrant (*Lophotriccus galeatus*). Álvarez and Whitney (2003) mention three specimen records in Peru for the *Nyctibius* in addition to three of their own records from west of Iquitos. One of these specimens comes from near the mouth of the Apayacu River; we tape-recorded a bird immediately behind the Apayacu camp early on the morning of 15 August. *Nyctibius bracteatus* remains poorly known, although records have multiplied dramatically since its voice was confirmed near Manaus in the early 1990s.

The pygmy-tyrant was fairly common at Apayacu, and we tape-recorded three individuals. Álvarez and Whitney (2003) suggest that this species, by occupying nutrient-poor areas, is able to occur in sympatry with its widespread congener, Double-banded Pygmy-Tyrant (*Lophotriccus vitiosus*). Although we first found this species within the *aguajal* at Apayacu, it also occurred regularly within the terra firme forest. We never recorded the two species within hearing distance of each other, but it did not appear that *L. galeatus* was restricted to particularly unusual microhabitats at this camp. Similarly, in central Brazil near Manaus, this species occurs together with *L. vitiosus* at some forest sites (Willis 1977).

Comparisons among sites

Of the 362 species we registered, 169 were present at all three camps. Yaguas and Apayacu had 227 species in common; Maronal and Apayacu had 204 in common; and Yaguas and Maronal had the fewest species in common: 183. We found 39 species only at Apayacu, 27 only at Yaguas and 16 only at Maronal. Longer surveys might reduce the observed differences among camps. However, there were striking differences, not just in species presence and absence, but also in abundance. For example, some of the most common understory antbirds at Maronal, such as Plain-throated Antwren (*Myrmotherula hauxwelli*), Sooty Antbird (*Myrmeciza fortis*), Spot-backed Antbird (*Hylophylax naevia*), and Rufous-capped Antthrush (*Formicarius colma*), were less common at Apayacu, and uncommon or rare at Yaguas. Yaguas also lacked several species of ground-walking antbirds that were at least moderately common at the other two sites: Black-faced Antthrush (*Formicarius analis*), Striated Antthrush (*Chamaeza nobilis*), Variegated Antpitta (*Grallaria varia*), and Chestnut-belted Gnateater (*Conopophaga aurita*). On the other hand, Ruddy Pigeon (*Columba subvinacea*) was more common than Plumbeous Pigeon (*Columba plumbea*) at Yaguas; at Maronal, where *Columba plumbea* was common, we recorded *C. subvinacea* only once; and at Apayacu, *C. subvinacea* was not as rare, but it was much less common than *C. plumbea.*

Some of the species absent at Maronal are a reflection of the lack of riverine habitats at the site. Among the more common species of riverine forests at the other two camps that were absent at Maronal are Pauraque (*Nyctidromus albicollis*), Fork-tailed Palm-Swift (*Tachornis squamata*), Blue-crowned Motmot (*Momotus momota*), Black-fronted Nunbird (*Monasa nigrifrons*), Striped Woodcreeper (*Xiphorhynchus obsoletus*), Streaked Antwren (*Myrmotherula surinamensis*), Drab Water-Tyrant (*Ochthornis littoralis*), Greater Manakin (*Schiffornis major*), several swallows, and Silver-beaked and Masked Crimson Tanager (*Ramphocelus carbo* and *R. nigrogularis*).

Less easily explained are species like Citron-bellied Attila (*Attila citriniventris*) and White-crowned Manakin (*Dixiphia pipra*), which were fairly common in terra firme at Yaguas and Apayacu, but not found in that habitat at Maronal. The *Attila* situation was especially complicated. At Yaguas we found *Attila spadiceus* in the riverine forest and *A. citriniventris* in the rest of the forest. At Apayacu, *A. citriniventris* likewise occurred fairly commonly in the terra firme forest, but *A. spadiceus* was less tied to the riverine forests, occurring uncommonly throughout the forest. At Maronal, where one might expect the terra firme species *A. citriniventris*, we had only *A. spadiceus*.

One feature shared by all three sites was the lack of any significant human disturbance (see "Sites Visited by the Biological Team"). As a result, a number of open-habitat species typically found in most Amazonian sites were absent at all three sites. Many of the species that occupy human-created disturbance in Amazonia also occupy the open areas along rivers (e.g., *Tyrannus melanocholicus, Ramphocelus carbo*). Some of these species were present at Yaguas and Apayacu. Because of its lack of a river as well as human perturbation, the avifauna at Maronal stands out in its total lack of this ubiquitous element of the Amazonia avifauna. Of the 166 species listed by Stotz et al. (1996) as typical of disturbed habitats, we found only four (*Piaya cayana, Glaucidium brasilianum, Chaetura brachyura,* and *Dacnis cayana*) at Maronal. Twenty-one additional species were recorded at the other camps. Even this number is small compared to most Amazonian sites. For example, on the Yavarí inventory, where the habitat was relatively undisturbed, Lane et al. (2003) recorded 37 of these species.

Comparison with Yavarí inventory

The Yavarí rapid inventory in April 2003 recorded 400 species of birds (Lane et al. 2003), while we recorded 362 in the AAYMP rapid inventory. This slight difference in species richness masks a marked difference in the species composition of these two regions. The Yavarí inventory recorded 122 species that we did not encounter in the AAYMP inventory. Most of these species (51) are associated with riverine and other aquatic habitats that were rare at the sites we visited in the AAYMP region. Twenty additional species recorded in Yavarí but not in the AAYMP only occur as migrants in the region, and 18 represent species that are replaced by closely related species in the AAYMP region (Table 1). Five others are birds whose ranges do not extend as far northwest as the AAYMP (but which do not have an obvious replacement species there), and seven use second-growth habitats that were essentially non-existent at the sites we visited during the AAYMP inventory. The absence of the remaining 21 species from the AAYMP inventory shows no obvious geographic or ecological reason and may reflect a sampling artifact.

In contrast, 57 of the 83 species found on the AAYMP inventory but not at Yavarí are terra firme forest species. Although some of these terra firme species may be in the Yavarí region, the numbers suggest marked differences in the forest avifaunas of the two regions.

Table 1. Bird species replacing each other between the AAYMP region and the Yavarí River valley (Lane et al. 2003).

Genus	AAYMP	Yavarí
Crax	*salvini*	*tuberosum*
Odontophorus	*gujanensis*	*stellatus*
Psophia	*crepitans*	*leucoptera*
Pyrrhura	*melanura*	*picta roseifrons*
Pionites	*melanocephala*	*leucogaster*
Galbula	*albirostris*	*cyanicollis*
Malacoptila	*fusca*	*semicincta*
Thamnomanes	*ardesiacus*	*saturninus*
Thamnomanes	*caesius*	*schistogynus*
Terenura	*spodioptila*	*humeralis*
Gymnopithys	*leucaspis*	*salvini*
Grallaria	*dignissima*	*eludens*
Conopophaga	*aurita*	*peruviana*
Pipra	*erythrocephala*	*rubrocapilla*
Thryothorus	*coraya*	*genibarbis*
Tachyphonus	*cristatus*	*rufiventer*
Lanio	*fulvus*	*versicolor*
Icterus	*chrysocephalus*	*cayanensis*

Reproduction

Many insectivorous passerines had older juveniles accompanying them. This, together with generally low levels of singing, suggests that for the most part the main breeding season had ended fairly recently. There were a few younger chicks as well; for example, a Marbled Wood-Quail (*Odontophorus gujanensis*) was accompanied by two downy chicks at Maronal. However, we found a few birds actively nesting. We found a nest of *Grallaria varia* with two eggs just outside our camp at Maronal on 10 August (Figure 8D). This is one of the few nests of this species that have been found and the first found in Peru. A female Reddish Hermit (*Phaethornis ruber*) had nearly completed building a nest on the underside of a *Geonoma* palm leaf, and a pair of Paradise Jacamars (*Galbula dea*) was excavating a hole in an arboreal termite nest at Maronal. A pair of Mouse-colored Antshrikes (*Thamnophilus murinus*) had almost finished building a nest at Yaguas. A few other species were seen carrying nesting material, including Moustached Antwren (*Myrmotherula ignota*) and Gray-crowned Flycatcher (*Tolmomyias poliocephalus*) in Yaguas, and Screaming Piha (*Lipaugus vociferans*) at Maronal. We were not specifically looking for breeding evidence and, these data may significantly understate the level of nesting occurring.

Migration

There was little evidence that migrants were present at the time of our survey. Only a few austral migrants were recorded, including Vermilion Flycatcher (*Pyrocephalus rubinus*) and Crowned Slaty-Flycatcher (*Empidonomus aurantioatrocristatus*). A single Piratic Flycatcher (*Legatus leucophaius*) at Yaguas probably represents a migrant from the south as well. We saw a migrant Streaked Flycatcher (*Myiodynastes maculatus* subspecies *solitarius*) at Maronal, while at Yaguas the sole record was an individual of the resident population (nominate *maculatus*). Boreal migrants were essentially absent. The ichthyologists saw an unidentified shorebird (probably Spotted Sandpiper, *Actitis macularia,* or Solitary Sandpiper, *Tringa solitaria*) along the river at Apayacu. The most interesting migrant we sighted was an unidentified *Catharus* thrush (probably Gray-cheeked, *C. minimus*) that Pequeño saw in the forest at Apayacu on 18 August. This is extremely early for any of this genera to have reached South America. They typically arrive in numbers toward the end of September, and the earliest records for the genus in South America of which we are aware are 4 September in Colombia for Veery (*Catharus fuscescens*; Dugand 1947), and 25 September, also in Colombia, for Swainson's Thrush (*Catharus ustulatus*; Paynter 1995).

While the small number of migrants we observed is largely a function of season, the lack of extensive open habitats and broad rivers also plays a role. Immediately following the inventory, in five days of casual observation along the Amazon river in Iquitos, we observed seven species of austral migrants, and six species of boreal migrants.

Abundance patterns

While all camps showed relatively typical forest avifaunas, there were notable differences among the camps in the abundance of some groups; other groups were notable for being consistently rare or abundant. We found game birds (guans, curassows, trumpeters, and tinamous) common at all three camps, but especially so at Yaguas, where we observed Salvin's Curassow (*Crax salvini*) daily in pairs along the river. Despite the relative abundance of cracids, Speckled Chachalaca (*Ortalis guttata*) was absent from any of the survey sites—another example of the poor diversity of riverine and second-growth species. We found parrots in good but not particularly notable numbers at all of the camps. Among the macaws, only Blue-and-yellow (*Ara ararauna*) and Red-bellied (*Ara manilata*) were particularly common. Both species use *Mauritia* palms regularly, and these palms were abundant in the region. Blue-headed Parrots (*Pionus menstruus*) and *Amazona* parrots seemed low in numbers. Orange-cheeked (*Pionopsitta barrabandi*) and Black-headed Parrots (*Pionites melanocephala*) greatly outnumbered *Pionus* and *Amazona* at all camps. Among the smaller parrots, only Maroon-tailed Parakeet (*Pyrrhura melanura*) was very common.

Antbirds that follow army-ant swarms, especially Sooty Antbird (*Myrmeciza fortis*), White-plumed Antbird (*Pithys albifrons,* Figure 8A), Bicolored Antbird (*Gymnopithys leucaspis*), and Hairy-crested Antbird (*Rhegmatorhina melanosticta*), were well represented at all camps, and unusually common at Maronal. We regularly encountered both *Eciton burchellii* and *Labidus praedator* swarms at all of the camps. Strangely, woodcreepers that follow ants were rare at all camps.

We focused considerable attention on mixed-species flocks. The understory flocks led by *Thamnomanes* antshrikes were very common. However, flock diversity tended to be low. In much of Amazonia, four species of *Myrmotherula* antwrens typically co-occur in understory flocks (*M. menetriesii, axillaris, longipennis* and one species of dead-leaf specialist). At all three camps, only Gray Antwren (*M. menetriesii*) and White-flanked Antwren (*M. axillaris*) occurred in most flocks. Long-winged Antwren (*M. longipennis*) was uncommon to rare at Yaguas and Maronal, and unrecorded at Apayacu. While we found three species of dead-leaf specialist *Myrmotherula* (Stipple-throated Antwren, *M. haematonota;* Ornata Antwren, *M. ornata*; and Rufous-tailed Antwren, *M. erythrura*), all were rare and seldom seen in mixed-species flocks. Other groups, such as woodcreepers, furnariids, and flycatchers were similarly found in low diversity in most understory flocks.

Canopy flocks were even more uncharacteristic of other sites in Amazonia. While we recorded nearly all the expected canopy flocking species, we rarely found independent canopy flocks. Typically common canopy flock species, such as Dusky-capped Greenlet (*Hylophilus hypoxanthus*), Forest Elaenia (*Myiopagis gaimardi*), Fulvous Shrike-Tanager (*Lanio fulvus*), and Chestnut-winged Hookbill (*Ancistrops strigulatus*) were usually found either alone in the canopy or accompanying understory flocks. Contributing to the general paucity of canopy flocks was the relative rarity of many of the frugivorous and nectivorous tanagers (*Tangara, Cyanerpes, Dacnis, Hemithraupis flavicollis,* etc.).

Use of *Symphonia globulifera*

In general, understory hummingbirds (mainly hermits, *Phaethornis* sp. and Fork-tailed Wood-Nymph, *Thalurania furcata*) were present in good numbers, although the complete lack of Straight-billed Hermit (*Phaethornis bourcieri*) was somewhat unexpected. Nearly all of the canopy hummingbirds we recorded, except for Black-eared Fairy (*Heliothryx aurita*), were birds foraging at the flowers of the canopy tree *Symphonia globulifera* (Clusiaceae). We found these trees scattered through the forest at each of the camps, mostly in low-lying areas with standing water, typically attracting several species of hummingbirds as well as various species of tanagers, especially the more nectivorous genera: *Chlorophanes, Cyanerpes* and *Dacnis*. In addition, we saw Black-headed Parrot (*Pionites melanocephala*) and Maroon-tailed Pakakeet (*Pyrrhura melanura*) eating *Symphonia* flowers. In Table 2, we provide a list of all the bird species seen using *Symphonia* flowers during the inventory.

The most significant species we saw at the *Symphonia* flowers was the hummingbird Fiery Topaz (*Topaza pyra,* Figure 8). We saw (and tape-recorded) males behaving territorially in *Symphonia* trees at Yaguas and at Apayacu. This species is poorly known throughout its range. Our records fall into a gap in the known range between eastern Ecuador and adjacent Amazonian Peru and southeastern Colombia, along the Vaupes River. The Ecuadorian birds have recently been described as a subspecies distinct from the nominate form in eastern Colombia, southern Venezuela, and northwestern Brazil (Hu et al. 2000). In the absence of specimens, the subspecific identity of the birds we saw remains in doubt.

Table 2. Birds observed foraging in flowering *Symphonia globulifera* trees in the rapid inventory. Letters in the third column refer to the three sites visited: Yaguas, Maronal and Apayacu.

Common Name	Scientific Name	Observed at
Maroon-tailed Parakeet	*Pyrrhura melanura*	M
Black-headed Parrot	*Pionites melanocephala*	Y
Gray-breasted Sabrewing	*Campylopterus largipennis*	Y,A
Black-throated Brilliant	*Heliodoxa schreibersii*	Y,A
Fiery Topaz	*Topaza pyra*	Y,A
White-necked Jacobin	*Florisuga mellivora*	Y,A
Fork-tailed Woodnymph	*Thalurania furcata*	Y,M,A
Rufous-throated Sapphire	*Hylocharis sapphirina*	A
Purple Honeycreeper	*Cyanerpes caeruleus*	Y,M,A
Short-billed Honeycreeper	*Cyanerpes nitidus*	M,A
Green Honeycreeper	*Chlorophanes spiza*	Y,M,A
Paradise Tanager	*Tangara chilensis*	Y
Green-and-gold Tanager	*Tangara schrankii*	Y
Yellow-bellied Tanager	*Tangara xanthogastra*	Y
Opal-rumped Tanager	*Tangara velia*	A
Opal-crowned Tanager	*Tangara callophrys*	Y

THREATS, OPPORTUNITIES AND RECOMMENDATIONS

Principal threats

The principal threat for birds in the AAYMP region is habitat destruction, especially deforestation, given the largely forest-based avifauna of the region. With the high densities of game birds and the presence of some of the species most sensitive to hunting (curassows and trumpeters), the introduction of significant hunting into the region would have noticeable impacts on the populations of these species. Continued subsistence-level hunting in the lands used by the native communities should not impact the populations of these birds negatively in the area we surveyed. We expect that the greatest potential for negative impacts would be along the river courses that provide relatively easy access to parts of the region. The fact that Salvin's Curassow (*Crax salvini*) appears to concentrate in the riverine forests may put this species especially at risk from hunting.

Opportunities for conservation

There is little protected area north of the Amazon River in Peru. Given the significant biogeographic turnover in crossing the Amazon, the AAYMP area provides an important opportunity to protect this rich, different avifauna. As the area surveyed is largely terra firme forest on clay soils that is almost completely undisturbed, it also provides a tremendous opportunity to protect a significant expanse with the most diverse bird community. Currently, none of the protected areas in northern Peru cover a significant extent of terra firme forest on either side of the Amazon.

The region can also act as a resource bank (source populations of hunted species) for native communities in surrounding areas. A protected area within the region will be crucial to provide resident native communities with long-term continuity of their traditional lifestyles.

Recommendations

Protection and management

Some large river islands and large oxbow lakes within the proposed Reserved Zone should receive strict protection or at least protection from deforestation. Although extending the area receiving strict protection to include all or nearly all of the Yaguas drainage improves the representation of riverine habitats, Yaguas is a small river that appears to lack key habitats associated with larger rivers. The Putumayo has many large oxbows and islands visible on satellite images. The Algodón River has some oxbows, but appears to lack islands. These two drainages seem to have the best potential for finding high-quality examples of aquatic habitats that otherwise would be lacking in the area slated for strict protection.

Rivers provide both access and resources in the less used part of the region. Recognizing this reality, we might consider continued use of these areas by the communities along the Apayacu and Ampiyacu drainages and perhaps southern tributaries of the Algodón, even as the surrounding areas are strictly protected. This might be granted in exchange for stricter protection for some important sites in the lower drainages that contain habitats not otherwise represented in the headwaters of these rivers. The difficulty would lie in enforcement of protection, and success would rest on thorough participation of the local communities in stewardship of the region.

Additional inventories

The Putumayo River needs to be surveyed for its biological resources as soon as possible. This large river is almost completely unknown on both the Peruvian and Colombian sides, but has a distinctive set of habitats associated with it. The area along and near the Putumayo has large oxbows and the river itself has large islands; these islands in other drainages have proven to have a distinct, specialized, restricted-range avifauna. The oxbow lakes and islands should be inventoried and examples of each that are of high quality should receive strict protection. In surveying the

Putumayo River, the possibility that populations of the endangered Wattled Curassow (*Crax globulosa*) exist on islands in the river should be evaluated carefully.

We also recommend surveys of any large oxbow lakes in the area. In the area we surveyed and in the headwaters region generally, there are no large oxbows. They do exist elsewhere in the proposed area of the Reserved Zone, and have the potential to contribute a significant number of additional bird species not represented in the uplands or along the small rivers that would be protected in the headwater region.

In our surveys, we did not encounter any sandy-soil areas. Such areas may not exist within the area of the proposed Reserved Zone. However, if there are areas of sandy soil, especially white sand with *varillal* (typical white-sand vegetation), these should be surveyed. Such areas have significant endemic biodiversity elsewhere in northern Peru (see Álvarez and Whitney 2003).

Research

There was substantial variation among sites in diversity and abundance of terra firme forest understory bird communities. Research on the nature and causes of this variation would help us identify areas of terra firme forest most effective in preserving good examples of terra-firme communities.

We also recommend studies on the population dynamics of Amazonian game birds under various levels of hunting. This region would be a good place for such a study, given the presence of local populations with variable degrees of access to the headwaters region.

MAMMALS

Authors/Participants: Olga Montenegro and Mario Escobedo

Conservation targets: *Saguinus nigricollis,* a range-restricted primate; the giant armadillo *Priodontes maximus,* considered Endangered by the IUCN; large primates threatened by hunting across much of their geographic range, especially *Alouatta seniculus, Cebus albifrons, Lagothrix lagothricha, Callicebus torquatus* and *Pithecia monachus*; carnivores, especially in the families Canidae (*Atelocynus microtis*), Felidae (*Leopardus pardalis, Panthera onca*) and Mustelidae (*Lontra longicaudis*); *Tapirus terrestris,* the largest terrestrial mammal in Amazonia, considered Vulnerable by the IUCN; *Artibeus obscurus* and *Sturnira aratathomasi*, two frugivorous bats important as seed dispersers and considered Near Threatened by the IUCN

INTRODUCTION

Little is known about the mammal fauna of the Amazon-Napo-Putumayo interfluvium. Apart from a few primate studies in the Napo watershed (Aquino and Encarnación 1994, Heymann et al. 2002), the mammal literature for this area of the Peruvian Amazon is nearly nonexistent. Some limited work has been carried out in the region, but there are no published species lists for mammals. For example, the Sabalillo research station on the Apayacu River provides only a list of species potentially present in the area (Project Amazonas 2003).

The scarcity of mammal inventories in the region means that distributional limits of some species are still poorly known north of the Amazon River. For example, the distribution maps of primates like *Callimico goeldii, Saguinus fuscicollis* and *Saguinus tripartitus* given by Aquino and Encarnación (1994) and Rylands et al. (1993) mark the Amazon-Napo-Putumayo interfluvium as a question mark.

In this chapter we present results of the rapid mammal inventory of the Ampiyacu, Apayacu, Yaguas, and Medio Putumayo (AAYMP) region in two parts: non-volant mammals (terrestrial, arboreal, and aquatic) and bats. We compare mammal abundance and diversity at our three inventory sites, highlight notable records, and emphasize important conservation targets.

METHODS

Non-volant mammals

We concentrated our efforts on large mammals, as we did not have enough time to sample small terrestrial mammals adequately. We used a combination of direct observation and indirect evidence, such as tracks and other signs of mammal activity (feeding remains, dens, scrapes on trees), to sample along trails varying in length from 2 to 14.4 km. These trails crossed through the majority of habitats at each site.

We conducted both diurnal and nocturnal surveys, generally accompanied by a guide from the local communities. Our diurnal surveys typically began between 6 and 7 AM, and extended until 5 or 6 PM. We walked slowly along the trails (at ~1 km/hour), scanning the vegetation from the canopy down to the ground and recording the presence of terrestrial and arboreal mammals. On some occasions we followed animals to confirm their identity and estimate group size. We also listened for vocalizations and other non-visual clues indicating the presence of mammals. For each observation, we noted the species, time of day, number of individuals, perpendicular distance to the trail, and for individuals sighted in trees, their height above the ground.

Other researchers in the inventory team, especially D. Moskovits, C. Vriesendorp, T. Pequeño, D. Stotz, G. Knell, A. del Campo, I. Mesones, and M. Ríos, as well as our guides from the local communities, also contributed mammal observations to the list.

To compare mammal abundances among the three inventory sites, we estimated relative abundance of signs or tracks of terrestrial mammals per kilometer. For each trail, we recorded the presence of tracks only once. For primates with sufficient observations we estimated the encounter rate per kilometer using the total distance surveyed at each site. We did not estimate abundance for species recorded only a few times.

Bats

To capture bats we used mist nets of different lengths (6.9 x 2.6 m, 12 x 2.9 m). We sampled bats in terra firme forest, *Mauritia flexuosa* swamps (*aguajales*), and seasonally flooded forests, and in microhabitats including streams, treefall gaps, and fruiting trees. Before opening the nets at each site, we noted the habitat type, predominant vegetation, and current weather conditions. To capture bats in the subcanopy we used a pulley system to raise mist nets up to 15 m above the ground. We searched for bat roosts during the day, and installed nets at these sites when possible.

We typically opened the mist nets between 5:30 and 9 PM, noting the time the nets were opened and the time each individual bat was captured. We checked the nets constantly, and transferred captured bats in cloth bags to the campsite for identification. We identified bats using the keys in Pacheco and Solari (1997) and Tirira (1999). Once identified, the animals were released.

We calculated capture effort and success for each site with the number of nights, hours, and nets worked. We express capture effort in number of net-hours, calculated as the product of the number of nights, hours, and nets used at each site (Montenegro and Romero 1999).

RESULTS

We recorded 39 non-volant mammal species and 21 bat species, for a total of 60 species (see complete list in Appendix 6). Based on distribution maps for Peruvian mammals, we estimate at least 119 species for the region.

Non-volant mammals

<u>Species recorded</u>

The non-volant mammals registered in the inventory span ten orders, 19 families, 36 genera, and 39 species. In addition to the species listed in Appendix 6, we have indirect evidence of two other species, although we could not confirm their presence. In Yaguas we heard vocalizations of a nocturnal monkey which we suspect may be *Aotus vociferans*, based on the geographic distribution of this species. In addition, communities along the Apayacu River reported the recent capture of a manatee (*Trichechus inunguis*) in the lower part of the river, which they say is an infrequent occurrence. We did not include the manatee in our inventory list, but highlight it here as an important point for the distribution and conservation of this vulnerable species.

There are 460 species of mammals reported for Peru (Pacheco et al. 1995) and 119 of these (25.8%) are likely found in the proposed Reserved Zone. Of these, 72 are non-volant, indicating that the 39 non-volant mammals we observed represent 54.2% of the mammals potentially present in this region of Peru. The 33 expected species that we did not record during the inventory are mostly small mammals, like rodents and marsupials, which are difficult to detect without a longer-term trapping effort. For medium and large mammals, almost all groups were well represented in our inventory. We observed ten of the 13 primate species expected, three of the four armadillos, and all four even-toed ungulates (Artiodactyla). Carnivores were the exception, as we recorded only seven of the 15 expected species. Nonetheless, the inventory registered a majority of the medium and large mammals predicted to occur within the proposed Reserved Zone.

Interesting records

Of all the species we observed, *Saguinus nigricollis* has the most restricted geographic distribution. In Peru, this small primate occurs only in the Putumayo-Amazon interfluvium (Aquino and Encarnación 1994). Its distribution is similarly narrow outside of Peru, including only neighboring areas in Ecuador, Colombia, and Brazil (Eisenberg and Redford 1999). Aquino and Encarnación (1994) distinguish two subspecies, *S. n. nigricollis* and *S. n. graellsi*. The former is more common, and, based on its reported geographic distribution, is the one we recorded in the proposed Reserved Zone.

We also observed *Saguinus fuscicollis*, a species previously unconfirmed in the area, according to Aquino and Encarnación (1994). This species occurs in Peru south of the Napo and Amazon rivers, and in Colombia north of the Putumayo River, where it has been reported from La Paya National Park (Polanco et al. 1999), but its distribution in the Napo-Amazon-Putumayo interfluvium remained a question mark. Interestingly, *S. fuscicollis* is much more abundant elsewhere in its range than it is here, where we found it significantly outnumbered by *S. nigricollis*.

Among the larger primates, we expected to encounter *Ateles belzebuth*, at least at the more remote and less impacted Yaguas site. However, we found no evidence of the species at any of the sites, suggesting that strong hunting pressure in the past may have caused local extinctions, or population declines, as reported by Aquino and Encarnación (1994) for other areas in Loreto.

We also documented a surprisingly low density of *Alouatta seniculus*, a widely distributed large primate that is generally abundant in forests with low hunting pressure. In the proposed Reserved Zone, we registered this species only infrequently, and mostly via vocalizations. Our only direct observation was at the Yaguas site, where we expected to find larger populations. It is possible that the two largest primates (*Ateles belzebuth* and *Alouatta seniculus*) suffered substantial hunting pressure in this area in the past.

In contrast to the surprising scarcity of large primates, we found substantial ungulate populations in the area, particularly near the Yaguas River (see below). This is especially noteworthy for tapirs (*Tapirus terrestris*), given their typically low population densities and propensity to disappear quickly from heavily hunted areas. The density of tapirs in the Yaguas site is probably the highest ever recorded anywhere. Tracks were very common, and our team made 11 direct observations in just two weeks. These direct observations include those of the inventory team and those of the team who built the campsite the week before our visit. We observed tapirs during the day and at night, on the trails, in the Yaguas River, and at a natural clay lick on its banks. At Yaguas we also encountered large groups (~ 500 individuals) of white-lipped peccaries (*Tayassu pecari*).

Species of special interest to conservation

In addition to the giant armadillo (*Priodontes maximus*) considered Endangered (EN) under IUCN criteria (IUCN 2002) several of the species observed during the rapid inventory are globally important conservation targets.

Saguinus nigricollis is not currently present in any Peruvian protected area, underscoring the need to establish a reserve between the Napo and Putumayo rivers (Aquino and Encarnación 1994). Apart from the species' precarious conservation status, its biology and ecology remain almost entirely unknown (Eisenberg and Redford 1999).

Large primates, including *Alouatta seniculus* and *Lagothrix lagothricha*, are hunted for food across the Peruvian Amazon, both for subsistence and commercially. Although not listed by the IUCN (2002), *Lagothrix lagothricha* is listed as a threatened mammal of Peru (Pacheco 2002). Both INRENA (until 1999) and Pacheco (2002) consider *L. lagothricha* an endangered species. Both *Lagothrix lagothricha* and *Alouatta seniculus* are considered Vulnerable in the most recent classification by INRENA (1999). The subspecies of woolly monkey present in the proposed Reserved Zone is *L. l. lagothricha*, distributed along the northern margin of the Napo River and not safeguarded in any of Peru's protected areas (Pacheco 2002).

Large carnivores typically have low population densities and, in some species, have been subjected to intense hunting pressure. This is the case for both jaguars (*Panthera onca*) and river otters (*Lontra longicaudis*), which are globally listed by the IUCN as Near Threatened (NT) and Vulnerable (VU) respectively. The river otter is considered in danger of extinction in Peru, and its current fragmented distribution reflects extensive hunting during 1960-66 (Pulido 1991, Pacheco 2002).

Tapirs (*Tapirus terrestris*) are more vulnerable to overhunting than are smaller species primarily because of their low reproductive rates, long intervals between generations, and longevity (Bodmer et al. 1997). Even under moderate hunting pressure, tapir populations can decline rapidly (Bodmer et al. 1993).

Comparison among inventory sites

We found the greatest number of non-volant mammals in the headwaters of the Yaguas River (30 species), followed by Maronal (28) and the headwaters of the Apayacu (26).

Relative abundances differed among sites for the majority of mammals. For the bulk of the terrestrial mammals and three primates, the greatest relative abundances were recorded at Yaguas (Table 3), including an unusually high abundance of tapirs (*Tapirus terrestris*). White-lipped peccaries were abundant in Yaguas as well, as evidenced by widespread tracks, and a group of approximately 450-500 individuals observed near a *Mauritia* swamp. Brocket deer (*Mazama* spp.), pacas (*Agouti paca*), woolly monkeys (*Lagothrix lagothricha*), squirrel monkeys (*Saimiri sciureus*), and tamarins (*Saguinus nigricollis*) were also more abundant at Yaguas than at the other sites. Yaguas was the only site where we saw tracks of giant anteaters (*Myrmecophaga tridactyla*) and coatimundis (*Nasua nasua*). Of the three inventory sites, Yaguas appears to be the best conserved.

Many of the species seen at the Yaguas site were also seen at Maronal, but often at slightly lower relative abundances. An exception was the greater evidence of jaguar (*Panthera onca*) at Maronal, including fresh tracks on several trails. Another typically rare species, the short-eared dog (*Atelocynus microtis*) was also recorded at Maronal. We found tracks, and one member of the team (D. Moskovits) saw an individual during the inventory. Members of the Bora community also saw an individual on two occasions at Maronal while opening the trails prior to the inventory.

The Apayacu site had not only the fewest mammal species, but also the lowest relative abundances for the majority of recorded mammals. The two armadillo species—the common *Dasypus novemcinctus*, and the giant armadillo *Priodontes maximus*—were an exception; their dens were similarly abundant at all three sites (Table 3).

Both in Maronal and Apayacu we found evidence of previous hunting, including old hunting camps and mammal skulls. In Maronal we found white-lipped peccary (*Tayassu pecari*) and paca (*Agouti paca*) skulls along the banks of the Supay Stream. In Apayacu we found woolly monkey (*Lagothrix lagothricha*) skulls. There is clearly greater pressure on mammal communities along the Apayacu than at the other sites, as hunters from the communities downriver often hunt and fish in the area. Not only did the site exhibit lower abundances of mammals, but the mammals in Apayacu appeared more furtive and skittish than those at the other sites.

Table 3. Relative abundances of mammal tracks and sightings at the three study sites.

Species	Local name	Relative abundance of tracks (Number of tracks/km)		
		Yaguas	Maronal	Apayacu
Agouti paca	paca	0.522	0.235	0.156
Atelocynus microtis	short-eared dog		0.034	
Cabassous unicinctus	southern naked-tailed armadillo	0.080	0.101	
Dasyprocta fuliginosa	black agouti	0.040	0.067	0.117
Dasypus novemcinctus	nine-banded armadillo	0.843	1.006	0.938
Eira barbara	tayra	0.040	0.034	
Leopardus pardalis	ocelot	0.201		
Lontra longicaudis	southern river otter	0.067	0.078	
Mazama americana	red brocket deer	0.723	0.436	0.078
Mazama gouazoubira	grey brocket deer	0.161	0.034	
Myoprocta pratti	green agouchy	0.040	0.067	0.039
Myrmecophaga tridactyla	giant anteater	0.161		
Nasua nasua	South American coati	0.040		
Panthera onca	jaguar	0.080	0.101	
Pecari tajacu	collared peccary	1.566	0.268	0.156
Priodontes maximus	giant armadillo	0.361	0.302	0.313
Tapirus terrestris	lowland tapir	2.530	0.704	0.469
Tayassu pecari	white-lipped peccary	0.281	0.034	
Species	**Local name**	**Frequency of sightings (Number of sightings/km)**		
		Yaguas	Maronal	Apayacu
Cebus albifrons	white-fronted capuchin monkey	0.110	0.131	0.035
Lagothrix lagothricha	common woolly monkey	0.164	0.098	0.035
Pithecia monachus	monk saki monkey	0.055	0.098	0.070
Saguinus nigricollis	black-mantle tamarin	0.411	0.262	0.210
Saimiri sciureus	squirrel monkey	0.137	0.066	0.035

Bats

Species recorded

We captured 50 bats belonging to four families, five subfamilies, 11 genera, and 21 species (Appendix 6). Our list includes species captured nocturnally and diurnally, and species observed during the day but not captured, such as *Rhynchonycteris naso*, seen along the banks of the Yaguas and the Apayacu, roosting in branches of fallen trees. Bat species encountered during this inventory represent 13.8% of the 152 bat species reported for Peru (Pacheco et al. 1995).

Interesting records

During the rapid inventory we captured a small bat in the family Vespertilionidae and the genus *Myotis*, which does not resemble any of the known species within this genus, and could be a new species. A detailed revision of the captured individual and comparison with museum collections is necessary to confirm this as a new species.

We captured a large *Sturnira* with characteristics that match those of *Sturnira aratathomasi*, a species previously reported only from sites at higher altitudes. *S. aratathomasi* is a poorly known species, and there are few museum collections. It is known from Andean sites in Colombia (Peterson and Tamsitt 1968, Alberico et al. 2000) and Venezuela (Soriano and Molinari 1984), and collections exist from an unknown location in Ecuador (Soriano and Molinari 1987). The first report of this species from Peru is from the highlands of the department of Amazonas (McCarthy et al. 1991). It may be that this species has a broad distribution, and is not solely restricted to higher elevations. Unfortunately, we did not collect this specimen; we recommend that more exhaustive inventories be conducted in the region to confirm the presence of this species in lowland Peruvian forests.

Habitat preferences

A few species were encountered solely in a single habitat, such as *Phyllostomus elongatus*, captured solely in mature, closed-canopy forest; *Mesophylla macconnelli*, restricted to low-lying areas in the forest, such as abandoned stream beds; and *Trachops cirrhosus*, a species that feeds on frogs and prefers puddles, streams, and oxbow lakes.

We also recorded habitat generalists, such as *Carollia perspicillata* and *C. castanea*, which were captured in a variety of habitat types.

Along the Apayacu River we encountered *Tonatia silvicola* and *Phyllostomus hastatus* roosting together in a hollow termite nest less than 5 m off the ground, indicating that these species share roosting site and use shelters much closer to the ground than expected for such large species. Six of the nine species captured along the Apayacu River were feeding on fruits of a nearby *Ficus glabra* approximately 30 m tall. This observation highlights the importance of figs as a keystone frugivore resource, potentially sustaining various species during periods of scarcity like the one we observed during the inventory.

Species of special interest to conservation

Two of the bat species captured, *Artibeus obscurus* and *Sturnira aratathomasi*, are considered near threatened (LR/NT), according to the IUCN classification for Peru (Hutson et al. 2001). The classification of these two species reflects the poor understanding of their distribution within Peru, their unknown conservation status, and for *Sturnira aratathomasi*, the limited collections in museums and field inventories.

Site comparisons

At Yaguas our capture effort of 51.2 net-hours resulted in 21 bats in nine species. At Maronal, rain reduced our capture effort to 20.7 net-hours, and we captured ten bats in seven species. At Apayacu our 22.4 net-hours resulted in 20 bats in ten species.

We had the greatest capture success at the Apayacu site, with 0.83 individuals per net-hour, in contrast to the Maronal and Yaguas sites, with 0.48 and 0.41 individuals per net-hour respectively. Our greater capture success in Apayacu does not necessarily reflect a greater abundance of bats in this area; it is more likely due to one highly successful trapping location 15 m above the ground, close to a fruiting tree.

DISCUSSION

Non-volant mammals

Similarities and differences with other sites in the Peruvian Amazon

The diversity of non-volant mammals species is fairly typical for rapid inventories in the northern Peruvian Amazon. During the rapid inventory along the Yavarí River, 39 species of non-volant mammals were observed directly or indirectly, exactly the same as our inventory (Salovaara et al. 2003). The Yavarí inventory includes species encountered during other studies in additional sites, resulting in a longer list for the area.

The Yavarí and AAYMP inventories share 68.8% of their non-volant mammal species. Most of the species that are not shared are range-restricted primates. For example, *Saguinus nigricollis* and *Callicebus torquatus* are present in the headwaters of the Yaguas, Ampiyacu, and Apayacu, while *Cacajao calvus, Ateles paniscus, Saguinus mystax,* and *Aotus nancymae* are present along the Yavarí. These differences emphasize the importance of conserving both of these areas, because they protect different species assemblages.

The three areas sampled during this inventory share several species with neighboring areas in Colombia. *Saguinus nigricollis, Callicebus torquatus* and *Bassaricyon gabbii* are present to the east of the Yaguas River, in Amacayacu National Park in the Colombian Amazon (Bedoya 1999). Similarly, *Saguinus fuscicollis* and the majority of the other mammal species encountered during the inventory have also been recorded on the other side of the Putumayo, in Colombia's La Paya National Park (Polanco et al. 1999).

Similarities and differences among inventory sites

Although the three sites we inventoried shared close to 90% of their species, there were substantial differences in relative abundances. The abundant populations of game species at the Yaguas site almost certainly reflect the current absence of hunting and the undisturbed habitats at this site. *Mauritia* palm swamps, or *aguajales*, are particularly important to sustaining ungulate (tapirs, peccaries, deer) and large rodent populations (pacas and agoutis), as *Mauritia* fruits constitute such a large component of their diet. *Aguajales* were present at all three sites, but local peoples harvest the *aguaje* fruits during the fruiting period in the Maronal and Apayacu sites. In the more remote Yaguas site, human harvests of *aguaje* fruit are infrequent or non-existent, given that few people visit the area.

Another important habitat feature for ungulates, large rodents, and some primates are clay licks, or *colpas* (Montenegro 1998). In Yaguas we found several clay licks and saw a tapir visiting one of them. If clay licks exist in Maronal and Apayacu, they are likely hunted, as hunters tend to search for *colpas* (Puertas 1999). The lack of human interference with clay licks in the Yaguas area probably also contributes to the greater relative abundances of ungulates in the area.

In terms of conservation status, the Yaguas site appears much better preserved than the other two sites. Maronal is still relatively well conserved, and still has rare mammal species like jaguar and short-eared dog, but it suffers from past and ongoing human impacts, especially small-scale timber extraction. Apayacu shows clear impacts of hunting and resource extraction, especially in populations of medium and large mammals.

The most important conservation areas for mammals are the headwaters of the Yaguas River and Maronal. The less impacted Yaguas site is especially important for its unusually high abundance of tapirs and other ungulates and primates.

Bats

Similarities and differences with other Amazonian sites

With the possible exception of one unknown *Myotis* species which may be confirmed as a new species, all bat species registered during the inventory were previously known from Peru. As is typical of the Neotropics, Phyllostomatidae (leaf-nosed bats) dominate the list, accounting for 85% of captured species. Leaf-nosed bats play an important role structuring tropical forests through seed dispersal, and in some areas they disperse seeds of up to 24% of forest species (Humphrey and Bonaccorso 1979).

Bat habitat in the three sites is similar, both in the AAYMP region and in the recently surveyed proposed Reserved Zone in the Yavarí River valley (Escobedo 2003). We encountered similar species richness at both sites, with 21 species in the AAYMP region, and 20 species in Yavarí. As expected in these preliminary inventories, we captured some species in the AAYMP region that were not encountered in Yavarí, and vice-versa. Polanco et al. (1999) report five families, five subfamilies, and 29 species—comparable numbers to our inventory—for the La Paya National Park in Colombia, to the north of the Putumayo River.

THREATS, OPPORTUNITIES, RECOMMENDATIONS

The principal threats to mammals in the areas we visited are excessive, unmanaged hunting (Figure 10B) and large-scale timber extraction. Hunting is now a minimal threat to mammals in the Yaguas area, but if not formally protected the area could experience more intense hunting pressure when other areas are depleted of mammals. Because people are absent from the Yaguas River with the exception of a community at its mouth, there is an enormous opportunity to preserve this important area without altering the current use of natural resources by communities in the region.

Areas with minimal human impacts, like the Yaguas headwaters, can serve as source populations to repopulate depleted mammal communities in adjacent, intensively hunted areas. The local initiative for protecting and conserving the AAYMP region represents a fantastic opportunity to establish wildlife management and sustainable hunting programs, which can lead to the recuperation of mammal populations in more heavily hunted areas (Figure 10A).

HUMAN COMMUNITIES

Authors: Hilary del Campo, Mario Pariona and Renzo Piana (in alphabetical order)

Conservation targets: Areas of forest considered sacred by indigenous communities, respected as sanctuaries for plants and animals; use of palms and other forest products for house construction, roofing, and handicrafts; use of fish stocks for food and commerce of ornamental fishes; reforestation with native timber species; soil-enrichment by rotation of crops; reforestation of secondary forest with native fruit trees

INTRODUCTION

This chapter presents results from field work carried out by the authors in August 2003 in 18 indigenous communities and towns involved in the proposal to create a Reserved Zone in the Apayacu, Ampiyacu, Algodón, Yaguas, and middle Putumayo river valleys.

Our goals in the field were several. We presented workshops with the goals of informing participants of the different categories of protected areas in Peru's park system, and giving voice to questions, worries, and ideas of community members with respect to the current proposal. We also documented the ways that local communities are currently managing and protecting their natural resources on their own, independent of the Peruvian government, and the factors these communities view as threats to their social, economic and environmental well-being. Based on these observations, we present recommendations for the zoning, categorization, planning, and management of the protected areas proposed for the region.

The consensus among the local communities is to create a mosaic of protected areas, in which reserves managed for the sustainable use of resources (e.g., several Communal Reserves) buffer a strictly protected region (e.g., a National Park). This mosaic represents a great opportunity for both human and non-human communities in the region, since the interest of the local indigenous population in a sustainable future for the area could translate into a long-term support for a conservation landscape.

METHODS

We conducted field work 3-21 August 2003 in 18 communities belonging to three indigenous federations: the Federation of the Yaguas Peoples on the Orosa and Apayacu Rivers (FEPYROA), the Federation of the Native Communities of the Ampiyacu River (FECONA) and the Federation of the Native Communities of the Putumayo River Border (FECONAFROPU).

To the north, along the Algodón and Putumayo rivers, we worked in seven communities belonging to the Yagua, Huitoto, Bora, Ocaina, Mayhuna and Quichua indigenous groups and the FECONAFROPU federation (see Figure 2).

To the southwest, along the Apayacu River, we visited four communities belonging to the Yagua and Cocama indigenous groups and forming part of the FEPYROA federation. To the southeast, along the Ampiyacu River, we worked in seven communities belonging to the Bora, Huitoto, Ocaina and Yagua indigenous groups, and including a few Resígaro families, and forming part of the FECONA federation (see Figure 2). Population size, territory size, and other summary information on communities in the vicinity of the proposed Reserved Zone are presented in Appendix 7.

In each of these communities, we made systematic observations and accompanied locals in communal activities to understand better the social landscape, the use of natural resources, and the local economic activities. We visited crop gardens and took part in the harvest of various products. These activities opened a window on daily routines and practices supportive of the conservation and management of a protected area.

We conducted two day-long workshops. The first, focused on communities of the FEPYROA federation (the Apayacu basin), took place on 5 August in the indigenous community of Yanayacu with 43 people in attendance. The second, focused on communities of the FECONAFROPU federation in the middle Putumayo, took place in San Antonio de Estrecho on 12 August with 59 people in attendance. Because the original proposal for the creation of a Reserva Comunal largely originated from FECONA, and that federation's leaders and members were well-informed about the proposal to create a Reserved Zone, we did not conduct a workshop in the Ampiyacu basin. Instead, we carried out other activities with community members and leaders.

We designed the workshops specifically to discuss the advantages and disadvantages of the possible creation of a Reserved Zone in the region, and to explain INRENA's reaction to the first proposal to create a Reserva Comunal (ORAI et al. 2001). Before and after the workshops, we continued these conversations at a community level via interviews with focal groups and via informal conversations with community members, traditional leaders, and community leaders.

We also carried out semi-structured interviews with local authorities—like mayors and INRENA officials—in the towns of Pebas and Estrecho, and with locals and leaders of the indigenous federations and of the regional indigenous organization ORAI (Organización Regional AIDESEP Iquitos).

Throughout our time in the field, we tried to keep a balance between male and female informants, although this was more difficult in the focal groups and workshops, where the majority of leaders were men. Other participative activities were mostly led by women.

RESULTS AND DISCUSSION

Local practices beneficial for conservation

Sacred places

Local indigenous groups recognize certain sacred or mythic places, locally known as *sachamamas*, as sanctuaries where plants and animals reproduce. Local inhabitants treat these places with great respect and generally keep them off-limits, because they are believed to have magic powers and to be protected by the fathers and mothers of the forest and its animals. Locals tell many stories about the *sachamamas*. Often these stories tell of hunters or travelers who have heard strange noises, felt the ground and forest tremble, experienced peculiar weather, gotten lost, or otherwise experienced the powers of the spirits who protect these places. The map in Figure 3 shows the location of *sachamamas* in the region (ORAI et al. 2001).

The existence of these sacred places reflects cultural values that are interwoven with nature and that prevent the abuse of natural resources. These beliefs establish a solid foundation of respect for the regulations involved in the creation and management of a protected area. Building on these beliefs, myths, and local traditions linked to the management of natural resources will help establish the fair and participative local conservation practices crucial for the well-being of a future protected area.

Management of chambira and irapay

Chambira (*Astrocaryum chambira*) is a large palm whose young leaves are the source of fibers used for various woven handicrafts (hammocks, bags, others). In some communities in the Ampiyacu basin, inhabitants manage the species (mostly in secondary forest) by harvesting only the terminal portion of the palm frond. Locals also transplant seedlings found in the forest to their crop gardens, for harvesting when they reach maturity. These traditional practices permit the conservation and sustainable use of a plant resource that is economically important for local communities (but see Smith and Wray 1996).

Irapay (*Lepidocaryum tenue*) is a small palm whose leaves are used to build roofs in indigenous communities. The leaves are valuable locally and regionally and the roof panels (*crisnejas*) are sold in Iquitos and Pebas. Communities on the Ampiyacu and Yaguasyacu rivers harvest the leaves in a way that permits quick regrowth of the harvested plants. This practice reflects an ancestral knowledge of the resource, and maintains both natural *irapay* populations and their revenue.

Local fishing practices

Fisheries in the three watersheds we studied are of great importance for the health and diet of the indigenous and *ribereño* populations in the region. Communities have organized themselves to prevent freezer-boats from fishing the lakes and rivers in their territories. The goal is to prevent the large-scale extraction of commercially important fish, like *paiche* (*Arapaima gigas*), *arahuana* (*Osteoglossum bicirrhosum*, Figure 6B), *boquichico* (*Prochilodus nigricans*), *gamitana* (*Colossoma macropomun*), *palometa* (*Mylossoma duriventris*), *sábalo* (*Brycon* spp.) and large catfish (Pimelodidae). In this way, locals manage their fisheries for food and commerce. However, the Regional Coordinator of Production (formerly DIREPE) still grants outside fishermen permits to fish in indigenous territories, since by law bodies of water inside communities are open resources, and this causes conflicts.

Reforestation and soil restoration

Communities in the Ampiyacu basin are actively reforesting with economically valuable timber species (principally tropical cedar, *Cedrela* spp.) both by managing natural regeneration under seed trees and by taking advantage of the seedlings produced by INRENA's greenhouse in Pebas. These experiences represent a foundation that future reforestation programs can build on, for the well-being of the forest and local inhabitants.

In the communities of the Ampiyacu, Apayacu, and Putumayo, locals plant native fruit trees like *Inga* (locally known as *shimbillo* or *guava*) and other trees (*caimito, uvilla, pijuayo, umarí*, etc.) to enrich soils in their crop gardens. *Inga* trees produce edible fruits and firewood, as well as fixing nitrogen, while the other species produce edible, commercially valuable fruits. Non-native fruit trees are also planted in crop gardens and secondary forest. These practices demonstrate an interest in maintaining crop diversity and in using soil, plant, and animal resources in a sustainable way.

Results of the workshops

The workshops were participative and interactive. They opened with a review of the territory used by native communities between the Putumayo, Ampiyacu and Apayacu rivers (see "Protecting the Headwaters: An Indigenous Peoples' Initiative for Biodiversity Conservation" and Figure 3; ORAI et al. 2001), to orient participants in the landscape of the proposed Reserved Zone. Next, we described the various categories of protected areas in Peru's park system, the role INRENA plays in managing them, and various legal aspects of protected areas. We paid special attention to the distinctions between different categories of protected areas, regarding the extent to which it was possible to use natural resources inside each category, and spent the most time discussing the category of Communal Reserve.

In discussing threats to the area, participants described the various challenges to their well-being which could affect their participation in the management of the Reserved Zone and the eventual creation of one or more Communal Reserves. Next, participants proposed actions they could take against these threats. This part of the workshop was directed in such a way that it evolved into a discussion of the proposed creation of the Reserved Zone and local capacity for managing it.

Next we explained INRENA's reaction to the original proposal of ORAI et al. (2001). We noted INRENA's continued interest in preserving the area, which it considers a high priority for conservation and for the surrounding communities' use. We also explained the role of the Field Museum and the rapid biological inventory, describing each step of the field work and the presentation of the results. We listed the steps that remained to complete a technical proposal (*expediente técnico*) that includes more extensive biological and social information than the previous proposal. Finally, we discussed the process of land-use zoning and the possibility of meeting again in the future with native communities.

In the Yanayacu workshop, Miguel Manihuari, vice president of ORAI, described the support that the regional indigenous organization provides native communities at the regional level, as well as the work done by its national (AIDESEP) and international (COICA) counterparts. Benjamín Rodríguez Grandes, president of ORAI, gave a similar presentation at the San Antonio de Estrecho workshop.

The data gathered during the workshop indicate that the federations and communities share, for the most part, a common vision of the future. Following the mapping exercise and the discussion of INRENA's reaction to the 2001 proposal (ORAI et al. 2001), the participants expressed a shared interest in managing a mosaic of protected areas that would complement areas of sustainable use with areas of stricter protection. Both in the workshops and in the visits to the communities, people suggested that the communal reserves could be managed by the individual federations, while the strictly protected area would benefit all of the surrounding communities. During the workshops, we noticed several conversations among the participants in which they noted that a strictly protected area would serve as a source area for animal reproduction and seed production for the communal reserves and indigenous communities.

The three federations affirm that their working relationship is strong, that they share a common vision for the future, and that they remain committed to working with the Peruvian government to improve the use, management and conservation of resources in these basins.

Threats

The communities of all three federations face many of the same threats, and share the same concerns about the problems that could result if a Reserved Zone is not declared. These threats include the incursion of outsiders to hunt, fish, or extract resources in indigenous territories; the erosion of indigenous culture; the lack of economic opportunities; the scarcity of fish and game; and the lack of social justice. Members of the FECONAFROPU federation complained about the lack of basic health and educational services in their communities, and discrimination against indigenous communities by government authorities, especially the *municipalidad*, military authorities, and INRENA.

Extraction of resources by outsiders

In both workshops and in the visits to the communities, locals agreed that a central threat to their well-being are incursions by outsiders into their communal territory, into adjacent areas, and into nearby open-access areas.
In general, these are fishermen, loggers, and hunters from towns near Iquitos (in the southern communities) or Colombia (in the northern communities), who use freezer-boats to extract large quantities of fish, or who extract timber in cooperation with communities via a patronage

system. Community members explained that incursions into neighboring areas are just as big a threat as incursions into titled community lands, because the space communities use to hunt, fish, extract other natural resources, protected sacred lands, and strengthen ties between families and communities is much larger than their titled lands.

Timber extraction

Logging by outsiders is considered a critical threat, because small-scale logging is one of the most important sources of income for the area's indigenous communities. Under current laws, commercial logging is prohibited in the region. Unfortunately, government authorities do not distinguish between the limited amount of wood that a community member extracts for subsistence use and the dozens of trunks that outsiders extract. This has a variety of effects. On the one hand, community members are forced to work illegally, because they have no other valuable resources to sell to pay for healthcare and education. On the other hand, recognizing their inability to extract timber from their community territories, local leaders arrange deals with *patrones* and *habilitadores*, who then take responsibility for selling the wood. Most of the time, a community benefits little from these deals. In forests along the Putumayo River, illegal logging is carried out by Colombian loggers who falsify logging permits, transport the wood secretly to the Colombian side of the Putumayo, and threaten community members who complain to the authorities about their activities.

Logging concessions are considered an obstacle by the indigenous population, because they impede their access to forest resources, break family links between indigenous groups, and alter and destroy sacred or mythic places. Until very recently, a large part of the proposed Reserved Zone was classified by the Peruvian government as working forest and was to be publicly auctioned as part of the new forestry regulations. Unfortunately, this process is very complicated for indigenous communities, who rarely bid for concessions because they lack the technical assistance and money required to participate in the auctions. Without outside assistance, native communities are unlikely to be granted the commercial extraction rights to forestry concessions. Owing to the complexity of the paperwork, forestry concessions are generally awarded to outside loggers. Concession owners acquire the exclusive rights to extract timber from the area and will prohibit access to the land by others. If this process continues, communities will be shut off from the areas where they currently extract resources for subsistence.

Chronic instability on the Colombian border

The political violence that plagues the Putumayo basin prompts migration of outsiders and affects the daily life of local communities. The activities of the Colombian guerrilla group FARC (the Colombian Revolutionary Army) inside Colombia send waves of displaced people across the Putumayo to Peruvian territory, where they settle temporarily in lands that belong to indigenous communities of the FECONAFROPU federation. Community members state that the constant influx of migrants and migrant presence in their communities constitute threats to their daily life and traditions, since migrants do not often join in community life and bring with them customs that affect everyone, like alcohol abuse, overfishing, and overhunting.

Limited government services

Communities state that the local governments do not take indigenous organizations into account in their development plans. Government authorities, whether at the national or municipal level, and in a variety of different offices, are perceived to consider native communities and their organizations incapable of managing their lands and the use of natural resources on their own. Communities complain that government officials often make decisions about the administration of their territories without consulting indigenous organizations. This causes problems, because the government's point of view regarding territory and resource use does not always agree with the indigenous point of view.

For example, government officials are not aware that the establishment of forestry concessions in the Ampiyacu, Apayacu and Algodón would restrict the access of indigenous communities to resources and lands they have used for decades. Indigenous communities are fiercely opposed to concessions, and have instead proposed establishing one or more Communal Reserves. However, the municipal authorities in Pebas district argue that the creation of a Reserved Zone for the indigenous population of the district (approximately 1,500 people) would reduce their authority regarding land use and put an end to all possibilities for development.

The one exception to these conflicts occurs in the political campaign season, when communal organizations, which control a large number of votes, are courted by candidates to local and national office, and promises of infrastructure, gifts, and parties are widespread. When the elections are finished, however, indigenous communities are once again marginalized.

Large-scale migration in response to inequalities in educational and healthcare opportunities

Many of the communities we visited had little infrastructure for education and healthcare. Clinics without medicine were common as were schools without teachers, because the number of students is often too low for the Ministry of Education to justify sending a teacher. Many community members with small children are forced to abandon their communities during the school year (nine months of the year) so that their children can attend school in a larger community. A similar phenomenon is seen in older people, who leave their communities and move to larger towns in search of medical services provided by the government. In the long term, this migration leads to the depopulation of entire communities. Young people who grow up in the city have no interest in returning to their villages, and older people no longer keep the communities' traditions and cannot pass them down to the next generations.

RECOMMENDATIONS

Protection and management

- **Strengthen the federations institutionally and provide training to leaders of indigenous organizations.**

One problem is that the term for leaders is short; new leaders are typically elected every two years. (In practice, terms are often shorter, because leaders who do a poor job are quickly replaced, and political rivalries within the organizations are commonplace.) Training leaders is part of the solution, since better-prepared leaders will remain in office long enough to implement projects and put their training into practice. Communities must also be educated about the importance of electing well-trained leaders, and reworking community rules and federation statutes so that they encourage longer working terms for elected leaders.

- **Develop alternatives that provide economic benefits for indigenous communities that extract forest products.**

The Peruvian government requires that indigenous communities file management plans before they can legally sell natural resources. Similarly, logging permits are required before communities can cut trees for subsistence (i.e., house-building) inside or outside their territories. Although these requirements are part of a broader government effort to promote the sustainable use of natural resources, their effect among indigenous communities is precisely the opposite. Indigenous communities possess the technical skills but lack the economic resources to present a natural resource management plan, which is a long, costly and complicated process. As a result, communities make agreements with outside loggers to extract forest products in exchange for a small profit. It is important that the government recognize that indigenous communities are allies of their efforts to protect and manage natural resources, and simplify the application process for those indigenous communities interested in implementing management plans.

- **Enlarge the communal territories of communities that request it within the Reserved Zone, to improve local living conditions and create a buffer zone for the conservation area.**

  Many of the communities we visited, especially those in the Ampiyacu watershed, have very small legal territories and growing populations, which will soon limit their access to natural resources. These communities have proposed that once the Reserved Zone is created and is being zoned, communities that urgently need more territory be granted it. If expanding current territories is not an option, new territories or annexes should be considered. This will help reduce the communities' impact on the resources inside the future protected areas and will strengthen their buffer zones.

- **Establish zones for hunting, fishing, and gathering forest products.**

  Zoning of future protected areas should take into consideration local communities' use of resources outside of their communal territories (see Figure 3; ORAI et al. 2001). We recommend that during the zoning process, one or more Communal Reserves are considered, so that communities can continue to use the places they use at present to extract forest products, especially non-timber forest products.

Research

- **Undertake biological and socioeconomic studies of the use of forest products.**

  It is important to identify the natural resources that can be harvested profitably and sustainably by local communities, since their extraction of these resources from Communal Reserves will require management plans approved by government agencies. Management plans should take advantage of local practices that communities have developed from long experience. Local residents, and especially indigenous residents, have developed techniques to manage natural resources based on the biology of the target species and these techniques are generally well known in the local population.

History of the Area and Previous Work in the Region

PROTECTING THE HEADWATERS: AN INDIGENOUS PEOPLES' INITIATIVE FOR BIODIVERSITY CONSERVATION

Authors: Richard Chase Smith, Margarita Benavides and Mario Pariona

INTRODUCTION

In May 2001, 26 native communities represented by one regional and three local community associations presented a petition to the Peruvian Natural Resources Institute (INRENA) to create a Communal Reserve in an area of the department of Loreto considered to be part of their traditional territory (ORAI et al. 2001). The 1.11 million-ha area lies between the Apayacu and Ampiyacu rivers to the south and the Algodón and Putumayo rivers to the north (see Figure 2).

In this chapter, we take a look at the actors and processes that led up to this petition. In the first section, we offer some quantitative data on the communities and their associations. In the second section, we look at the economic history of the area and the conditions that gave rise to their concern for conserving their territory and the biodiversity it contains. In the third section, we describe the participatory research and mapping process that the Instituto del Bien Común carried out with the community associations to document the area that the indigenous population uses for extractive activities beyond their titled lands. In the final section, we describe the recent actions taken by the community associations to protect the headwaters of their rivers.

THE COMMUNITIES AND PEOPLES IN BRIEF

Along the Ampiyacu River, a small tributary of the Amazon near the Peru-Brazil border, there are 14 communities of the Huitoto, Bora, Yagua, and Ocaina peoples. They are all members of the Federation of Native Communities of the Ampiyacu (FECONA), created in the early 1980s. As of 1997, there were 356 families living in these communities, with a total population of 1,708. The 14 communities have a total of 40,151.5 ha demarcated for their use, of which 28,722 ha or 72% is legally titled. This gives an average area of 23.5 ha/person demarcated for their legal use in both subsistence and commercial activities.

Along the Apayacu River, also a small tributary of the Amazon located just upriver from the mouth of the Ampiyacu, there are three communities of the Yagua people. They are members of the Federation of Yagua People of the Oroza and Apayacu Rivers (FEPYROA). As of 1998, these three communities consisted of 76 families and 373 persons. They have a total of 13,281.5 ha demarcated for their use, of which 11,211.60 ha or 84% is legally titled. This gives an average area of 35.6 ha/person demarcated for their legal use.

To the north, along the Putumayo River, which forms the border between Peru and Colombia, there are eight communities made up of Huitoto, Bora, Quichua, Yagua, Cocama, and Ocaina peoples. In the headwaters of the Algodón River, a tributary of the Putumayo River, there is a single Mayjuna community, and at the juncture of the Yaguas and Putumayo rivers there are two communities of Yagua and Ticuna peoples. They are members of the Federation of Frontier Communities of the Putumayo (FECONAFROPU). As of 1998, there were 131 families in these 11 communities with a total population of 764 persons. They have a total of 116,499 ha demarcated for their use, of which 71,660 ha or 61.5% is legally titled. This gives an average area of 152.50 ha/person demarcated for their legal use.

AN ECONOMIC HISTORY OF THE AREA

The recent history of the indigenous peoples in all of these communities is similar. The entire region was heavily affected by the extraction of rubber, especially during the peak years of the boom era (1890-1915), and our area of interest lay within the enormous Putumayo estates of the infamous Julio C. Arana and his Amazon Rubber Company. Hardenburg's (1912) account of the extreme cruelties and exploitation of the native peoples and the confirmation by the British Casement Commission gave public exposure to this situation. Virtually all of the native peoples had been locked into supplying raw rubber to Arana's company through the system of debt peonage linked to company stores.

The collapse of both the rubber boom and the Amazon Rubber Company were important factors that brought about a border war between Peru and Colombia during the end of the 1920s and beginning of the 1930s. In 1937, in an attempt to escape from the conflict, a Peruvian *patrón*, a former boss for the Amazon Rubber Company, moved a large group of "his" Huitoto, Bora and Ocaina Indian workers out of the Caquetá River of Colombia and into the Ampiyacu basin. For the next two decades they gathered forest products—rubber, animal skins, rosewood, resins and others—for their *patrón*, paying off the perpetual debt which they accrued at the company store. When their *patrón* abandoned the area in 1958 because of the diminished world demand for Amazonian products, the Indians had ambivalent feelings about his departure; they gained their freedom from a system of debt peonage, but they lost what they now remember as a secure source of market goods.

For the next 25 years, they tried many different activities to regain access to those coveted goods. They exchanged the traditional forest products at a great disadvantage with the river traders who began entering the Ampiyacu basin after the *patrón* had left. During the 1970s, they attempted to raise cattle, imitating a small ranch established by an American missionary on a tributary of the Ampiyacu.

During the mid-1980s, they experienced an economic boom. They sold coca leaf to the Colombian cartel for several years until the police pushed the cartel further south into Peru. A growing tourist trade was brought into the lower villages several times a week by a tour operator to buy handicrafts and to pay for the privilege of seeing traditional dancing. A crafts marketing project, promoted by a Lima-based outlet and implemented by FECONA, encouraged the production and sale of hammocks and shoulder bags made from the fibers of the *chambira* palm. However, a 1992 evaluation of this project concluded that: "The project should not be reactivated because the raw material (*chambira*) is being used up without any thought as to its conservation. There is no attempt to manage this species so that [its reproduction] keeps up with the level of exploitation; for that reason it tends to disappear" (Smith and Wray 1996).

In the second half of that decade, the Peruvian government established a branch of the Agrarian Bank in nearby Pebas to encourage the production of jute for a government-owned sack factory on the coast. The Agrarian Bank gave out credit to plant jute and bought up all the production at subsidized prices. The acreage planted in jute along the Ampiyacu, as indeed along other Amazonian tributaries, increased dramatically between 1985 and 1990.

The austerity measures introduced by the Fujimori government in 1990 led to the closing of both the sack factory and the Agrarian Bank. An entire crop of jute rotted. At the same time, the cholera epidemic and the increase of subversive activities reduced the flow of tourists to a trickle; unsold handicrafts piled up in the village. It was economic hard times again.

Two trends marked the local economy during the 1990s. On the one hand, the only regional market that had expanded was that for game meat. With the other alternatives gone, the men rushed to the forest to hunt whatever animal they could find; the choicest meat was sold to intermediaries for the regional market. The high price paid made the effort worthwhile, but the game disappeared quickly. Pushed to recognize what was happening, many of the community members of the Ampiyacu admitted that they were over-hunting game stock in their area, violating their own traditional norms against taking more than they need for subsistence. And yet, fully aware of the consequences of their own actions, they continued to both lament the disappearance of wildlife species and hunt them to extinction.

On the other hand, the over-exploitation of forest resources around Iquitos forced many extractors to look for more isolated areas where fish, timber and palm hearts, among other products, were still abundant. There was a marked increase during the decade in the number of individuals and companies who illegally extracted these resources from the forests and waters of the Ampiyacu and Apayacu basins. With the new Forestry Law passed in 2001, the regional timber industry increased its efforts to fell and remove valuable timber species in this region before the old concessions were annulled and the new requirements for forest management plans were put in place. The community associations have not been very effective in controlling these illegal activities.

The 1992 study of the indigenous Amazonian economy showed that the increased desire for market goods coupled with the market's fluctuating demand for certain Amazonian products produced a series of profound changes in indigenous Amazonian societies (Smith and Wray 1996). Several of these changes, e.g., the increased rate of extraction and production for the market and the combination of reduced mobility and larger, more permanent settlements, have put enormous pressure on the natural resource base of most indigenous Amazonian communities. The case of the *chambira* palm, wild game animals, and today, valuable timber species, demonstrate clearly the urgency of implementing new models of production, extraction and conservation in the Amazon. Developing an economy which is both cash producing and ecologically viable is one of the greatest challenges now facing both the local indigenous Amazonian communities and the global market economy.

PROTECTING THE HEADWATERS THROUGH RESOURCE-USE MAPPING

The communities of the Ampiyacu were among the first in Loreto to receive land titles after the 1974 Native Communities Law. However, the average size of the parcels titled was quite small and clearly covered only a small portion of the forest and river areas used by the local population for subsistence and market activities. Community members expressed on many occasions their urgent interest to protect the natural resources in a larger area around their communities from outside poachers. Although their community association, FECONA, had, with some early success, established control over the river access to their territory, there existed many other points of clandestine entry through the forest that were being used to extract resources.

The situation became desperate in 1999 for two reasons. As a result of the peace accord signed between Peru and Ecuador, the Peruvian government ceded property rights to the Ecuadorian government for a parcel of land near the mouth of the Ampiyacu River, as a center for Ecuadorian commercial activities on the Amazon River. At the same time, information leaked out to community leaders that a Korean company had presented a formal request to the Peruvian government for a 250,000-ha concession for developing an industrial complex based on forest and possibly mineral products. The requested concession was located in a heavily forested region between the Ampiyacu and Putumayo Rivers, precisely in the area used by the indigenous populations of both rivers.

The Instituto del Bien Común (IBC) proposed working with the three community associations of this area and with ORAI (Regional Organization of AIDESEP in Iquitos) to protect the natural resources and the biodiversity in the headwaters of the Ampiyacu, Apayacu and Algodón Rivers from encroachment. After discussion of the proposal in community assemblies, an agreement was signed among IBC, ORAI, and the three indigenous organizations (FECONA, FEPYROA and FECONAFROPU) to carry out the work.

The strategy for protecting the headwaters was to work with INRENA and with community participation to create a Communal Reserve in that area. Given the Peruvian government's reluctance to title large indigenous territories, the Communal Reserve offers the only other alternative to the native communities to protect the areas they rely on beyond their community boundaries. More than a decade and a half after establishing the legal concept in the 1978 Forestry Law, the Communal Reserve was incorporated into the national park system (SINANPE) under the administration of the Ministry of Agriculture (INRENA). This change offered stronger protection for the communal reserves and their resources, but it weakened indigenous control over the same.

The IBC mapping team proposed a joint effort to establish in a rigorous way how much land area the communities were actually using so that their proposal for a Communal Reserve would accurately reflect actual resource use patterns. First, community boundaries would be georeferenced and plotted onto an officially recognized digital base map; and second, points where specific resources were extracted would be geo-referenced and plotted over the base map. The methodology for carrying out both steps was developed at IBC, based on fieldwork in other areas of the Peruvian Amazon, plus exchange with other community mapping efforts around the world (Brown et al. 1995, Chapin and Threlkeld 2001, Eghenter 2000, Poole 1998, Saragoussi et al. 1999).

Prior to fieldwork for the resource use mapping, the IBC mapping team generated a georeferenced base map of the entire region that included the community boundaries and other geographical features. A satellite image of the same area and at the same scale was printed with a transparent overlay as an aid in identifying features not on the base map and in orienting community members. The mapping team then worked with leaders from the three associations and the 26 communities during two periods of fieldwork. During the first period of eight weeks, the team worked with members of each community to identify the areas where they fish, hunt and gather a variety of forest resources. Natural resources important for both subsistence and market use were taken into consideration. Points of cultural significance were also marked. In many cases small streams and other features not found on the base map were added. All of this information was discussed and agreed upon by the participating community members. A different overlay was used in each community, resulting at the end of this period of fieldwork in 26 individual community resource use maps.

Back in the laboratory, GIS specialists used a digitizing table to register the information from the community maps into the GIS system and to build a composite map combining all the resource use sites from the 26 community maps. Not surprisingly, there was an enormous amount of overlap, demonstrating that different communities used large areas in common without apparent discrimination or conflict.

This draft composite map was then taken back to the communities for verification. This was carried out in two ways. The team revisited some of the communities asking the leaders and members to verify the points of resource use, cultural significance and new geographical features now on the printed composite map. The mapping team then trained three leaders from the Ampiyacu communities to use hand-held GPS units. This group spent three weeks traveling into the headwaters of the Yaguasyacu River to record coordinates for actual hunting and gathering sites found there; a second group carried out the same ground-truthing process in the headwaters of the Apayacu River. The importance of this sort of ground-truthing is demonstrated by a recent study which found an average 11.70% error in a sample of 144 GPS points verifying the participatory resource use mapping methodology for 15 domestic units in Brazil's Jau National Park (Pedreira Pereira de Sá 2000).

A corrected composite map was then generated and used, along with the satellite image, to define the boundaries for the proposed Communal Reserve in such a way that all the areas used by the communities would be included. In most cases, either the watershed divide or a river was proposed as a boundary for the Communal Reserve; the total area included within this proposed reserve is 1,111,000 ha.

Indigenous leaders of ORAI and the three indigenous associations reviewed the final map and the proposal. The initiative of the creation of the Communal Reserve was also presented and discussed with the municipalities of Pebas and Estrecho and the local offices of the Ministry of Agriculture.

PROPOSAL FOR PROTECTING THE HEADWATERS

Based on the results of the 2003 rapid biological inventory presented in this publication, the community associations have updated their proposal. They are now requesting the creation of a 1.89 million-ha Reserved Zone covering the upper watersheds of the Apayacu, Ampiyacu, and Algodón rivers, plus the entire watershed of the Yaguas River. A Reserved Zone is a transitional status that protects an area while further studies are carried out as the basis for establishing the definitive status for the protected areas to be created. The communities are discussing a proposal to create a mosaic of three different kinds of land use categories: strictly protected areas, areas for managed use, and areas for expanding community-held lands. The proposed Reserved Zone shares borders with 28 native communities and has another ten native communities in its area of influence. This proposal is among a growing number of natural protected areas proposed by indigenous peoples in the Peruvian Amazon.

THE SOCIAL LANDSCAPE: ORGANIZATIONS AND INSTITUTIONS IN THE VICINITY OF THE PROPOSED RESERVED ZONE

Authors: Hilary del Campo, Mario Pariona and Renzo Piana (in alphabetical order)

INTRODUCTION

The proposed Reserved Zone in the Ampiyacu, Apayacu, Yaguas and Medio Putumayo watersheds is an epicenter of biological, cultural, and ethnic diversity. These three factors have been interrelated for centuries, because indigenous populations have long used the natural resources in these forests, rivers and lakes for food, medicine, construction, and a host of other activities. Today, indigenous communities' growing need for market goods and the growing market for forest products have spurred non-traditional commercial uses, like selling wildlife meat, fish, wood, and handicrafts to towns and cities in the region (Chirif et al. 1991).

Several studies of the socioeconomic, anthropological and biological aspects of the region have been published (see Benavides et al. 1993, 1996; Denevan et al. 1986, Smith 1996, ORAI et al. 2001, IBC 2003). However, there is still very little information on the working mechanisms of the social organizations within indigenous communities and the federations that represent them. This makes it difficult to build good working alliances between the state, non-governmental organizations, and the indigenous communities that can support the proposed Reserved Zone and work together towards social development and a sustainable economy in the region.

In this chapter we briefly describe the several institutions and social organizations that exist in the neighborhood of the proposed Reserved Zone, with which local residents organize their daily life and manage their territories. We also explain the roles, activities, and responsibilities of councils and traditional leaders, both according to ancestral norms and by law. Throughout, we focus on organizational strengths and potential that can help in the establishment and management of a new protected area in the region.

STUDY AREA

The proposed Reserved Zone includes three districts of the department of Loreto: Pebas, Amazonas and Putumayo. These are administrated from the town of Pebas, at the mouth of the Ampiyacu River; the town of San Francisco de Orellana, at the mouth of the Napo River; and the town of San Antonio de Estrecho, on the southern bank of the Putumayo River, respectively. The three districts are home to roughly 34,000 people and have a population density of 0.57 people/km^2 (Bardales 1999). Amazonas is the largest district, with a population of 13,358. The three towns are governed by democratically elected mayors and their *regidores*.

There are also several smaller towns and communities settled by non-indigenous, or *ribereño*, villagers. These villages, which were generally established by *patrones* or colonists, are today governed by the Lieutenant Governor (Teniente Gobernador) and the Municipal Agent (Agente Municipal).

In addition to these towns, there are 28 indigenous communities surrounding the proposed Reserved Zone, mostly along the banks of the major rivers. The 14 communities on the Ampiyacu and Yaguasyacu rivers are inhabited by a mix of ethnic groups, including Huitoto, Bora, Ocaina and Yagua peoples. The three communities on the Apayacu River have traditionally been Yagua villages, but one of them (Cuzco) is now governed by Cocama families and *ribereños*. In the Medio Putumayo, the communities belong to the Huitoto, Ocaina, Yagua and Quichua ethnic groups. On the southern bank of the Algodón River, the community of San Pablo de Totolla is inhabited by the Mayjuna people. Finally, the three indigenous communities at the mouth of the Yaguas River are mostly populated by Yagua families (see Appendix 7).

SOCIAL ORGANIZATION

Indigenous federations

Native communities in the region began organizing into indigenous federations in the 1980s, prompted by the search for social equality and the need to solve territorial problems, like the lack of land, the lack of land titles, and incursions by outside hunters and fishermen. Indigenous federations represent an organizational base for the management of the proposed Reserved Zone, since their mandate is to defend traditional rights, promote local development through the use and conservation of natural resources, and raise funds to improve the quality of life in the communities they represent. Three indigenous communities are active in the region:

FECONA, the Federation of Native Communities on the Ampiyacu

This federation, founded in 1988, is based in the Bora community of Pucaurquillo, on the eastern bank of the Ampiyacu River, close to the town of Pebas. FECONA represents 13 indigenous communities in the Ampiyacu watershed, many of them bordering the proposed Reserved Zone. The federation is headed by six leaders who serve two-year terms. FECONA has a radio which it uses to maintain communication between its communities.

FEPYROA, the Federation of Yagua Communities on the Orosa and Apayacu

This federation was founded in 1996 and is based in the community of Comandancia, on the eastern bank of the Orosa River. FEPYROA represents 17 communities on the banks of the Orosa, Apayacu and lower Napo. Only the communities on the Apayacu border the proposed Reserved Zone. This federation is also directed by six leaders who serve for two years, and has a radio in the town of Apayacu.

FECONAFROPU, the Federation of Borderland Native Communities on the Putumayo River

This federation was founded in 1996 and is based in the town of San Antonio de Estrecho, on the southern banks of the Putumayo River. FECONAFROPU represents 44 communities along the Putumayo and one on the Algodón. Only the communities on the middle Putumayo, as well as two communities at the mouth of the Yaguas River and the community of San Pablo de Totolla border the proposed Reserved Zone. This federation is also headed by six leaders with two-year terms.

Although these indigenous communities have strong local roots, they also rely on an international community that supports indigenous groups, indigenous rights, and indigenous participation in civil society. The indigenous federations are affiliated with the regional organization ORAI, which in turn is affiliated with the national organization AIDESEP and the international organization COICA. They have also formed alliances with international groups like the Amazon Alliance.

Indigenous federations have overcome some initial difficulties related to the management of funds for development projects. These projects, which for the most part did not originate in the communities themselves but were designed to address supposed needs of the communities, were unsuccessful because they were incompatible with indigenous culture. In this early period the federations also failed to cultivate strong relationships and effective dialogue with the national government.

Despite these challenges, the federations are beginning to operate more efficiently, and continue to defend indigenous territorial rights and indigenous access to natural resources through a balanced, autonomous process. FECONA worked with INRENA and the Ministry of Production to monitor the extraction of forest products from the Ampiyacu watershed. This alliance allowed the federation to monitor more strictly the volume of products requested from the communities, promote the responsible use of extractive areas, and facilitated the distribution of payments from the sale of products. It also provided the federation with some funds for day-to-day operations.

Community organization

History and legal framework

The first indigenous communities were officially recognized and titled by the Peruvian government in the Ampiyacu watershed in 1975, thanks to the initiative of SINAMOS and, later, to the work of AIDESEP Nacional, with funding from international financial institutions (Chirif et al. 1991).

The legal framework of the indigenous communities consists of three laws: the Political Constitution of the State, the Civil Code, and the Law of Indigenous Communities and Agrarian Development in the Lowland and Andean Forest (Law No. 22175; CEDIA 1996). Indigenous communities are recognized as legal entities in the public interest, composed of nuclear or dispersed families that are settled within a defined area. They are held together by cultural elements such as language, family relationships, and the shared use of natural resources. The law grants indigenous communities autonomy in their internal organization, administrative and economic management, and the use of their lands and natural resources (CEDIA 1995a, 1995b, 1995c).

All indigenous communities are governed by an Asamblea Comunal and a Junta Directiva. The Asamblea Comunal is a body that ensures community-wide participation in community decisions, and is composed of all the community members listed in the Padrón de Comuneros (CEDIA 1996). The Asamblea is the chief governing body and maximum authority in the indigenous community, and its decisions are binding. The Junta Directiva is a smaller group of community members elected by the Asamblea General to represent its interests. It consists of a chief, a second-in-command, a secretary, a treasurer, and one or two *Vocales*, and is responsible for leading the community and its administration (CEDIA 1996).

There are formal and informal organizations and leadership positions in native communities. The formal organizations operate by law and with the sanction of the state to promote development, and were created by the communities to interact with other institutions. The informal organizations are created to satisfy family needs, to regulate the use of natural resources, and to organize community activities. Frequently, the informal organizations help focus the formal organizations, and both are important in the daily life of communities. Unlike formal organizations, informal organizations are based on social ties like family alliances and informal support groups.

Below we describe social strengths and organizational mechanisms, formal and informal, that are important allies for future work.

Formal organizations

The principal leadership positions in communities are those of community chief or president, Teniente Gobernador and Agente Municipal. School teachers, health workers, and the presidents of clubs like the Comité de Vaso de Leche, the Asociación de Padres de Familia, the Club de Madres, and the Comités de Pescadores Artesanales (see below) also participate in community decision-making.

The community president is the leader of the Junta Directiva of the community and the top leadership position, responsible for directing the community government. The Teniente Gobernador has the authority to implement community laws and decisions and to ensure that they are respected, and is responsible for keeping the peace (CEDIA 1999). The post of Teniente Gobernador, which is filled by election or appointment by the district governor, existed long before the formal creation of indigenous communities. The Agente Municipal is appointed by the Alcalde Distrital and carries out activities charged by the Municipal Council, such as supervising the civil register, improving community infrastructure, and maintaining public services like roads, radios, and sporting grounds. The Agente Municipal tends to complement the work of the Teniente Gobernador.

In our community work we have identified the following formal organizations within the jurisdiction of these leaders which could be involved in the management of natural resources, and whose participation in a future protected area is recommended.

"Glass of Milk" Committee (Comité de Vaso de Leche)

The municipality grants this committee, led by community women, the task of distributing food from the National Program of Food Support (PRONAA) to the communities. The committee distributes breakfast to poor children and schoolchildren. These committees are very efficient and highlight the organizational capacity of women in the communities.

Parents' Association (Asociación de Padres de Familia)

This association ensures that the community schools are well run and gives teachers the assistance they need to do a good job. This organization, recognized by the Ministry of Education, is created whenever a school is built. Parents of children who attend the school elect a council overseen by a parent. Teachers often also play an important role in the association by helping community members with decision-making and supporting educational needs and requests of the community. The association is an important base for educational activities in the community, including environmental education in schools.

Fishermen's Committees (Comités de Pescadores Artesanales)

These committees are promoted by the Ministry of Production through the Dirección Regional de la Producción, with the goal of organizing and promoting small-scale fisheries in rural areas. These committees exist in the towns of Apayacu, Pebas, and San Antonio de Estrecho and receive financial support from the Special Development Project for the Putumayo Basin (PEDICP). With more training in sustainability and conservation, they could potentially play an important role in the management of lakes and rivers in the proposed Reserved Zone.

Promotores de Salud

Community health workers are generally employed by the Ministry of Health to operate clinics and provide medical services. That most of the indigenous and *ribereño* population uses medicinal plants and the help of shamans or *curanderos* highlights the importance of traditional knowledge in complementing Western medicine.

Informal organizations

New projects and development initiatives in indigenous communities tend to spark energetic activity in a variety of informal organizations that are poorly known outside the communities. Often these unexpected sources of energy and ideas contribute the most to projects. These informal organizations and leaders are respected by the community, well-attended, and involve community members of all ages and both sexes. Involving them in projects related to the conservation and management of natural resources requires learning what they are and how they operate. Among the most important are:

Traditional leaders (curacas)

The *curaca* is a traditional leader in a family group or clan, generally for life. In the case of the Ampiyacu watershed, these leaders are losing their authority, and naming them is no longer a tradition. They still play important roles, however, and their decisions are considered very important. The *curacas* are also important in that they often sustain a more traditional, indigenous perspective on the importance of nature and man's relationship with the environment. In more traditional communities, the *curaca* is an important reservoir and teacher of traditional knowledge.

Public work groups (mañaneo)

These generally come together to carry out a specific job, like a cleanup of the town center or the harvest of a certain product for the common good. Work generally begins in the morning and lasts for up to four hours. *Mañaneos* are very common in indigenous communities and involve both men and women.

Family work groups (minga)

These are generally groups of friends or family members that come together to help a specific family. They are frequent in communities, and can involve planting or harvests in garden plots or house-building. Generally the work lasts a day and concludes with a party, food and drink. In the indigenous communities of the Ampiyacu watershed, women organize *mingas* to make handicrafts. The *minga* is a classic example of the organizational capacity of communities; communal work that is based on social networks for the well-being of the entire community and that strengthens ties between families and neighbors.

Communal crop garden work groups

The Agente Municipal and the president of the community organize the entire community to work in these groups. The aim is to pay community debts or to buy something that will benefit the entire community. These groups clear and plant garden plots with crops that are valuable on the regional market, like plantains, corn, or rice, and sometimes cut timber. In some cases, groups are gender-specific, as in the community of Yaguasyacu, on the Apayacu River, where the women maintain a communal garden plot whose produce is shared among families. These work groups represent important partners in the region, especially for projects to develop alternative economic activities in line with the regulations of the proposed Reserve Zone, to reforest degraded lands, and to mange timber.

Logging groups.

Consisting of at least ten people, these groups live in the woods for two or three months at a time, cutting timber together. The sale of and profits from the extracted wood are not managed communally, but individually. The long experience these groups have in cutting timber results in lower environmental impacts. Even so, this sort of logging can be improved and better managed in the management plans in the future Communal Reserves.

Hunting groups

These usually consist of three or four men who hunt in the woods for two or three weeks. Here, too, the wildlife meat is sold on an individual basis. The hunters have a lot of practical knowledge about animal ecology and techniques for capturing animals, which are useful tools for wildlife management and conservation.

Although women do not hunt themselves, they prepare and cook the meat. As a result, they know a great deal about how many animals are hunted and they help decide which species should be hunted for food.

Committee to organize traditional parties
This committee is headed by the *curaca*. A community that is invited to one of these parties by another community takes the invitation very seriously, and the entire community—men, women and children—takes part. An important part of these events is the exchange of wild fruits, wildlife meat, fish, and the finest crops of the harvest. This strengthens friendships, refocuses the communities' dependence on the forest, bolsters cultural traditions, and cements alliances between *curacas*.

Committee for rural electrification
This committee in Pucaurquillo successfully monitors and maintains the town's generator and manages the fee collection for energy use. The importance of this committee is largely in the mechanisms it has established to manage the money it collects, with the goal of guaranteeing the community a constant supply of electricity.

Handicrafts committee
This committee was born from the Handicrafts Project, financed by Oxfam America (Benavides et al. 1993). In Pucaurquillo, members of this committee sell their handicrafts in Iquitos and occasionally take part in handicraft fairs in Lima. Roughly 90% of the work is done by women, who also lead the committee. This committee represents an important contact for planning economic activities compatible with the proposed Reserved Zone.

Traditional dances committee
This committee was born from the desire to provide better, more organized traditional dances for the tourists who visit the community of Pucaurquillo. The committee also coordinates traditional dances in other cities and negotiates fair deals with the tourist operators they work with (Benavides et al. 1993).

Other informal organizations
In indigenous populations some social structures that have operated for generations still persist, sometimes almost imperceptibly, and these deserve special attention. In many indigenous communities, family clans and their leaders control certain territories; a community may be governed by two or more clans. In these cases, a clan's territory is effectively its property, with roughly defined property lines, and its natural resources are managed exclusively by the clan. When natural resources are harvested to sell, the head of the clan oversees the harvest and arranges for its sale, and the profits are distributed among the clan, not among the community.

Government institutions with ties to indigenous communities
Government institutions are charged with the mission of encouraging the development of communities and villages, and an alliance between the state and the communities is important for the proposed Reserved Zone. At this scale, the state institutions of interest are the municipalities, since they are the highest-ranking local government. Community members have many skills to offer the districts in which they reside. To compensate for the limited assistance they generally receive, indigenous communities have built special relationships with the municipal districts, the regional government, ministerial offices, and development projects like FONCODES and PRONAA. Thanks to this organization, and after patient and complicated negotiations on the part of their representatives, some indigenous communities have received some basic services like the construction of schools, health clinics, bridges, sidewalks, radio services, generators, and crop depots.

District municipalities
In the proposed Reserved Zone, three municipal offices represent the communities and the civil population in general: the office of the district of Pebas, the office of the district of Las Amazonas, and the office of the district of Putumayo.

The Pebas municipal office is located in the town of Pebas and has a branch in Iquitos. By the initiative of the municipality, there is a tenuous working relationship with the indigenous communities of the Ampiyacu River, despite the presence of a Regidora Indígena (a Huitoto from Pucaurquillo). The indigenous communities have requested more contact with and resources from the municipality. They remember fondly that in 2003 the municipality granted the local indigenous federation (FECONA) some small funds to organize an indigenous conference.

The municipal office of the Las Amazonas district is located in the town of San Francisco de Orellana and also has a branch in Iquitos. In order to raise funds for the communities, the municipality has been buying material from sawmills (posts for electrical lines, wood to build bridges) for local works.

The municipal office of the Putumayo district is located in San Antonio del Estrecho and has a branch office in Iquitos. Thanks to work by FECONAFROPU and the leaders of the indigenous communities, the municipality has installed radio communication in some communities. Municipal funds have also built schools and brought electricity to some communities.

Other government institutions

Apart from the district municipalities, indigenous communities maintain links with other government institutions, like the National Institute of Natural Resources (INRENA), the Ecological Police, and the National Institute of Development (INADE). INRENA manages and protects Peru's parks and natural resources, and belongs to the Ministry of Agriculture. It has two offices in the region—one in Pebas and the other in San Antonio de Estrecho—and operates a small post in the village of Alamo on the Putumayo River.

The Ecological Police is an institution of the Ministry of the Interior whose mission is to enforce environmental laws. Because its only office is in Iquitos, the regular police in the rural police stations take on the Ecological Police's job.

The Special Project for the Development of the Putumayo Watershed (PEDICP), which is part of INADE, has ties with the indigenous communities in the region through its office in Iquitos. PEDICP is based in San Antonio de Estrecho, where it promotes agricultural, livestock, and forestry programs and provides social aid in the Putumayo watershed. The project also provides technical assistance to forestry management in the indigenous community of Santa Mercedes.

Apéndices/Appendices

Apéndice/Appendix 1

Plantas/Plants

Especies de plantas vasculares registradas en tres sitios en las cabeceras de los ríos Yaguas, Ampiyacu y Apayacu durante el inventario biológico rápido entre el 2 y 21 de agosto de 2003. Compilación por R. Foster. Miembros del equipo botánico: R. Foster, I. Mesones, N. Pitman, M. Ríos y C. Vriesendorp. Se agradece la ayuda de P. Fine, N. Hensold y L. Kawasaki en la identificación de muestras en el herbario. La información presentada aquí se irá actualizando y estará disponible en la página Web en *www.fieldmuseum.org/rbi.*

PLANTAS / PLANTS

Familia/Family	Género/Genus	Especie/Species	Forma de Vida/Habit	Fuente/Source
Acanthaceae	*Aphelandra*	*aurantiaca*	S	RF
Acanthaceae	*Aphelandra*	*nervosa*	V	RF
Acanthaceae	*Dicliptera*	(1 unidentified sp.)	H	RF
Acanthaceae	*Justicia*	*scansilis*	H	RF
Acanthaceae	*Justicia*	(3 unidentified spp.)	H	MR646, RF
Acanthaceae	*Mendoncia*	(2 unidentified spp.)	V	RF
Acanthaceae	*Pulchranthus*	*adenostachyus*	H	RF
Acanthaceae	*Ruellia*	(2 unidentified spp.)	H	MR755/757
Amaryllidaceae	*Crinum*	*erubescens*	H	RF
Amaryllidaceae	*Eucharis*	(1 unidentified sp.)	H	RF
Anacardiaceae	*Anacardium*	*giganteum*	T	NP9687
Anacardiaceae	*Anacardium*	*parvifolium*	T	NP9720
Anacardiaceae	*Astronium*	*graveolens* cf.	T	RF
Anacardiaceae	*Spondias*	*mombin* cf.	T	RF
Anacardiaceae	*Tapirira*	*guianensis*	T	NP9338
Anacardiaceae	*Tapirira*	(1 unidentified sp.)	T	RF
Annonaceae	*Anaxagorea*	(3 unidentified spp.)	T	MR653, NP9667, RF
Annonaceae	*Annona*	*hypoglauca*	T	RF
Annonaceae	*Annona*	(2 unidentified spp.)	T	MR552, NP9752
Annonaceae	*Cymbopetalum*	*alkekengi*	T	MR687/764
Annonaceae	*Duguetia*	*quitarensis*	T	MR511
Annonaceae	*Duguetia*	(2 unidentified spp.)	T	NP9528/9623
Annonaceae	*Fusaea*	(1 unidentified sp.)	T	MR651
Annonaceae	*Guatteria*	*decurrens*	T	MR497/676
Annonaceae	*Guatteria*	*megalophylla*	T	NP9511
Annonaceae	*Guatteria*	*pteropus* cf.	T	NP9398
Annonaceae	*Guatteria*	(12 unidentified spp.)	T	MR, NP, RF
Annonaceae	*Oxandra*	*euneura*	T	RF
Annonaceae	*Oxandra*	*mediocris*	T	RF
Annonaceae	*Oxandra*	*xylopioides*	T	MR669
Annonaceae	*Oxandra*	(2 unidentified spp.)	T	RF
Annonaceae	*Rollinia*	*danforthii*	T	MR672
Annonaceae	*Ruizodendron*	*ovale*	T	NP9864
Annonaceae	*Tetrameranthus*	*laomae*	T	MR464
Annonaceae	*Trigynaea*	*triplinervis*	T	MR599
Annonaceae	*Unonopsis*	(3 unidentified spp.)	T	MR460/720, RF
Annonaceae	*Xylopia*	*cuspidata*	T	RF
Annonaceae	*Xylopia*	(2 unidentified spp.)	T	NP9273/9614
Annonaceae	(18 unidentified spp.)		T	MR, NP, RF
Apocynaceae	*Aspidosperma*	(6 unidentified spp.)	T	NP, RF

Plantas/Plants

Species of vascular plants recorded at three sites in the headwaters of the Yaguas, Ampiyacu and Apayacu rivers in a rapid biological inventory 2-21 August 2003. Compiled by R. Foster. Rapid biological inventory botany team members: R. Foster, I. Mesones, N. Pitman, M. Ríos and C. Vriesendorp. We are grateful to P. Fine, N. Hensold and L. Kawasaki for identifying herbarium specimens following the inventory. Updated information will be posted at *www.fieldmuseum.org/rbi.*

PLANTAS / PLANTS

Familia/Family	Género/Genus	Especie/Species	Forma de Vida/Habit	Fuente/Source
Apocynaceae	*Couma*	*macrocarpa*	T	RF
Apocynaceae	*Forsteronia*	(2 unidentified spp.)	V	RF
Apocynaceae	*Himatanthus*	*sucuuba*	T	NP9792
Apocynaceae	*Lacmellea*	(1 unidentified sp.)	T	NP9399
Apocynaceae	*Malouetia*	(1 unidentified sp.)	T	RF
Apocynaceae	*Odontadenia*	(1 unidentified sp.)	V	RF
Apocynaceae	*Parahancornia*	*peruviana* cf.	T	NP9800
Apocynaceae	*Prestonia*	(1 unidentified sp.)	V	RF
Apocynaceae	*Rauvolfia*	*sprucei*	S	RF
Apocynaceae	*Tabernaemontana*	*sananho*	S	RF
Apocynaceae	*Tabernaemontana*	*siphilitica*	S	RF
Apocynaceae	(1 unidentified sp.)		T	NP9334
Araceae	*Anthurium*	*brevipedunculatum*	E	RF
Araceae	*Anthurium*	*clavigerum*	E	RF
Araceae	*Anthurium*	*eminens*	E	RF
Araceae	*Anthurium*	*gracile*	E	RF
Araceae	*Anthurium*	(12 unidentified spp.)	E	MR, RF
Araceae	*Cladium*	*smaragdinum*	H	RF
Araceae	*Dieffenbachia*	(4 unidentified spp.)	H	RF
Araceae	*Dracontium*	(1 unidentified sp.)	H	RF
Araceae	*Heteropsis*	(2 unidentified spp.)	E	RF
Araceae	*Homalomena*	(2 unidentified spp.)	H	RF
Araceae	*Monstera*	*dilacerata* cf.	E	RF
Araceae	*Monstera*	*lechleriana* cf.	E	RF
Araceae	*Monstera*	*obliqua*	E	RF
Araceae	*Philodendron*	*campii*	E	RF
Araceae	*Philodendron*	*ernestii*	E	RF
Araceae	*Philodendron*	*panduriforme*	E	RF
Araceae	*Philodendron*	*tripartitum*	E	RF
Araceae	*Philodendron*	*wittianum*	E	RF
Araceae	*Philodendron*	(15 unidentified spp.)	E	RF
Araceae	*Rhodospatha*	*latifolia*	E	RF
Araceae	*Rhodospatha*	(1 unidentified sp.)	E	RF

LEYENDA/ LEGEND

Forma de Vida/Habit

E = Epífita/Epiphyte
H = Hierba terrestre/ Terrestrial herb
S = Arbusto/Shrub
T = Árbol/Tree
V = Trepadora/Climber

Fuente/Source

CV = Colecciones de Corine Vriesendorp/Corine Vriesendorp collections
IM = Colecciones de Italo Mesones/ Italo Mesones collections
MR = Colecciones de Marcos Ríos/ Marcos Ríos collections
NP = Colecciones de Nigel Pitman/ Nigel Pitman collections
RF = Fotos o observaciones de campo de Robin Foster/ Robin Foster photographs or field identifications

Apéndice/Appendix 1

Plantas/Plants

PLANTAS/PLANTS

Familia/Family	Género/Genus	Especie/Species	Forma de Vida/Habit	Fuente/Source
Araceae	*Spathiphyllum*	(2 unidentified spp.)	H	RF
Araceae	*Stenospermation*	*amomifolium*	E	RF
Araceae	*Syngonium*	(1 unidentified sp.)	E	RF
Araceae	*Urospatha*	*sagittifolia*	H	RF
Araceae	*Xanthosoma*	*viviparum*	H	RF
Araliaceae	*Dendropanax*	*quercetii*	S	MR494
Araliaceae	*Dendropanax*	(1 unidentified sp.)	T	NP9411/9485
Araliaceae	*Schefflera*	*megacarpa*	T	MR446
Araliaceae	*Schefflera*	*morototoni*	T	RF
Arecaceae	*Aiphanes*	*deltoidea*	S	RF
Arecaceae	*Aiphanes*	*ulei*	S	RF
Arecaceae	*Astrocaryum*	*chambira*	T	RF
Arecaceae	*Astrocaryum*	*jauari*	T	RF
Arecaceae	*Astrocaryum*	*murumuru*	T	RF
Arecaceae	*Attalea*	*butyracea*	T	RF
Arecaceae	*Attalea*	*insignis*	S	RF
Arecaceae	*Attalea*	*maripa*	T	RF
Arecaceae	*Attalea*	*microcarpa*	S	RF
Arecaceae	*Bactris*	*bifida*	S	RF
Arecaceae	*Bactris*	*brongniartii*	S	RF
Arecaceae	*Bactris*	*hirta*	S	RF
Arecaceae	*Bactris*	*maraja*	S	RF
Arecaceae	*Bactris*	*riparia*	S	RF
Arecaceae	*Bactris*	*simplicifrons*	S	RF
Arecaceae	*Bactris*	*tomentosa*	S	RF
Arecaceae	*Bactris*	(3 unidentified spp.)	S	RF
Arecaceae	*Chamaedorea*	*simplicifrons*	S	RF
Arecaceae	*Chelyocarpus*	*ulei*	S	RF
Arecaceae	*Desmoncus*	*giganteus*	V	RF
Arecaceae	*Desmoncus*	*mitis*	V	RF
Arecaceae	*Desmoncus*	*orthacanthos*	V	RF
Arecaceae	*Desmoncus*	*polyacanthos*	V	RF
Arecaceae	*Euterpe*	*precatoria*	T	RF
Arecaceae	*Geonoma*	*aspidifolia*	S	RF
Arecaceae	*Geonoma*	*brongniartii*	H	RF
Arecaceae	*Geonoma*	*camana*	S	RF
Arecaceae	*Geonoma*	*macrostachys*	H	RF
Arecaceae	*Geonoma*	*maxima*	S	RF
Arecaceae	*Geonoma*	*poeppigiana*	S	RF
Arecaceae	*Geonoma*	*stricta*	S	RF

PLANTAS / PLANTS

Familia/Family	Género/Genus	Especie/Species	Forma de Vida/Habit	Fuente/Source
Arecaceae	*Geonoma*	(2 unidentified spp.)	S	RF
Arecaceae	*Hyospathe*	*elegans*	S	RF
Arecaceae	*Iriartea*	*deltoidea*	T	RF
Arecaceae	*Iriartella*	*setigera*	S	RF
Arecaceae	*Lepidocaryum*	*tenue*	S	MR448
Arecaceae	*Manicaria*	*saccifera*	T	RF
Arecaceae	*Mauritia*	*flexuosa*	T	RF
Arecaceae	*Mauritiella*	*armata*	T	RF
Arecaceae	*Oenocarpus*	*bacaba*	T	IM
Arecaceae	*Oenocarpus*	*bataua*	T	RF
Arecaceae	*Oenocarpus*	*mapora*	T	RF
Arecaceae	*Phytelephas*	*macrocarpa*	S	RF
Arecaceae	*Prestoea*	*schultzeana*	S	RF
Arecaceae	*Socratea*	*exorrhiza*	T	RF
Aristolochiaceae	*Aristolochia*	(3 unidentified spp.)	V	RF
Asteraceae	*Mikania*	(2 unidentified spp.)	V	RF
Asteraceae	*Piptocarpha*	(1 unidentified sp.)	V	RF
Begoniaceae	*Begonia*	*glabra*	V	RF
Bignoniaceae	*Callichlamys*	*latifolia*	V	RF
Bignoniaceae	*Jacaranda*	*copaia*	T	RF
Bignoniaceae	*Jacranda*	*macrocarpa*	T	NP
Bignoniaceae	*Memora*	*cladotricha*	T	RF
Bignoniaceae	*Schlegelia*	*cauliflora*	V	RF
Bignoniaceae	*Tabebuia*	*serratifolia*	T	RF
Bignoniaceae	*Tabebuia*	(1 unidentified sp.)	T	NP9893
Bignoniaceae	(7 unidentified spp.)		V	RF
Bixaceae	*Bixa*	*platycarpa*	T	RF
Bombacaceae	*Cavanillesia*	*umbellata*	T	RF
Bombacaceae	*Ceiba*	*pentandra*	T	RF
Bombacaceae	*Eriotheca*	(1 unidentified sp.)	T	RF
Bombacaceae	*Huberodendron*	*swietenioides*	T	NP9859
Bombacaceae	*Matisia*	*bracteolosa*	T	MR565
Bombacaceae	*Matisia*	*longiflora*	T	RF

LEYENDA/ LEGEND

Forma de Vida/Habit

E = Epífita/Epiphyte

H = Hierba terrestre/ Terrestrial herb

S = Arbusto/Shrub

T = Árbol/Tree

V = Trepadora/Climber

Fuente/Source

CV = Colecciones de Corine Vriesendorp/Corine Vriesendorp collections

IM = Colecciones de Italo Mesones/ Italo Mesones collections

MR = Colecciones de Marcos Ríos/ Marcos Ríos collections

NP = Colecciones de Nigel Pitman/ Nigel Pitman collections

RF = Fotos o observaciones de campo de Robin Foster/ Robin Foster photographs or field identifications

Plantas/Plants

PLANTAS / PLANTS				
Familia/Family	**Género/Genus**	**Especie/Species**	**Forma de Vida/Habit**	**Fuente/Source**
Bombacaceae	*Matisia*	*malacocalyx*	T	NP9210
Bombacaceae	*Matisia*	*obliquifolia*	T	RF
Bombacaceae	*Matisia*	*oblongifolia*	T	RF
Bombacaceae	*Matisia*	*ochrocalyx*	T	MR660
Bombacaceae	*Matisia*	(2 unidentified spp.)	T	MR480/559/597
Bombacaceae	*Pachira*	*aquatica*	T	RF
Bombacaceae	*Pachira*	*insignis*	T	NP9589/9596
Bombacaceae	*Pachira*	(1 unidentified sp.)	T	RF
Bombacaceae	*Quararibea*	*amazonica*	T	RF
Bombacaceae	*Quararibea*	*wittii*	T	RF
Bombacaceae	*Quararibea*	(1 unidentified sp.)	T	RF
Bombacaceae	*Scleronema*	(1 unidentified sp.)	T	MR781/782, NP9304
Boraginaceae	*Cordia*	*bicolor* cf.	T	RF
Boraginaceae	*Cordia*	*nodosa*	T/S	RF
Boraginaceae	*Cordia*	(4 unidentified spp.)	T	NP9202/9486/9566, RF
Bromeliaceae	*Aechmea*	*contracta*	E	RF
Bromeliaceae	*Aechmea*	(4 unidentified spp.)	E	MR443, RF
Bromeliaceae	*Bilbergia*	(1 unidentified sp.)	E	RF
Bromeliaceae	*Fosterella*	(1 unidentified sp.)	E	RF
Bromeliaceae	*Guzmania*	(1 unidentified sp.)	E	RF
Bromeliaceae	*Neoregelia*	(1 unidentified sp.)	E	RF
Bromeliaceae	*Pepinia*	(1 unidentified sp.)	E	MR535
Bromeliaceae	(2 unidentified spp.)		E	RF
Burseraceae	*Crepidospermum*	*goudotianum*	T	NP9540
Burseraceae	*Crepidospermum*	*prancei*	T	RF
Burseraceae	*Crepidospermum*	*rhoifolium*	T	RF
Burseraceae	*Dacryodes*	*peruviana*	T	NP9601
Burseraceae	*Dacryodes*	*chimatensis*	T	NP9246
Burseraceae	*Protium*	*altsonii*	T	NP9215/9807
Burseraceae	*Protium*	*amazonicum*	T	NP9274
Burseraceae	*Protium*	*aracouchini*	T	NP9472, RF
Burseraceae	*Protium*	*decandrum* cf.	T	RF
Burseraceae	*Protium*	*divaricatum*	T	RF
Burseraceae	*Protium*	*ferrugineum*	T	NP9257
Burseraceae	*Protium*	*grandifolium*	T	RF
Burseraceae	*Protium*	*hebetatum*	T	RF
Burseraceae	*Protium*	*klugii*	T	RF
Burseraceae	*Protium*	*nodulosum*	T	MR554
Burseraceae	*Protium*	*opacum*	T	NP9344/9544/9624/
Burseraceae	*Protium*	*pallidum*	T	NP9873

PLANTAS / PLANTS

Familia/Family	Género/Genus	Especie/Species	Forma de Vida/Habit	Fuente/Source
Burseraceae	*Protium*	*sagotianum*	T	RF
Burseraceae	*Protium*	*spruceanum*	T	NP9214
Burseraceae	*Protium*	*subserratum*	T	RF
Burseraceae	*Protium*	*tenuifolium* cf.	T	RF
Burseraceae	*Protium*	*trifoliolatum*	T	MR444
Burseraceae	*Protium*	(3 unidentified spp.)	T	MR759, RF
Burseraceae	*Tetragastris*	*panamensis*	T	RF
Burseraceae	*Trattinnickia*	*burserifolia* cf.	T	RF
Burseraceae	*Trattinnickia*	*glaziovii*	T	IM
Burseraceae	*Trattinnickia*	(1 unidentified sp.)	T	NP9584
Cactaceae	*Epiphyllum*	*phyllanthus*	E	RF
Cactaceae	*Rhipsalis*	(1 unidentified sp.)	E	RF
Capparidaceae	*Capparis*	*detonsa*	T	RF
Capparidaceae	*Capparis*	*sola*	S	MR478
Caricaceae	*Jacaratia*	*digitata*	T	NP
Caryocaraceae	*Caryocar*	*glabrum*	T	NP9600
Cecropiaceae	*Cecropia*	*ficifolia* cf.	T	RF
Cecropiaceae	*Cecropia*	*latiloba*	T	RF
Cecropiaceae	*Cecropia*	*membranacea*	T	RF
Cecropiaceae	*Cecropia*	*sciadophylla*	T	RF
Cecropiaceae	*Cecropia*	(2 unidentified spp.)	T	NP9297/9574
Cecropiaceae	*Coussapoa*	*orthoneura*	E	RF
Cecropiaceae	*Coussapoa*	*ovalifolia* cf.	E	RF
Cecropiaceae	*Coussapoa*	*trinervia*	E/T	RF
Cecropiaceae	*Coussapoa*	*villosa*	E	RF
Cecropiaceae	*Coussapoa*	(2 unidentified spp.)	E	MR506, NP9637
Cecropiaceae	*Pourouma*	*bicolor* cf.	T	NP9451
Cecropiaceae	*Pourouma*	*cecropiifolia* cf.	T	RF
Cecropiaceae	*Pourouma*	*minor*	T	RF
Cecropiaceae	*Pourouma*	*ovata* cf.	T	NP9218
Cecropiaceae	*Pourouma*	(10 unidentified spp.)	T	RF
Celastraceae	*Goupia*	*glabra*	T	RF
Celastraceae	*Maytenus*	(1 unidentified sp.)	T	NP9621

LEYENDA/ LEGEND

Forma de Vida/Habit

E = Epífita/Epiphyte
H = Hierba terrestre/ Terrestrial herb
S = Arbusto/Shrub
T = Árbol/Tree
V = Trepadora/Climber

Fuente/Source

CV = Colecciones de Corine Vriesendorp/Corine Vriesendorp collections
IM = Colecciones de Italo Mesones/ Italo Mesones collections
MR = Colecciones de Marcos Ríos/ Marcos Ríos collections
NP = Colecciones de Nigel Pitman/ Nigel Pitman collections
RF = Fotos o observaciones de campo de Robin Foster/ Robin Foster photographs or field identifications

Plantas/Plants

PLANTAS / PLANTS				
Familia/Family	**Género/Genus**	**Especie/Species**	**Forma de Vida/Habit**	**Fuente/Source**
Chrysobalanaceae	*Couepia*	*chrysocalyx* cf.	T	RF
Chrysobalanaceae	*Couepia*	(1 unidentified sp.)	T	RF
Chrysobalanaceae	*Hirtella*	*elongata*	T	MR522
Chrysobalanaceae	*Hirtella*	*physophora*	S	MR539
Chrysobalanaceae	*Hirtella*	*rodriguesii* cf.	T	NP9302
Chrysobalanaceae	*Hirtella*	(2 unidentified spp.)	S	RF
Chrysobalanaceae	*Licania*	*harlingii* cf.	T	NP9321
Chrysobalanaceae	*Licania*	*heteromorpha* cf.	T	NP9320
Chrysobalanaceae	*Licania*	*latifolia*	T	NP9755
Chrysobalanaceae	*Licania*	*micrantha* cf.	T	NP9395
Chrysobalanaceae	*Licania*	(19 unidentified spp.)	T	NP, RF
Chrysobalanaceae	*Parinari*	*klugii*	T	RF
Chrysobalanaceae	(8 unidentified spp.)		T	NP, RF
Clusiaceae	*Calophyllum*	*brasiliense*	T	MR668/9686
Clusiaceae	*Calophyllum*	*longifolium*	T	RF
Clusiaceae	*Caraipa*	(3 unidentified spp.)	T	NP9264/9329/9679, RF
Clusiaceae	*Chrysochlamys*	*ulei*	T	RF
Clusiaceae	*Chrysochlamys*	(2 unidentified spp.)	T	MR527, RF
Clusiaceae	*Clusia*	(4 unidentified spp.)	E	MR567, RF
Clusiaceae	*Dystovomita*	(1 unidentified sp.)	E	RF
Clusiaceae	*Garcinia*	*madruno*	T	NP9263
Clusiaceae	*Lorostemon*	sp.	T	MR465/9244
Clusiaceae	*Marila*	*laxiflora*	T	NP9863
Clusiaceae	*Moronobea*	*coccinea*	T	RF
Clusiaceae	*Symphonia*	*globulifera*	T	NP9661
Clusiaceae	*Tovomita*	*stylosa* cf.	S	MR471
Clusiaceae	*Tovomita*	(7 unidentified spp.)	T	MR, NP, RF
Clusiaceae	*Vismia*	*macrophylla*	T	RF
Clusiaceae	*Vismia*	*minutiflora*	S	RF
Clusiaceae	*Vismia*	(5 unidentified spp.)	T	NP9519, RF
Clusiaceae	(8 unidentified spp.)		T	NP, RF
Combretaceae	*Buchenavia*	*parvifolia*	T	RF
Combretaceae	*Buchenavia*	(5 unidentified spp.)	T	NP, RF
Combretaceae	*Combretum*	*laxum* cf.	V	RF
Combretaceae	(1 unidentified sp.)		T	NP9373
Commelinaceae	*Dichorisandra*	*ulei*	H	RF
Commelinaceae	*Floscopa*	*peruviana*	H	RF
Commelinaceae	*Geogenanthus*	*ciliatus*	H	RF
Commelinaceae	(2 unidentified spp.)		H	RF
Connaraceae	*Connarus*	(3 unidentified spp.)	V	RF

PLANTAS / PLANTS

Familia/Family	Género/Genus	Especie/Species	Forma de Vida/Habit	Fuente/Source
Connaraceae	*Rourea*	(2 unidentified spp.)	S	RF
Convolvulaceae	*Dicranostyles*	(3 unidentified spp.)	V	RF
Convolvulaceae	*Ipomoea*	(1 unidentified sp.)	V	RF
Costaceae	*Costus*	*scaber*	H	RF
Costaceae	*Costus*	(4 unidentified spp.)	H	RF
Cucurbitaceae	*Cayaponia*	(1 unidentified sp.)	V	MR476
Cucurbitaceae	*Gurania*	*rhizantha*	V	MR709
Cucurbitaceae	*Gurania*	(1 unidentified sp.)	V	MR628
Cycadaceae	*Zamia*	(1 unidentified sp.)	H	RF
Cyclanthaceae	*Asplundia*	(2 unidentified spp.)	E	MR785, RF
Cyclanthaceae	*Cyclanthus*	*bipartitus*	H	RF
Cyclanthaceae	*Cyclanthus*	sp. nov. *ined.*	H	MR602
Cyclanthaceae	*Dicranopygium*	(1 unidentified sp.)	H	RF
Cyclanthaceae	*Evodianthus*	*funifer*	E	RF
Cyclanthaceae	*Ludovia*	(1 unidentified sp.)	E	RF
Cyclanthaceae	*Thoracocarpus*	*bissectus*	E	RF
Cyclanthaceae	(1 unidentified sp.)		H	RF
Cyperaceae	*Calyptrocarya*	(1 unidentified sp.)	H	RF
Cyperaceae	*Cyperus*	(1 unidentified sp.)	H	RF
Cyperaceae	*Diplasia*	*karataefolia*	H	RF
Cyperaceae	*Scleria*	*secans*	V	RF
Cyperaceae	(2 unidentified spp.)		H	MR580, RF
Dichapetalaceae	*Dichapetalum*	(2 unidentified spp.)	V	RF
Dichapetalaceae	*Tapura*	*amazonica*	T	MR529
Dichapetalaceae	*Tapura*	(2 unidentified spp.)	T	MR627, NP9423/9541
Dilleniaceae	*Doliocarpus*	(4 unidentified spp.)	V	MR526/650, RF
Dioscoreaceae	*Dioscorea*	*crotalariifolia* cf.	V	MR754
Dioscoreaceae	*Dioscorea*	(2 unidentified spp.)	V	RF
Ebenaceae	*Diospyros*	(4 unidentified spp.)	T	MR765, NP9523/9605/9697
Elaeocarpaceae	*Sloanea*	*grandiflora* cf.	T	RF
Elaeocarpaceae	*Sloanea*	*guianensis*	T	RF
Elaeocarpaceae	*Sloanea*	(10 unidentified spp.)	T	NP, RF

LEYENDA/ LEGEND

Forma de Vida/Habit

E = Epífita/Epiphyte
H = Hierba terrestre/ Terrestrial herb
S = Arbusto/Shrub
T = Árbol/Tree
V = Trepadora/Climber

Fuente/Source

CV = Colecciones de Corine Vriesendorp/Corine Vriesendorp collections
IM = Colecciones de Italo Mesones/ Italo Mesones collections
MR = Colecciones de Marcos Ríos/ Marcos Ríos collections
NP = Colecciones de Nigel Pitman/ Nigel Pitman collections
RF = Fotos o observaciones de campo de Robin Foster/ Robin Foster photographs or field identifications

Plantas/Plants

PLANTAS / PLANTS				
Familia/Family	**Género/Genus**	**Especie/Species**	**Forma de Vida/Habit**	**Fuente/Source**
Erythroxylaceae	*Erythroxylum*	*macrophyllum*	S	MR711/715, RF
Erythroxylaceae	*Erythroxylum*	(2 unidentified spp.)	S	NP9718, RF
Euphorbiaceae	*Acalypha*	(1 unidentified sp.)	S	MR750
Euphorbiaceae	*Alchornea*	*triplinervia*	T	RF
Euphorbiaceae	*Alchorneopsis*	*floribunda*	T	NP9349
Euphorbiaceae	*Aparisthmium*	*cordatum*	T	RF
Euphorbiaceae	*Caperonia*	(1 unidentified sp.)	H	RF
Euphorbiaceae	*Caryodendron*	*orinocense*	T	RF
Euphorbiaceae	*Conceveiba*	*guianensis*	T	RF
Euphorbiaceae	*Conceveiba*	*martiana*	T	NP9351
Euphorbiaceae	*Croton*	(3 unidentified spp.)	T	RF
Euphorbiaceae	*Drypetes*	*gentryi*	T	NP
Euphorbiaceae	*Drypetes*	(1 unidentified sp.)	T	NP9833
Euphorbiaceae	*Hevea*	*brasiliensis*	T	RF
Euphorbiaceae	*Hevea*	*guianensis*	T	NP9238
Euphorbiaceae	*Hyeronima*	*alchorneoides*	T	RF
Euphorbiaceae	*Hyeronima*	*oblonga* cf.	T	NP9270
Euphorbiaceae	*Mabea*	*angularis*	T	NP9249
Euphorbiaceae	*Mabea*	*occidentalis* cf.	T	RF
Euphorbiaceae	*Mabea*	(4 unidentified spp.)	V	MR525, NP9389, RF
Euphorbiaceae	*Manihot*	*brachyloba* cf.	V	RF
Euphorbiaceae	*Maprounea*	*guianensis*	T	RF
Euphorbiaceae	*Micrandra*	*spruceana*	T	MR584/9213
Euphorbiaceae	*Nealchornea*	*yapurensis*	T	NP9413
Euphorbiaceae	*Omphalea*	*diandra*	V	RF
Euphorbiaceae	*Pausandra*	*trianae*	T	RF
Euphorbiaceae	*Richeria*	(2 unidentified spp.)	T	NP9572/9730
Euphorbiaceae	*Sapium*	*marmieri*	T	RF
Euphorbiaceae	*Sapium*	(2 unidentified spp.)	T	NP9654/9868
Euphorbiaceae	*Senefeldera*	*inclinata*	T	RF
Euphorbiaceae	(6 unidentified spp.)		T	NP, RF
Fabaceae-Caesalpinoid	*Apuleia*	(1 unidentified sp.)	T	RF
Fabaceae-Caesalpinoid	*Bauhinia*	*guianensis*	V	RF
Fabaceae-Caesalpinoid	*Bauhinia*	(3 unidentified spp.)	V/T	RF
Fabaceae-Caesalpinoid	*Brownea*	*grandiceps*	T	NP9655/9706
Fabaceae-Caesalpinoid	*Browneopsis*	*ucayalina* cf.	T	RF
Fabaceae-Caesalpinoid	*Dialium*	*guianense*	T	NP9336
Fabaceae-Caesalpinoid	*Hymenaea*	(1 unidentified sp.)	T	NP9337
Fabaceae-Caesalpinoid	*Macrolobium*	*acaciifolium*	T	RF
Fabaceae-Caesalpinoid	*Macrolobium*	*angustifolium*	T	NP9251

PLANTAS / PLANTS

Familia/Family	Género/Genus	Especie/Species	Forma de Vida/Habit	Fuente/Source
Fabaceae-Caesalpinoid	*Macrolobium*	*colombianum*	T	NP9260
Fabaceae-Caesalpinoid	*Macrolobium*	(4 unidentified spp.)	T	NP9404/9743/9748/ 9775/9817, RF
Fabaceae-Caesalpinoid	*Peltogyne*	(1 unidentified sp.)	T	NP9474/9880
Fabaceae-Caesalpinoid	*Poeppigia*	*procera*	T	RF
Fabaceae-Caesalpinoid	*Tachigali*	*formicarum*	T	RF
Fabaceae-Caesalpinoid	*Tachigali*	(5 unidentified spp.)	T	NP9403/9508/9576/ 9500/9479/9612, RF
Fabaceae-Mimosoid	*Calliandra*	*trinervia*	T	MR566
Fabaceae-Mimosoid	*Cedrelinga*	*cateniformis*	T	RF
Fabaceae-Mimosoid	*Enterolobium*	*schomburgkii* cf.	T	RF
Fabaceae-Mimosoid	*Inga*	*acuminata*	T	RF
Fabaceae-Mimosoid	*Inga*	*auristellae*	T	RF
Fabaceae-Mimosoid	*Inga*	*capitata*	T	RF
Fabaceae-Mimosoid	*Inga*	*cordatoalata*	T	NP9749
Fabaceae-Mimosoid	*Inga*	*marginata* cf.	T	NP9245
Fabaceae-Mimosoid	*Inga*	*nobilis*	T	RF
Fabaceae-Mimosoid	*Inga*	*stipulacea*	T	RF
Fabaceae-Mimosoid	*Inga*	*tarapotensis* cf.	T	RF
Fabaceae-Mimosoid	*Inga*	*thibaudiana*	T	RF
Fabaceae-Mimosoid	*Inga*	(25 unidentified spp.)	T	NP, MR, RF
Fabaceae-Mimosoid	*Marmaroxylon*	*basijugum*	T	RF
Fabaceae-Mimosoid	*Parkia*	*igneiflora*	T	NP9272
Fabaceae-Mimosoid	*Parkia*	(3 unidentified spp.)	T	NP9219/9234/9769
Fabaceae-Mimosoid	*Piptadenia*	(1 unidentified sp.)	T	RF
Fabaceae-Mimosoid	*Zygia*	(3 unidentified spp.)	T	NP9352/9433, RF
Fabaceae-Mimosoid	(5 unidentified spp.)		T	NP, RF
Fabaceae-Papilionoid	*Andira*	*inermis*	T	RF
Fabaceae-Papilionoid	*Andira*	(1 unidentified sp.)	T	NP9203
Fabaceae-Papilionoid	*Clathrotropis*	*macrocarpa*	T	NP9266
Fabaceae-Papilionoid	*Clitoria*	(1 unidentified sp.)	V	RF
Fabaceae-Papilionoid	*Dalbergia*	*monetaria*	V	RF
Fabaceae-Papilionoid	*Dipteryx*	(1 unidentified sp.)	T	NP9392

LEYENDA/ LEGEND

Forma de Vida/Habit

E = Epífita/Epiphyte

H = Hierba terrestre/ Terrestrial herb

S = Arbusto/Shrub

T = Árbol/Tree

V = Trepadora/Climber

Fuente/Source

CV = Colecciones de Corine Vriesendorp/Corine Vriesendorp collections

IM = Colecciones de Italo Mesones/ Italo Mesones collections

MR = Colecciones de Marcos Ríos/ Marcos Ríos collections

NP = Colecciones de Nigel Pitman/ Nigel Pitman collections

RF = Fotos o observaciones de campo de Robin Foster/ Robin Foster photographs or field identifications

Plantas/Plants

PLANTAS / PLANTS				
Familia/Family	**Género/Genus**	**Especie/Species**	**Forma de Vida/Habit**	**Fuente/Source**
Fabaceae-Papilionoid	*Dussia*	*tessmannii* cf.	T	NP9248
Fabaceae-Papilionoid	*Erythrina*	(1 unidentified sp.)	T	RF
Fabaceae-Papilionoid	*Hymenolobium*	*pulcherrimum*	T	RF
Fabaceae-Papilionoid	*Machaerium*	*cuspidatum*	V	RF
Fabaceae-Papilionoid	*Machaerium*	*floribundum*	V	RF
Fabaceae-Papilionoid	*Machaerium*	*macrophyllum*	V	RF
Fabaceae-Papilionoid	*Machaerium*	(4 unidentified spp.)	V	RF
Fabaceae-Papilionoid	*Ormosia*	(3 unidentified spp.)	T	NP9673, RF
Fabaceae-Papilionoid	*Platymiscium*	(1 unidentified sp.)	T	NP9872, RF
Fabaceae-Papilionoid	*Pterocarpus*	(1 unidentified sp.)	T	NP9441
Fabaceae-Papilionoid	*Swartzia*	*arborescens*	T	NP9741
Fabaceae-Papilionoid	*Swartzia*	(5 unidentified spp.)	T	NP, RF
Fabaceae-Papilionoid	*Vatairea*	(1 unidentified sp.)	T	NP9640
Fabaceae-Papilionoid	(24 unidentified spp.)		T/V	NP, RF
Fabaceae	(5 unidentified spp.)		T	RF
Flacourtiaceae	*Banara*	(1 unidentified sp.)	T	RF
Flacourtiaceae	*Carpotroche*	*longifolia*	S	RF
Flacourtiaceae	*Casearia*	*aculeata*	S	RF
Flacourtiaceae	*Casearia*	*prunifolia* cf.	S	MR784
Flacourtiaceae	*Casearia*	(5 unidentified spp.)	T	NP, RF
Flacourtiaceae	*Hasseltia*	*floribunda*	T	RF
Flacourtiaceae	*Laetia*	*procera*	T	RF
Flacourtiaceae	*Lindackeria*	*paludosa*	T	RF
Flacourtiaceae	*Mayna*	*odorata*	S	RF
Flacourtiaceae	*Neoptychocarpus*	*killipii*	S	MR503
Flacourtiaceae	*Ryania*	*speciosa*	S	RF
Flacourtiaceae	*Tetrathylacium*	*macrophyllum*	T	NP9443
Flacourtiaceae	*Xylosma*	(1 unidentified sp.)	T	RF
Gentianaceae	*Potalia*	*resinifera*	S	RF
Gentianaceae	*Voyria*	*tenella*	H	RF
Gentianaceae	*Voyria*	(3 unidentified spp.)	H	RF
Gesneriaceae	*Besleria*	(2 unidentified spp.)	S	MR615, RF
Gesneriaceae	*Codonanthe*	(1 unidentified sp.)	E	RF
Gesneriaceae	*Columnea*	*ericae*	E	RF
Gesneriaceae	*Columnea*	(1 unidentified sp.)	E	MR694
Gesneriaceae	*Drymonia*	*anisophylla*	E	RF
Gesneriaceae	*Drymonia*	(1 unidentified sp.)	E	RF
Gesneriaceae	*(3 unidentified spp.)*		H	MR743, RF
Gnetaceae	*Gnetum*	(1 unidentified sp.)	V	RF
Heliconiaceae	*Heliconia*	*chartacea*	H	RF

PLANTAS / PLANTS

Familia/Family	Género/Genus	Especie/Species	Forma de Vida/Habit	Fuente/Source
Heliconiaceae	*Heliconia*	*hirsuta*	H	RF
Heliconiaceae	*Heliconia*	*juruana*	H	RF
Heliconiaceae	*Heliconia*	*pruinosa*	H	RF
Heliconiaceae	*Heliconia*	*stricta*	H	RF
Heliconiaceae	*Heliconia*	*velutina*	H	RF
Heliconiaceae	*Heliconia*	(3 unidentified spp.)	H	MR455, RF
Hernandiaceae	*Sparattanthelium*	(1 unidentified sp.)	V	RF
Hippocrateaceae	*Cheiloclinium*	*cognatum*	T	RF
Hippocrateaceae	*Cheiloclinium*	(1 unidentified sp.)	T	RF
Hippocrateaceae	*Salacia*	(2 unidentified spp.)	V	NP9630/9740, RF
Hippocrateaceae	(7 unidentified spp.)		V	RF
Hugoniaceae	*Hebepetalum*	(1 unidentified sp.)	T	NP9341
Hugoniaceae	*Roucheria*	*punctata*	T	NP9672
Hugoniaceae	*Roucheria*	(2 unidentified spp.)	T	RF
Humiriaceae	*Sacoglottis*	(1 unidentified sp.)	T	RF
Humiriaceae	*Vantanea*	*guianensis* cf.	T	NP9301
Humiriaceae	(3 unidentified spp.)		T	NP9386/9642/9728
Icacinaceae	*Dendrobangia*	(2 unidentified spp.)	T	NP9482/9488/9730
Icacinaceae	*Discophora*	*guianensis*	T	NP9806
Icacinaceae	(1 unidentified sp.)		T	NP9283
Lauraceae	*Anaueria*	*brasiliensis*	T	NP9253
Lauraceae	*Aniba*	(3 unidentified spp.)	T	MR606/701, RF
Lauraceae	*Caryodaphnopsis*	*fosteri*	T	RF
Lauraceae	*Endlicheria*	*sericea*	T	NP9300
Lauraceae	*Endlicheria*	(2 unidentified spp.)	T	RF
Lauraceae	*Licaria*	(1 unidentified sp.)	T	NP9499
Lauraceae	*Mezilaurus*	(1 unidentified sp.)	T	NP9314
Lauraceae	*Ocotea*	*cernua*	T	NP9286/9554
Lauraceae	*Ocotea*	*javitensis*	T	RF
Lauraceae	*Ocotea*	(3 unidentified spp.)	T	RF
Lauraceae	*Pleurothyrium*	(1 unidentified sp.)	T	RF
Lauraceae	(45 unidentified spp.)		T	NP, MR, RF
Lecythidaceae	*Cariniana*	*decandra* cf.	T	NP9797

LEYENDA/ LEGEND

Forma de Vida/Habit

E = Epífita/Epiphyte
H = Hierba terrestre/ Terrestrial herb
S = Arbusto/Shrub
T = Árbol/Tree
V = Trepadora/Climber

Fuente/Source

CV = Colecciones de Corine Vriesendorp/Corine Vriesendorp collections
IM = Colecciones de Italo Mesones/ Italo Mesones collections
MR = Colecciones de Marcos Ríos/ Marcos Ríos collections
NP = Colecciones de Nigel Pitman/ Nigel Pitman collections
RF = Fotos o observaciones de campo de Robin Foster/ Robin Foster photographs or field identifications

Apéndice/Appendix 1

Plantas/Plants

PLANTAS / PLANTS				
Familia/Family	**Género/Genus**	**Especie/Species**	**Forma de Vida/Habit**	**Fuente/Source**
Lecythidaceae	*Couratari*	*guianensis*	T	RF
Lecythidaceae	*Eschweilera*	*coriacea*	T	NP9331/9618
Lecythidaceae	*Eschweilera*	*gigantea*	T	RF
Lecythidaceae	*Eschweilera*	*rufifolia* cf.	T	NP9414/9593
Lecythidaceae	*Eschweilera*	*tessmannii* cf.	T	NP9255
Lecythidaceae	*Eschweilera*	(5 unidentified spp.)	T	RF
Lecythidaceae	*Gustavia*	*hexapetala*	T	NP9424
Lecythidaceae	*Gustavia*	*longifolia*	T	MR768
Lecythidaceae	*Gustavia*	(1 unidentified sp.)	T	RF
Lecythidaceae	*Lecythis*	(2 unidentified spp.)	T	NP9480/9527/9603/9834
Lepidobotryaceae	*Ruptiliocarpon*	(1 unidentified sp.)	T	NP9615
Loganiaceae	*Strychnos*	(4 unidentified spp.)	V	RF
Loranthaceae	*Psittacanthus*	(1 unidentified sp.)	E	RF
Magnoliaceae	*Talauma*	(1 unidentified sp.)	T	NP9452
Malpighiaceae	*Hiraea*	*reclinata* cf.	V	RF
Malpighiaceae	*Hiraea*	(1 unidentified sp.)	V	RF
Malpighiaceae	*Stigmaphyllon*	(1 unidentified sp.)	V	RF
Malpighiaceae	*Tetrapterys*	(1 unidentified sp.)	V	MR721
Malpighiaceae	(2 unidentified spp.)		V	RF
Marantaceae	*Calathea*	*altissima*	H	RF
Marantaceae	*Calathea*	*capitata*	H	CV
Marantaceae	*Calathea*	*loeseneri*	H	RF
Marantaceae	*Calathea*	*lutea*	H	RF
Marantaceae	*Calathea*	*micans*	H	RF
Marantaceae	*Calathea*	(12 unidentified spp.)	H	MR, RF
Marantaceae	*Ischnosiphon*	*gracile*	V	RF
Marantaceae	*Ischnosiphon*	*hirsutus*	H	RF
Marantaceae	*Ischnosiphon*	*killipii*	V	RF
Marantaceae	*Ischnosiphon*	(4 unidentified spp.)	H	RF
Marantaceae	*Monophyllanthe*	*araracuarensis*	H	MR613
Marantaceae	*Monotagma*	*aurantiaca*	H	RF
Marantaceae	*Monotagma*	*juruanum*	H	RF
Marantaceae	*Monotagma*	*laxum*	H	RF
Marantaceae	*Monotagma*	(4 unidentified spp.)	H	RF
Marantaceae	(1 unidentified sp.)		H	MR536
Marcgraviaceae	*Marcgravia*	(2 unidentified spp.)	V	RF
Melastomataceae	*Aciotis*	(1 unidentified sp.)	H	RF
Melastomataceae	*Adelobotrys*	(2 unidentified spp.)	V	MR528/702
Melastomataceae	*Bellucia*	(2 unidentified spp.)	T	RF

PLANTAS / PLANTS

Familia/Family	Género/Genus	Especie/Species	Forma de Vida/Habit	Fuente/Source
Melastomataceae	*Blakea*	*rosea*	E	RF
Melastomataceae	*Blakea*	(1 unidentified sp.)	E	RF
Melastomataceae	*Clidemia*	*dimorphica*	S	RF
Melastomataceae	*Clidemia*	(4 unidentified spp.)	V	RF
Melastomataceae	*Leandra*	*chaetodon*	S	MR563/773
Melastomataceae	*Leandra*	(2 unidentified spp.)	H	RF
Melastomataceae	*Maieta*	*guianensis*	S	RF
Melastomataceae	*Maieta*	*poeppigii*	S	RF
Melastomataceae	*Miconia*	*bubalina*	S	RF
Melastomataceae	*Miconia*	*elata* cf.	T	RF
Melastomataceae	*Miconia*	*fosteri*	S	RF
Melastomataceae	*Miconia*	*grandifolia*	T	RF
Melastomataceae	*Miconia*	*tomentosa*	T	RF
Melastomataceae	*Miconia*	(17 unidentified spp.)	S	NP, MR, RF
Melastomataceae	*Ossaea*	*boliviensis*	S	RF
Melastomataceae	*Salpinga*	*secunda*	H	RF
Melastomataceae	*Tococa*	*caquetana*	S	RF
Melastomataceae	*Tococa*	*guianensis*	S	RF
Melastomataceae	*Tococa*	(4 unidentified spp.)	S	RF
Melastomataceae	*Triolena*	*amazonica*	H	RF
Melastomataceae	(1 unidentified sp.)		H	MR582
Meliaceae	*Cabralea*	*canjerana*	T	NP9779
Meliaceae	*Carapa*	*guianensis*	T	RF
Meliaceae	*Cedrela*	*fissilis* cf.	T	RF
Meliaceae	*Guarea*	*cristata*	T	RF
Meliaceae	*Guarea*	*fistulosa*	T	RF
Meliaceae	*Guarea*	*gomma* cf.	T	NP
Meliaceae	*Guarea*	*grandifolia* cf.	T	NP9291
Meliaceae	*Guarea*	*guentheri*	T	RF
Meliaceae	*Guarea*	*kunthiana*	T	RF
Meliaceae	*Guarea*	*macrophylla* cf.	T	NP9408/9475
Meliaceae	*Guarea*	*pterorhachis*	T	MR595
Meliaceae	*Guarea*	*pubescens*	T	MR557

LEYENDA/ LEGEND

Forma de Vida/Habit

- E = Epífita/Epiphyte
- H = Hierba terrestre/ Terrestrial herb
- S = Arbusto/Shrub
- T = Árbol/Tree
- V = Trepadora/Climber

Fuente/Source

- CV = Colecciones de Corine Vriesendorp/Corine Vriesendorp collections
- IM = Colecciones de Italo Mesones/ Italo Mesones collections
- MR = Colecciones de Marcos Ríos/ Marcos Ríos collections
- NP = Colecciones de Nigel Pitman/ Nigel Pitman collections
- RF = Fotos o observaciones de campo de Robin Foster/ Robin Foster photographs or field identifications

Apéndice / Appendix 1

Plantas/Plants

PLANTAS / PLANTS				
Familia/Family	**Género/Genus**	**Especie/Species**	**Forma de Vida/Habit**	**Fuente/Source**
Meliaceae	*Guarea*	(7 unidentified spp.)	T	NP, MR, RF
Meliaceae	*Trichilia*	*maynasense*	T	RF
Meliaceae	*Trichilia*	*pallida*	T	RF
Meliaceae	*Trichilia*	*poeppigii*	T	RF
Meliaceae	*Trichilia*	*quadrijuga*	T	RF
Meliaceae	*Trichilia*	*rubra*	T	RF
Meliaceae	*Trichilia*	*septentrionalis*	T	NP9552
Meliaceae	*Trichilia*	*solitudinis*	T	RF
Meliaceae	*Trichilia*	(6 unidentified spp.)	T	NP, MR, RF
Memecylaceae	*Mouriri*	*grandiflora*	T	RF
Memecylaceae	*Mouriri*	*myrtilloides*	T	RF
Memecylaceae	*Mouriri*	*nigra*	T	MR524
Memecylaceae	*Mouriri*	(4 unidentified spp.)	T	MR726, NP9303/9526/ 9747/9836, RF
Menispermaceae	*Abuta*	*grandifolia*	S	RF
Menispermaceae	*Abuta*	(1 unidentified sp.)	V	MR543
Menispermaceae	*Abuta*	sp. nov.	S	RF
Menispermaceae	*Anomospermum*	(1 unidentified sp.)	V	RF
Menispermaceae	*Cissampelos*	(1 unidentified sp.)	V	RF
Menispermaceae	*Curarea*	*tecunarum*	V	RF
Menispermaceae	*Disciphania*	(2 unidentified spp.)	V	RF
Menispermaceae	*Odontocarya*	(1 unidentified sp.)	V	MR659
Menispermaceae	*Telitoxicum*	(1 unidentified sp.)	V	RF
Menispermaceae	(4 unidentified spp.)		V	RF
Monimiaceae	*Mollinedia*	*killipii*	S	NP9719
Monimiaceae	*Mollinedia*	*ovata*	T	NP
Monimiaceae	*Mollinedia*	(2 unidentified spp.)	S	RF
Monimiaceae	*Siparuna*	*cuspidata* cf.	T	NP9610
Monimiaceae	*Siparuna*	*decipiens*	T	RF
Monimiaceae	*Siparuna*	(9 unidentified spp.)	S	NP, RF
Moraceae	*Brosimum*	*guianense*	T	NP9415
Moraceae	*Brosimum*	*lactescens*	T	NP9307
Moraceae	*Brosimum*	*parinarioides*	T	MR654
Moraceae	*Brosimum*	*potabile*	T	NP9390
Moraceae	*Brosimum*	*rubescens*	T	NP9241
Moraceae	*Brosimum*	*utile*	T	NP9563
Moraceae	*Clarisia*	*racemosa*	T	RF
Moraceae	*Ficus*	*brevibracteatus* cf.	T	RF
Moraceae	*Ficus*	*caballina*	E	RF
Moraceae	*Ficus*	*guianensis*	T	RF

PLANTAS / PLANTS

Familia/Family	Género/Genus	Especie/Species	Forma de Vida/Habit	Fuente/Source
Moraceae	*Ficus*	*maxima*	T	RF
Moraceae	*Ficus*	*nymphaeifolia*	T	RF
Moraceae	*Ficus*	*paraensis*	E	RF
Moraceae	*Ficus*	*popenoei*	T	RF
Moraceae	*Ficus*	*schultesii*	T	RF
Moraceae	*Ficus*	(5 unidentified spp.)	T	RF
Moraceae	*Helicostylis*	*scabra*	T	NP9333
Moraceae	*Helicostylis*	*tomentosa*	T	NP9258
Moraceae	*Helicostylis*	(1 unidentified sp.)	T	MR716
Moraceae	*Maquira*	*calophylla*	T	RF
Moraceae	*Naucleopsis*	*glabra*	T	RF
Moraceae	*Naucleopsis*	*imitans* cf.	T	NP9216
Moraceae	*Naucleopsis*	*krukovii*	T	NP9329/9353
Moraceae	*Naucleopsis*	*ulei*	T	RF
Moraceae	*Naucleopsis*	(4 unidentified spp.)	T	MR555, NP9388/9463 /9876/9410, RF
Moraceae	*Perebea*	*guianensis* ssp. 1	T	NP9410
Moraceae	*Perebea*	*guianensis* ssp. 2	T	RF
Moraceae	*Perebea*	*humilis*	S	MR667
Moraceae	*Perebea*	*mollis*	T	RF
Moraceae	*Perebea*	(2 unidentified spp.)	T	MR645, RF
Moraceae	*Pseudolmedia*	*laevigata* cf.	T	NP9284
Moraceae	*Pseudolmedia*	*laevis*	T	RF
Moraceae	*Pseudolmedia*	*macrophylla*	T	NP9327
Moraceae	*Sorocea*	*guilleminiana*	T	NP9487
Moraceae	*Sorocea*	*muriculata*	S	RF
Moraceae	*Sorocea*	*pubivena*	S	MR452/454
Moraceae	*Sorocea*	*steinbachii*	S	MR632
Moraceae	*Sorocea*	(3 unidentified spp.)	S/T	MR459/719/690, NP9579
Moraceae	*Trophis*	*racemosa*	T	NP9478
Moraceae	*Trymatococcus*	*amazonicus*	T	NP9534
Moraceae	(6 unidentified spp.)		T	NP, RF

LEYENDA/ LEGEND

Forma de Vida/Habit

E = Epífita/Epiphyte
H = Hierba terrestre/ Terrestrial herb
S = Arbusto/Shrub
T = Árbol/Tree
V = Trepadora/Climber

Fuente/Source

CV = Colecciones de Corine Vriesendorp/Corine Vriesendorp collections
IM = Colecciones de Italo Mesones/ Italo Mesones collections
MR = Colecciones de Marcos Ríos/ Marcos Ríos collections
NP = Colecciones de Nigel Pitman/ Nigel Pitman collections
RF = Fotos o observaciones de campo de Robin Foster/ Robin Foster photographs or field identifications

Apéndice/Appendix 1

Plantas/Plants

PLANTAS / PLANTS

Familia/Family	Género/Genus	Especie/Species	Forma de Vida/Habit	Fuente/Source
Myristicaceae	*Compsoneura*	*capitellata*	T	NP
Myristicaceae	*Iryanthera*	*macrophylla* cf.	T	NP9276/9569d/9606
Myristicaceae	*Iryanthera*	*tessmannii* cf.	T	MR515
Myristicaceae	*Iryanthera*	*tricornis* cf.	T	NP9205
Myristicaceae	*Iryanthera*	*ulei* cf.	T	MR516
Myristicaceae	*Iryanthera*	(8 unidentified spp.)	T	NP, MR, RF
Myristicaceae	*Osteophloeum*	*platyspermum*	T	NP
Myristicaceae	*Otoba*	*glycicarpa*	T	RF
Myristicaceae	*Otoba*	*parvifolia*	T	NP9867
Myristicaceae	*Virola*	*calophylla*	T	RF
Myristicaceae	*Virola*	*decorticans*	T	RF
Myristicaceae	*Virola*	*duckei*	T	NP9793
Myristicaceae	*Virola*	*elongata*	T	NP9235
Myristicaceae	*Virola*	*marlenei*	T	MR445, NP9757
Myristicaceae	*Virola*	*mollissima*	T	RF
Myristicaceae	*Virola*	*multinervia*	T	NP9232/9878
Myristicaceae	*Virola*	*pavonis*	T	NP
Myristicaceae	*Virola*	*sebifera*	T	NP9671
Myristicaceae	*Virola*	*surinamensis*	T	RF
Myristicaceae	*Virola*	(6 unidentified spp.)	T	NP, MR, RF
Myrsinaceae	*Cybianthus*	(4 unidentified spp.)	S	MR545/578/589, RF
Myrsinaceae	*Stylogyne*	*cauliflora*	S	MR578
Myrsinaceae	*Stylogyne*	(1 unidentified sp.)	S	RF
Myrsinaceae	(2 unidentified spp.)		S	RF
Myrtaceae	*Calyptranthes*	*ruiziana*	T	NP9650
Myrtaceae	*Calyptranthes*	*simulata*	S	MR770
Myrtaceae	*Calyptranthes*	(8 unidentified spp.)	T	NP9293/9539, RF
Myrtaceae	*Eugenia*	*cuspidifolia*	T	NP9330
Myrtaceae	*Eugenia*	*multirimosa*	S	MR600/(629)
Myrtaceae	*Eugenia*	*patrisii*	S	MR456
Myrtaceae	*Eugenia*	(8 unidentified spp.)	S	NP, RF
Myrtaceae	*Marlierea*	*caudata*	T	NP9305
Myrtaceae	*Myrcia*	*minutiflora*	T	MR742
Myrtaceae	*Myrcia*	*splendens*	T	NP9384
Myrtaceae	*Myrcia*	(4 unidentified spp.)	T	RF
Myrtaceae	*Myrciaria*	(1 unidentified sp.)	S	RF
Myrtaceae	(16 unidentified spp.)		T	NP, RF
Nyctaginaceae	*Guapira*	(1 unidentified sp.)	T	RF
Nyctaginaceae	*Neea*	*boliviana*	S	RF
Nyctaginaceae	*Neea*	(6 unidentified spp.)	S	NP, MR, RF

PLANTAS / PLANTS

Familia/Family	Género/Genus	Especie/Species	Forma de Vida/Habit	Fuente/Source
Ochnaceae	*Cespedesia*	*spathulata*	T	RF
Ochnaceae	*Ouratea*	(2 unidentified spp.)	T	NP9731, RF
Olacaceae	*Dulacia*	*candida*	S	RF
Olacaceae	*Heisteria*	*acuminata*	T	MR664
Olacaceae	*Heisteria*	*insculpta*	I	MR696
Olacaceae	*Heisteria*	(2 unidentified spp.)	T	NP9259/9875, RF
Olacaceae	*Minquartia*	*guianensis*	T	RF
Olacaceae	*Tetrastylidium*	*peruvianum* cf.	T	NP9227
Olacaceae	(2 unidentified spp.)		T	NP9885, RF
Onagraceae	*Ludwigia*	(1 unidentified sp.)	H	RF
Opiliaceae	*Agonandra*	*silvatica* cf.	T	NP9592
Orchidaceae	*Dichaea*	(1 unidentified sp.)	E	RF
Orchidaceae	*Epidendrum*	(1 unidentified sp.)	E	RF
Orchidaceae	*Maxillaria*	(4 unidentified spp.)	E	MR, RF
Orchidaceae	*Palmorchis*	(1 unidentified sp.)	H	RF
Orchidaceae	*Pleurothallis*	(1 unidentified sp.)	E	RF
Orchidaceae	*Scaphyglottis*	(1 unidentified sp.)	E	RF
Orchidaceae	*Sobralia*	(1 unidentified sp.)	E	RF
Orchidaceae	(4 unidentified spp.)		H	MR, RF
Oxalidaceae	*Biophytum*	(2 unidentified spp.)	H	MR449, RF
Passifloraceae	*Dilkea*	(4 unidentified spp.)	S	MR585/678, RF
Passifloraceae	*Passiflora*	*coccinea*	V	RF
Passifloraceae	*Passiflora*	*spinosa*	V	MR603
Passifloraceae	*Passiflora*	(2 unidentified spp.)	V	MR572/587
Phytolaccaceae	*Seguiera*	(1 unidentified sp.)	V	RF
Picramniaceae	*Picramnia*	*latifolia*	S	RF
Picramniaceae	*Picramnia*	(3 unidentified spp.)	S	MR586/644/767
Picramniaceae	*Picrolemma*	*sprucei*	S	RF
Piperaceae	*Peperomia*	*macrostachya*	E	RF
Piperaceae	*Peperomia*	*serpens*	E	RF
Piperaceae	*Peperomia*	(7 unidentified spp.)	E	MR756, RF
Piperaceae	*Piper*	*arboreum*	S	RF
Piperaceae	*Piper*	*augustum*	S	RF

LEYENDA/ LEGEND

Forma de Vida/Habit

E = Epífita/Epiphyte
H = Hierba terrestre/ Terrestrial herb
S = Arbusto/Shrub
T = Árbol/Tree
V = Trepadora/Climber

Fuente/Source

CV = Colecciones de Corine Vriesendorp/Corine Vriesendorp collections
IM = Colecciones de Italo Mesones/ Italo Mesones collections
MR = Colecciones de Marcos Ríos/ Marcos Ríos collections
NP = Colecciones de Nigel Pitman/ Nigel Pitman collections
RF = Fotos o observaciones de campo de Robin Foster/ Robin Foster photographs or field identifications

Plantas/Plants

PLANTAS / PLANTS				
Familia/Family	**Género/Genus**	**Especie/Species**	**Forma de Vida/Habit**	**Fuente/Source**
Piperaceae	*Piper*	*obliquum*	S	MR
Piperaceae	*Piper*	(17 unidentified spp.)	S	MR623/740/742/758, RF
Poaceae	*Olyra*	(2 unidentified spp.)	H	RF
Poaceae	*Pariana*	(2 unidentified spp.)	H	RF
Poaceae	*Pharus*	*latifolius*	H	RF
Poaceae	(1 unidentified sp.)		H	RF
Polygalaceae	*Moutabea*	*aculeata*	V	RF
Polygalaceae	*Polygala*	*scleroxylon*	S	MR495
Polygonaceae	*Coccoloba*	*densifrons*	T	RF
Polygonaceae	*Coccoloba*	*mollis*	T	RF
Polygonaceae	*Coccoloba*	(2 unidentified spp.)	V/T	RF
Polygonaceae	*Triplaris*	*weigeltiana*	T	RF
Pontederiaceae	*Pontederia*	*rotundifolia* cf.	H	MR771
Quiinaceae	*Froesia*	*diffusa*	T	RF
Quiinaceae	*Froesia*	(1 unidentified sp. or ssp.)	T	MR505
Quiinaceae	*Lacunaria*	(3 unidentified spp.)	T	RF
Quiinaceae	*Quiina*	*amazonica*	T	MR501
Quiinaceae	*Quiina*	(2 unidentified spp.)	T	NP9512/9550/9705, RF
Rapateaceae	*Rapatea*	*ulei* cf.	H	MR643
Rapateaceae	*Rapatea*	(1 unidentified sp. or ssp.)	H	RF
Rhamnaceae	*Colubrina*	(1 unidentified sp.)	V	RF
Rhamnaceae	*Gouania*	(3 unidentified spp.)	V	RF
Rhamnaceae	*Zizyphus*	*cinnamomea*	T	RF
Rhizophoraceae	*Cassipourea*	*peruviana*	S	RF
Rubiaceae	*Alibertia*	(2 unidentified spp.)	S	RF
Rubiaceae	*Amaioua*	*corymbosa*	T	RF
Rubiaceae	*Amaioua*	*guianensis* cf.	T	NP9306
Rubiaceae	*Amaioua*	(1 unidentified sp.)	S	RF
Rubiaceae	*Amphidasya*	*colombiana*	H	RF
Rubiaceae	*Bathysa*	(1 unidentified sp.)	T	RF
Rubiaceae	*Borojoa*	(1 unidentified sp.)	T	RF
Rubiaceae	*Bothriospora*	*corymbosa*	T	RF
Rubiaceae	*Calycophyllum*	*megistocaulum*	T	NP9409
Rubiaceae	*Chimarrhis*	(1 unidentified sp.)	T	RF
Rubiaceae	*Chomelia*	*klugii*	S	RF
Rubiaceae	*Chomelia*	(2 unidentified spp.)	S	RF
Rubiaceae	*Coussarea*	(3 unidentified spp.)	S	NP9243, RF
Rubiaceae	*Duroia*	*hirsuta*	S	RF
Rubiaceae	*Duroia*	*saccifera*	T	MR534
Rubiaceae	*Faramea*	*axillaris*	S	RF

PLANTAS / PLANTS

Familia/Family	Género/Genus	Especie/Species	Forma de Vida/Habit	Fuente/Source
Rubiaceae	*Faramea*	(2 unidentified spp.)	S	MR"I", RF
Rubiaceae	*Ferdinandusa*	(1 unidentified sp.)	T	RF
Rubiaceae	*Geophila*	(2 unidentified spp.)	H	RF
Rubiaceae	*Isertia*	*hypoleuca*	T	NP9368
Rubiaceae	*Ixora*	(1 unidentified sp.)	S	MR594
Rubiaceae	*Ladenbergia*	*amazonica* cf.	T	NP9298
Rubiaceae	*Ladenbergia*	(1 unidentified sp.)	T	RF
Rubiaceae	*Notopleura*	(2 unidentified spp.)	S	MR561, RF
Rubiaceae	*Pagamea*	*guianensis* cf.	T	NP9275
Rubiaceae	*Palicourea*	*guianensis*	S	RF
Rubiaceae	*Palicourea*	*nigricans*	T	MR568
Rubiaceae	*Palicourea*	(5 unidentified spp.)	T	MR490/633/780, RF
Rubiaceae	*Pentagonia*	*gigantifolia*	S	RF
Rubiaceae	*Pentagonia*	*parvifolia*	T	RF
Rubiaceae	*Pentagonia*	(2 unidentified spp.)	S	MR469, RF
Rubiaceae	*Posoqueria*	(1 unidentified sp.)	T	RF
Rubiaceae	*Psychotria*	*huampamiensis*	S	MR728
Rubiaceae	*Psychotria*	*lupulina*	S	RF
Rubiaceae	*Psychotria*	*marcgraviella*	S	RF
Rubiaceae	*Psychotria*	*poeppigiana*	S	RF
Rubiaceae	*Psychotria*	*racemosa*	S	RF
Rubiaceae	*Psychotria*	*remota*	S	RF
Rubiaceae	*Psychotria*	*stenostachya*	S	RF
Rubiaceae	*Psychotria*	*viridis*	S	RF
Rubiaceae	*Psychotria*	(20 unidentified spp.)	S	MR, RF
Rubiaceae	*Randia*	(2 unidentified spp.)	S	MR671, RF
Rubiaceae	*Remijia*	(1 unidentified sp.)	T	RF
Rubiaceae	*Rudgea*	*cornifolia* cf.	S	MR745
Rubiaceae	*Rudgea*	*sessiliflora*	S	MR596
Rubiaceae	*Rudgea*	(4 unidentified spp.)	S	MR609/662, RF
Rubiaceae	*Sabicea*	(1 unidentified sp.)	V	RF
Rubiaceae	*Simira*	*rubescens* cf.	T	NP9756/9898
Rubiaceae	*Uncaria*	*guianensis*	V	RF

LEYENDA/ LEGEND

Forma de Vida/Habit

E = Epífita/Epiphyte
H = Hierba terrestre/ Terrestrial herb
S = Arbusto/Shrub
T = Árbol/Tree
V = Trepadora/Climber

Fuente/Source

CV = Colecciones de Corine Vriesendorp/Corine Vriesendorp collections
IM = Colecciones de Italo Mesones/ Italo Mesones collections
MR = Colecciones de Marcos Ríos/ Marcos Ríos collections
NP = Colecciones de Nigel Pitman/ Nigel Pitman collections
RF = Fotos o observaciones de campo de Robin Foster/ Robin Foster photographs or field identifications

Plantas/Plants

PLANTAS / PLANTS				
Familia/Family	**Género/Genus**	**Especie/Species**	**Forma de Vida/Habit**	**Fuente/Source**
Rubiaceae	*Uncaria*	*tomentosa*	V	RF
Rubiaceae	*Warszewiczia*	*coccinea*	T	RF
Rubiaceae	(12 unidentified spp.)		T	NP, MR, RF
Rutaceae	*Amyris*	*macrocarpa*	S	MR713
Rutaceae	*Angostura*	(1 unidentified sp.)	T	MR736
Rutaceae	*Galipea*	(1 unidentified sp.)	S	MR766/738
Rutaceae	*Raputia*	*hirsuta*	S	MR537
Rutaceae	*Raputia*	*simulans*	S	MR680
Rutaceae	*Zanthoxylum*	(3 unidentified spp.)	T	NP9703, RF
Sabiaceae	*Meliosma*	(2 unidentified spp.)	T	RF
Sabiaceae	*Ophiocaryon*	(2 unidentified spp.)	T/S	MR622, NP9355, RF
Sapindaceae	*Matayba*	(2 unidentified spp.)	T	NP9897, RF
Sapindaceae	*Paullinia*	*bracteosa*	V	RF
Sapindaceae	*Paullinia*	*grandifolia*	V	RF
Sapindaceae	*Paullinia*	*rugosa*	V	RF
Sapindaceae	*Paullinia*	*serjaniaefolia* cf.	V	RF
Sapindaceae	*Paullinia*	(8 unidentified spp.)	V	MR553, RF
Sapindaceae	*Serjania*	(1 unidentified sp.)	V	RF
Sapindaceae	*Talisia*	(5 unidentified spp.)	T	NP9879, RF
Sapindaceae	(3 unidentified spp.)		T	NP9261/9688, RF
Sapotaceae	*Chrysophyllum*	*argenteum*	T	RF
Sapotaceae	*Chrysophyllum*	(1 unidentified sp.)	T	NP9533
Sapotaceae	*Ecclinusa*	(1 unidentified sp.)	T	RF
Sapotaceae	*Manilkara*	(1 unidentified sp.)	T	RF
Sapotaceae	*Micropholis*	(3 unidentified spp.)	T	MR447, RF
Sapotaceae	*Pouteria*	*platyphylla* cf.	T	NP9204/9724
Sapotaceae	*Pouteria*	*torta*	T	RF
Sapotaceae	*Pouteria*	(27 unidentified spp.)	T	NP, RF
Sapotaceae	(5 unidentified spp.)		T	NP, RF
Simaroubaceae	*Simaba*	*polyphylla* cf.	T	RF
Simaroubaceae	*Simaba*	(2 unidentified spp.)	T	NP9236/9842, RF
Simaroubaceae	*Simarouba*	*amara*	T	RF
Smilacaceae	*Smilax*	(2 unidentified spp.)	V	RF
Solanaceae	*Juanulloa*	(1 unidentified sp.)	E	RF
Solanaceae	*Markea*	(3 unidentified spp.)	E	MR496, RF
Solanaceae	*Solanum*	*pedemontanum* cf.	V	RF
Solanaceae	*Solanum*	(6 unidentified spp.)	V	NP, MR, RF
Solanaceae	(2 unidentified spp.)		H	MR661, NP9768
Staphyleaceae	*Huertea*	*glandulosa*	T	RF
Sterculiaceae	*Byttneria*	(2 unidentified spp.)	V	RF

PLANTAS / PLANTS

Familia/Family	Género/Genus	Especie/Species	Forma de Vida/Habit	Fuente/Source
Sterculiaceae	*Herrania*	(3 unidentified spp.)	S	RF
Sterculiaceae	*Sterculia*	*colombiana*	T	RF
Sterculiaceae	*Sterculia*	*frondosa*	T	RF
Sterculiaceae	*Sterculia*	(8 unidentified spp.)	T	NP, RF
Sterculiaceae	*Theobroma*	*cacao*	T	NP9456
Sterculiaceae	*Theobroma*	*obovatum*	T	NP9362
Sterculiaceae	*Theobroma*	*speciosum*	T	RF
Sterculiaceae	*Theobroma*	*subincanum*	T	NP9562
Strelitziaceae	*Phenakospermum*	*guyannense*	H/S/T	RF
Theophrastaceae	*Clavija*	*weberbaueri* cf.	S	RF
Theophrastaceae	*Clavija*	(1 unidentified sp.)	S	RF
Thymelaeaceae	*Schoenobiblus*	(2 unidentified spp.)	S	RF
Tiliaceae	*Apeiba*	*membranacea*	T	RF
Tiliaceae	*Heliocarpus*	*americanus*	T	RF
Tiliaceae	*Luehea*	(1 unidentified sp.)	T	RF
Tiliaceae	*Lueheopsis*	*rosea*	T	NP9319
Tiliaceae	*Mollia*	*gracilis* cf.	T	NP9608
Tiliaceae	*Mollia*	*lepidota* cf.	T	NP9224
Turneraceae	*Turnera*	*acuta*	S	MR579
Ulmaceae	*Ampelocera*	*edentula*	T	NP9468
Ulmaceae	*Trema*	*micrantha*	T	RF
Urticaceae	*Pilea*	(2 unidentified spp.)	H	RF
Urticaceae	*Urera*	*baccifera*	S	RF
Verbenaceae	*Aegiphila*	*cordifolia*	S	RF
Verbenaceae	*Aegiphila*	*sufflava*	S	MR592
Verbenaceae	*Petrea*	*maynensis* cf.	V	RF
Verbenaceae	*Petrea*	(1 unidentified sp.)	V	RF
Verbenaceae	*Vitex*	*triflora*	T	RF
Verbenaceae	*Vitex*	(1 unidentified sp.)	T	NP9271
Violaceae	*Gloeospermum*	*sphaerocarpum*	T	MR675
Violaceae	*Leonia*	*crassa*	T	RF
Violaceae	*Leonia*	*glycycarpa*	T	NP9267/9383d/9680/9739

LEYENDA/LEGEND

Forma de Vida/Habit

E = Epífita/Epiphyte

H = Hierba terrestre/Terrestrial herb

S = Arbusto/Shrub

T = Árbol/Tree

V = Trepadora/Climber

Fuente/Source

CV = Colecciones de Corine Vriesendorp/Corine Vriesendorp collections

IM = Colecciones de Italo Mesones/Italo Mesones collections

MR = Colecciones de Marcos Ríos/Marcos Ríos collections

NP = Colecciones de Nigel Pitman/Nigel Pitman collections

RF = Fotos o observaciones de campo de Robin Foster/Robin Foster photographs or field identifications

PLANTAS / PLANTS				
Familia/Family	**Género/Genus**	**Especie/Species**	**Forma de Vida/Habit**	**Fuente/Source**
Violaceae	*Leonia*	*racemosa*	T	MR531
Violaceae	*Paypayrola*	*grandiflora*	T	MR569, NP9309
Violaceae	*Rinorea*	*lindeniana*	S	MR724
Violaceae	*Rinorea*	*racemosa*	T	NP9316
Violaceae	*Rinorea*	*viridifolia*	S	MR631
Violaceae	(2 unidentified spp.)		S	NP9201, RF
Vitaceae	*Cissus*	(4 unidentified spp.)	V	RF
Vochysiaceae	*Erisma*	*uncinatum*	T	RF
Vochysiaceae	*Qualea*	*acuminata* cf.	T	NP
Vochysiaceae	*Qualea*	*paraensis* cf.	T	NP9323
Vochysiaceae	*Qualea*	(1 unidentified sp.)	T	RF
Vochysiaceae	*Vochysia*	(2 unidentified spp.)	T	NP9558/9736
Zingiberaceae	*Renealmia*	*breviscapa*	H	RF
Zingiberaceae	*Renealmia*	(1 unidentified sp.)	H	RF
–Family Indet	(26 unidentified spp.)		T	NP, MR, RF
–Pteridophyta	*Adiantum*	*pulverulentum*	H	RF
–Pteridophyta	*Adiantum*	*terminatum*	H	RF
–Pteridophyta	*Adiantum*	*tomentosum*	H	MR636
–Pteridophyta	*Adiantum*	(1 unidentified sp.)	H	RF
–Pteridophyta	*Alsophila*	(1 unidentified sp.)	S	RF
–Pteridophyta	*Anetium*	*citrifolium*	E	RF
–Pteridophyta	*Antrophium*	*guyanense*	E	RF
–Pteridophyta	*Asplenium*	*angustum*	E	RF
–Pteridophyta	*Asplenium*	*serra*	E	RF
–Pteridophyta	*Asplenium*	(3 unidentified spp.)	E	MR704, RF
–Pteridophyta	*Campyloneurum*	(1 unidentified sp.)	E	RF
–Pteridophyta	*Cnemidaria*	(2 unidentified spp.)	S	RF
–Pteridophyta	*Cyathea*	*pungens*	S	MR739
–Pteridophyta	*Cyathea*	(2 unidentified spp.)	S	MR730, RF
–Pteridophyta	*Danaea*	*nodosa* cf.	H	RF
–Pteridophyta	*Danaea*	(1 unidentified sp.)	H	RF
–Pteridophyta	*Diplazium*	(1 unidentified sp.)	H	RF
–Pteridophyta	*Elaphoglossum*	*flaccidum*	E	MR648
–Pteridophyta	*Elaphoglossum*	(1 unidentified sp.)	E	RF
–Pteridophyta	*Lindsaea*	*divaricata*	H	MR573
–Pteridophyta	*Lindsaea*	*ulei*	H	RF
–Pteridophyta	*Lindsaea*	(1 unidentified sp.)	H	RF
–Pteridophyta	*Lomariopsis*	*japurensis*	E	RF
–Pteridophyta	*Lomariopsis*	(1 unidentified sp.)	E	RF
–Pteridophyta	*Lygodium*	(1 unidentified sp.)	V	RF

PLANTAS / PLANTS

Familia/Family	Género/Genus	Especie/Species	Forma de Vida/Habit	Fuente/Source
–Pteridophyta	*Metaxya*	*rostrata*	H	RF
–Pteridophyta	*Microgramma*	*fuscopunctata*	E	RF
–Pteridophyta	*Microgramma*	*lycopodioides*	E	MR625
–Pteridophyta	*Microgramma*	*megalophylla*	E	RF
–Pteridophyta	*Microgramma*	*reptans*	E	RF
–Pteridophyta	*Microgramma*	(2 unidentified spp.)	E	RF
–Pteridophyta	*Nephrolepis*	(1 unidentified sp.)	E	RF
–Pteridophyta	*Pityrogramma*	*calomelanos*	H	RF
–Pteridophyta	*Polybotrya*	(3 unidentified spp.)	E	RF
–Pteridophyta	*Pteris*	(1 unidentified sp.)	H	MR708
–Pteridophyta	*Saccoloma*	*elegans*	H	MR570
–Pteridophyta	*Saccoloma*	*inaequale*	H	RF
–Pteridophyta	*Salpichlaena*	*volubilis*	V	RF
–Pteridophyta	*Schizaea*	*elegans*	H	RF
–Pteridophyta	*Selaginella*	*exaltata*	H	RF
–Pteridophyta	*Selaginella*	(5 unidentified spp.)	H	RF
–Pteridophyta	*Tectaria*	(1 unidentified sp.)	H	RF
–Pteridophyta	*Thelypteris*	*macrophylla*	H	RF
–Pteridophyta	*Thelypteris*	(1 unidentified sp.)	E	RF
–Pteridophyta	*Trichomanes*	*carolianum*	E	RF
–Pteridophyta	*Trichomanes*	*elegans*	H	RF
–Pteridophyta	*Trichomanes*	(8 unidentified spp.)	H	RF
–Pteridophyta	*Vittaria*	(1 unidentified sp.)	E	RF
–Pteridophyta	(2 unidentified spp.)		E/H	RF

LEYENDA/ LEGEND

Forma de Vida/Habit

E = Epífita/Epiphyte
H = Hierba terrestre/ Terrestrial herb
S = Arbusto/Shrub
T = Árbol/Tree
V = Trepadora/Climber

Fuente/Source

CV = Colecciones de Corine Vriesendorp/Corine Vriesendorp collections
IM = Colecciones de Italo Mesones/ Italo Mesones collections
MR = Colecciones de Marcos Ríos/ Marcos Ríos collections
NP = Colecciones de Nigel Pitman/ Nigel Pitman collections
RF = Fotos o observaciones de campo de Robin Foster/ Robin Foster photographs or field identifications

Resumen de las características de las estaciones de muestreo de peces durante el inventario biológico rápido de los ríos Yaguas, Ampiyacu y Apayacu en agosto de 2003./Summary characteristics of the fish sampling stations during the rapid biological inventory of the Yaguas, Ampiyacu and Apayacu rivers in August 2003.

Estaciones de Muestreo de Peces/ Fish Sampling Stations

ESTACIONES DE MUESTREO DE PECES/FISH SAMPLING STATIONS

	Yaguas	Maronal	Apayacu
Número de estaciones/ Number of stations	9 (E1-9)	11 (E10-20)	12 (E21-32)
Fechas/Dates	4 al 8 agosto 2003/ 4-8 August 2003	10 al 14 agosto 2003/ 10-14 August 2003	16 al 20 agosto 2003/ 16-20 August 2003
Ambientes/Environments	dominancia de lóticos/ mostly lotic (6)	todos lóticos/ all lotic	dominancia de lóticos/ mostly lotic (10)
Tipos de agua/Type of water	dominancia de blancas/ mostly whitewater (6)	dominancia de aguas claras/ mostly clearwater (6)	dominancia de aguas blancas y claras/mostly white- and clearwater (10)
Ancho/Width (m)	3–45	5–15	1.5–40
Superficie total de muestreo/ Total surface area sampled (m^2)	aprox. 4500	aprox. 2500	aprox. 4500
Profundidad/Depth (m)	0.5–2	0.3–2	0.5–2
Tipo de corriente/ Type of current	lenta a moderada/ slow to moderate	muy lenta a moderada/ very slow to moderate	lenta a moderada/ slow to moderate
Color	marrón y té oscuro/ brown, dark brown	verdoso a té claro/ greenish, light tea-colored	marrón claro, verdoso y té oscuro/light brown, greenish and dark tea-colored
Transparencia/ Transparency (cm)	15–50	10–50	10–50
Tipo de substrato/ Type of substrate	limo-arenoso/ silt and sand	limo-arcilloso/ silt and clay	limo-arenoso/ silt and sand
Tipo de orilla/ Type of bank	estrecha-nula/ narrow to none	muy estrecha/ very narrow	estrecha-nula/ narrow to none
Vegetación/ Vegetation	bosque primario/ primary forest	bosque primario, aguajal/ primary forest, palm swamp	bosque primario primary forest
Temperatura del agua/ Water temperature (ºC)	22–25	21–24	22–24

Apéndice / Appendix 3

Peces / Fishes

Ictiofauna registrada en el inventario rápido de las cabeceras de los ríos Yaguas, Ampiyacu y Apayacu en agosto de 2003. La lista es basada en el trabajo de campo de M. Hidalgo y R. Olivera.

PECES / FISHES

	Nombre científico/ Scientific name	Nombre común/ Common name
	RAJIFORMES	
	Potamotrygonidae	
001	*Potamotrygon* cf. *castexi*	raya
002	*Potamotrygon* cf. *motoro*	raya
	OSTEOGLOSSIFORMES	
	Osteoglossidae	
003	*Osteoglossum bicirrhosum*	arahuana
	Arapaimidae	
004	*Arapaima gigas*	paiche
	CLUPEIFORMES	
	Engraulidae	
005	*Anchoviella* sp.	mojarita
	CHARACIFORMES	
	Characidae	
006	*Acestrorhynchus* cf. *falcatus*	pejezorro
007	*Acestrorhynchus falcirostris*	pejezorro
008	*Aphyocharax* sp.	mojarita
009	*Astyanax* aff. *maximus*	mojara
010	*Astyanax* aff. *zonatus*	mojara
011	*Astyanax bimaculatus*	mojara
012	*Bario steindachneri*	mojara
013	*Boelhkea fredcochui*	mojarita, tetra azul
014	*Brachychalcinus* sp.	mojara
015	*Brycon melanopterum*	sábalo cola negra
016	*Brycon* sp.	sábalo
017	*Bryconamericus* sp. 1	mojarita
018	*Bryconamericus* sp. 2	mojarita
019	*Bryconella* sp.	mojarita
020	*Bryconops* aff. *alburnoides*	mojarita
021	*Bryconops* aff. *melanurus*	mojarita
022	*Characidium* cf. *rex*	mojarita
023	*Characidium fasciatum*	mojarita
024	*Characidium* sp. 1	mojarita
025	*Characidium* sp. 2	mojarita
026	*Characidium* sp. 3	mojarita
027	*Characidium* sp. 4	mojarita
028	*Charax tectifer*	dentón
029	Cheirodontinae sp. 1	mojarita

Peces/Fish

Fishes recorded during the rapid biological inventory in the headwaters of the Yaguas, Ampiyacu and Apayacu rivers in August 2003. The list is based on field work by M. Hidalgo and R. Olivera.

	Registros/ Records			Uso actual o potencial/ Current or potential uses	Hábitat/ Habitat
	Yaguas	Maronal	Apayacu		
001	X			O	Rb
002		X		O/CS	Qn
003	X			O/CC/CS	Ln
004	X			O/CC/CS	Rb
005	X		X	N	Tb, Rb, Qc, Qb
006			X	O/CC/CS	Rb, Qn, Qc
007			G	O	Qn
008	X		X	CS	Tb, Rb, Qc, Qb
009		X		O/CS	Qc
010	X			O/CS	Pn
011			S	O	Q, L
012			S	O	Qn
013		X	X	O	Qn, Qc, Qb
014			X	O	Rb, Qc
015		X		CC/CS	Qn, Qc, Qb
016	X			CC/CS	Rb
017	X			N	Tb
018	X			N	Tb
019	X	X	X	O	Tb, Qn, Qc, Ln
020	X	X	X	O	Tb, Rb, Qn, Qc, Qb
021			X	O	Tb
022			X	O	Tb, Rb, Qc
023			S	O	Qn
024	X		X	N	Tb, Rb, Qn, Qc, Qb, Pn
025	X	X		N	Tb, Qn, Qc, Qb
026	X			N	Rb
027			X	N	Qn
028	X	X	X	O/CS	Tb, Qn, Qc, Qb, Pn
029			X	N	Tb

LEYENDA/LEGEND

Registros/ Records

X = Registrados durante el inventario biológico rápido/ Registered during the rapid biological inventory

C = Reportados en las comunidades durante el inventario social rápido/ Reported in the communities during the rapid social inventory

G = Reportados en Graham (2002)/ Reported in Graham (2002)

S = Reportados en Schleser (2000)/ Reported in Schleser (2000)

Uso

O = Ornamental

CS = Consumo de subsistencia/ Subsistence consumption

CC = Consumo comercial/ Commercial consumption

N = No conocido/ Unknown

Hábitat

R = Río/ River

Q = Quebrada/ Stream

L = Cocha/ Lake

P = Poza en el bosque/ Pool in forest interior

T = Tipishca/ Oxbow lake in formation

b = Agua blanca/ Whitewater

n = Agua negra/ Blackwater

c = Agua clara/ Clearwater

Apéndice / Appendix 3

Peces / Fishes

PECES / FISHES		
Nombre científico/ Scientific name		Nombre común/ Common name
031	Cheirodontinae sp. 2	mojarita
032	Cheirodontinae sp. 3	mojarita
033	Cheirodontinae sp. 4	mojarita
034	*Chryssobrycon* sp. 1	mojarita
035	*Chryssobrycon* sp. 2	mojarita
036	*Colossoma macropomum*	gamitana
037	*Creagrutus* sp. 1	mojarita
038	*Creagrutus* sp. 2	mojarita
039	*Crenuchus spilurus*	mojarita
040	*Ctenobrycon* sp.	mojarita
041	*Cynopotamus* sp.	dentón
042	*Elacocharax* sp.	mojarita
043	*Engraulisoma* sp.	mojarita
044	*Galeocharax gulo*	dentón
045	*Gephyrocharax* sp.	mojarita
046	*Geryichthys* sp.	mojarita
047	*Gymnocorymbus* sp.	mojara
048	*Hemibrycon* sp.	mojara
049	*Hemigrammus* aff. *ocellifer*	mojarita, tetra
050	*Hemigrammus* aff. *pulcher*	mojarita, tetra
051	*Hemigrammus* aff. *pulcher B*	mojarita, tetra
052	*Hemigrammus* aff. *unilineatus*	mojarita, tetra
053	*Hemigrammus* cf. *ulreyi*	mojarita, tetra
054	*Hemigrammus hyanuary*	mojarita, tetra
055	*Hemigrammus ocellifer*	mojarita, tetra
056	*Hemigrammus pulcher*	mojarita, tetra
057	*Hemigrammus* sp. 1	mojarita, tetra
058	*Hemigrammus* sp. 2	mojarita, tetra
059	*Hemigrammus* sp. 3	mojarita, tetra
060	*Hemigrammus* sp. 4	mojarita, tetra
061	*Hemigrammus unilineatus*	mojarita, tetra
062	*Hyphessobrycon* aff. *tenuis*	mojarita, tetra
063	*Hyphessobrycon agulha*	mojarita, tetra
064	*Hyphessobrycon bentosi*	mojarita, tetra
065	*Hyphessobrycon bentosi* B	mojarita, tetra
066	*Hyphessobrycon copelandi*	mojarita, tetra
067	*Hyphessobrycon erythrostigma*	mojarita, tetra
068	*Hyphessobrycon loretoensis*	mojarita, tetra

Peces/Fishes

	Registros/ Records			Uso actual o potencial/ Current or potential uses	Hábitat/ Habitat
	Yaguas	Maronal	Apayacu		
031	X	X		N	Tb, Rb, Qn
032	X		X	N	Tb, Qc, Qb
033	X		X	N	Tb, Rb, Qc, Qb, Ln
034		X	X	N	Qn, Qc
035			X	N	Qn
036			C	CC/CS	Rb
037	X			N	Tb
038			X	N	Tb, Qc
039	X	X	X	O	Qn, Qb, Pn, Ln
040	X			O	Tb
041	X			CC/CS	Rb
042	X			N	Qn, Pn
043	X			N	Tb
044			X	CC/CS/O	Rb
045	X	X	X	O	Rb, Qn, Qc, Qb
046		X	X	O	Tb, Rb, Qn, Qc, Qb
047	X			O	Pn, Ln
048		X		N	Qc
049	X	X		O	Qn, Pn, Ln
050	X	X	X	O	Rb, Qn, Qc, Pn
051	X	X		O	Qn, Qc
052	X	X	X	O	Tb, Rb, Qn, Qc, Qb, Ln
053			G	O	Rb
054			G	O	Rb
055	X	X	X	O	Qn, Qc, Qb
056	X		X	O	Tb, Qc, Ln
057	X	X	X	O	Tb, Qn, Qc, Qb, Pn, Ln
058	X			O	Tb
059			X	O	Qc
060			X	O	Qn
061			S	O	P?
062	X	X	X	O	Qn, Qc, Qb, Pn
063		X	X	O	Rb, Qn, Qc, Qb
064	X	X	X	O	Tb, Rb, Qn, Qc, Qb, Pn
065	X			O	Qn
066	X		X	O	Tb, Rb, Qn, Qc, Qb, Pn, Ln
067	X			O	Ln
068			G	O	L, P, Qn

LEYENDA/LEGEND

Registros/ Records

X = Registrados durante el inventario biológico rápido/ Registered during the rapid biological inventory

C = Reportados en las comunidades durante el inventario social rápido/ Reported in the communities during the rapid social inventory

G = Reportados en Graham (2002)/ Reported in Graham (2002)

S = Reportados en Schleser (2000)/ Reported in Schleser (2000)

Uso

O = Ornamental

CS = Consumo de subsistencia/ Subsistence consumption

CC = Consumo comercial/ Commercial consumption

N = No conocido/ Unknown

Hábitat

R = Río/ River

Q = Quebrada/ Stream

L = Cocha/ Lake

P = Poza en el bosque/ Pool in forest interior

T = Tipishca/ Oxbow lake in formation

b = Agua blanca/ Whitewater

n = Agua negra/ Blackwater

c = Agua clara/ Clearwater

Apéndice / Appendix 3

Peces / Fishes

PECES / FISHES		
	Nombre científico/ Scientific name	**Nombre común/ Common name**
069	*Hyphessobrycon* sp. 1	mojarita, tetra
070	*Hyphessobrycon* sp. 2	mojarita, tetra
071	*Hyphessobrycon* sp. 3	mojarita, tetra
072	*Iguanodectes* sp.	mojara
073	*Jupiaba* sp. 1	mojara
074	*Jupiaba* sp. 2	mojara
075	*Knodus* aff. *beta*	mojarita
076	*Knodus* aff. *breviceps*	mojarita
077	*Knodus* aff. *breviceps* B	mojarita
078	*Knodus* aff. *moenkhausii*	mojarita
079	*Knodus beta* A	mojarita
080	*Knodus beta* B	mojarita
081	*Knodus* sp. 1	mojarita
082	*Knodus* sp. 2	mojarita
083	*Leptagoniates steindachneri*	mojara, pez vidrio
084	*Melanocharacidium* sp.	mojarita
085	*Metynnis* sp.	palometa
086	*Microcharacidium* sp.	mojarita
087	*Moenkhausia* aff. *colleti*	mojarita, tetra
088	*Moenkhausia* aff. *comma*	mojarita, tetra
089	*Moenkhausia* aff. *cotinho*	mojarita, tetra
090	*Moenkhausia* aff. *cotinho* B	mojarita, tetra
091	*Moenkhausia* aff. *jamesi*	mojarita, tetra
092	*Moenkhausia* aff. *melogramma*	mojarita, tetra
093	*Moenkhausia* cf. *agnesae*	mojarita, tetra
094	*Moenkhausia colletti*	mojarita, tetra
095	*Moenkhausia comma*	mojarita, tetra
096	*Moenkhausia dichroura* A	mojarita, tetra
097	*Moenkhausia dichroura* B	mojarita, tetra
098	*Moenkhausia intermedia*	mojarita, tetra
099	*Moenkhausia hemigrammoides*	mojarita, tetra
100	*Moenkhausia lepidura*	mojarita, tetra
101	*Moenkhausia oligolepis*	mojarita, tetra
102	*Moenkhausia* aff. *sanctafilomenae*	mojarita, tetra
103	*Moenkhausia pittieri*	mojarita, tetra
104	*Moenkhausia* sp. 1	mojarita, tetra
105	*Moenkhausia* sp. 2	mojarita, tetra
106	*Moenkhausia* sp. 3	mojarita, tetra

	Registros/ Records			Uso actual o potencial/ Current or potential uses	Hábitat/ Habitat
	Yaguas	Maronal	Apayacu		
069		X	X	O	Qn, Qc, Qb
070		X		O	Qc
071		X		O	Qc
072			X	O	Qc
073		X	X	N	Tb, Rb, Qn, Qc, Qb
074			X	N	Qn
075	X		X	N	Tb, Rb, Qn, Qb
076	X		X	N	Tb, Rb, Qn, Qb
077	X			N	Qb
078	X			N	Tb, Rb, Qb
079	X			N	Rb
080	X			N	Rb
081	X	X	X	N	Tb, Rb, Qn, Qc, Qb
082	X	X		N	Rb, Qc, Qb
083	X			N	Tb
084	X		X	N	Qc, Pn
085			X	O/CS	Rb
086	X	X		N	Tb, Qn, Qc, Qb, Pn
087	X			O	Rb
088		X	X	O	Rb, Qn, Qc, Qb
089	X			O	Tb, Rb, Ln
090	X			OO	Rb
091			X	O	Qc
092	X		X	O	Tb, Rb, Qn, Qc
093			X	O	Qn
094			S	O	Qn, P
095		X	X	O	Qn, Qc
096	X	X	X	O	Tb, Rb, Qn, Qc, Qb
097	X	X	X	O	Tb, Rb, Qc, Qb
098		X	X	O	Rb, Qn, Qb
099			X	O	Tb, Qn, Qc, Qb
100	X	X	X	O	Rb, Qn, Qc
101	X	X	X	O	Tb, Rb, Qn, Qc, Qb, Pn, Ln
102			S	O	Q, P
103			G	O	Qn
104	X		X	O	Tb, Rb, Qc, Qb
105	X	X	X	O	Rb, Qn, Qc, Qb
106	X			O	Tb

LEYENDA/LEGEND

Registros/ Records

X = Registrados durante el inventario biológico rápido/ Registered during the rapid biological inventory

C = Reportados en las comunidades durante el inventario social rápido/ Reported in the communities during the rapid social inventory

G = Reportados en Graham (2002)/ Reported in Graham (2002)

S = Reportados en Schleser (2000)/ Reported in Schleser (2000)

Uso

O = Ornamental

CS = Consumo de subsistencia/ Subsistence consumption

CC = Consumo comercial/ Commercial consumption

N = No conocido/ Unknown

Hábitat

R = Río/ River

Q = Quebrada/ Stream

L = Cocha/ Lake

P = Poza en el bosque/ Pool in forest interior

T = Tipishca/ Oxbow lake in formation

b = Agua blanca/ Whitewater

n = Agua negra/ Blackwater

c = Agua clara/ Clearwater

Peces/Fishes

PECES / FISHES

	Nombre científico/ Scientific name	Nombre común/ Common name
107	*Moenkhausia* sp. 4	mojarita, tetra
108	*Moenkhausia* sp. 5	mojarita, tetra
109	*Mylossoma duriventre*	palometa
110	*Odontostilbe fugitiva*	mojarita
111	*Paracheirodon innesi*	neón tetra, mojarita
112	*Paragoniates alburnus*	mojara
113	*Petitella* sp.	mojara
114	*Phenacogaster pectinatus*	pez vidrio
115	*Phenacogaster* sp. 1	pez vidrio
116	*Phenacogaster* sp. 2	pez vidrio
117	*Piaractus brachypomus*	paco
118	*Poptella* sp.	mojara
119	*Pygocentrus nattereri*	piraña
120	*Roeboides* sp.	dentón
121	*Serrasalmus rhombeus*	piraña
122	*Serrasalmus spilopleura*	piraña
123	*Tetragonopterus argenteus*	mojara
124	*Thayeria obliqua*	mojarita
125	*Triportheus angulatus*	sardina
126	*Tyttocharax* sp.	mojarita
127	*Xenurobrycon* sp.	mojarita
	Gasteropelecidae	
128	*Carnegiella marthae*	pechito, mañana m
129	*Carnegiella myersii*	pechito, mañana m
130	*Carnegiella strigata*	pechito, mañana m
131	*Gasteropelecus sternicla*	pechito, mañana m
132	*Thoracocharax stellatus*	pechito, mañana m
	Cynodontidae	
133	*Rhaphiodon vulpinus*	chambira
	Hemiodontidae	
134	*Anodus* sp.	julilla
135	*Hemiodopsis* aff. *goeldii*	julilla
136	*Hemiodopsis microlepis*	julilla
	Erythrinidae	
137	*Erythrinus erythrinus*	shuyo
138	*Hoplerytrhinus unitaeniatus*	shuyo
139	*Hoplias malabaricus*	huasaco

	Registros/ Records			Uso actual o potencial/ Current or potential uses	Hábitat/ Habitat
	Yaguas	Maronal	Apayacu		
107		X		O	Qc
108			X	O	Qn
109			X	O/CC/CS	Rb
110	X			N	Ln
111			G	O	Rb, Qn
112	X			O	Tb, Rb, Qb
113			X	O	Qc
114			G	O	Rb
115	X	X	X	O	Tb, Rb, Qn, Qc, Qb, Pn
116	X			O	Tb, Rb
117			C	O/CC/CS	Rb
118	X		X	O	Tb, Rb, Qc
119	X			O/CC/CS	Rb
120			G	CS	Rb, Q
121			G	O/CC/CS	Rb, Qn
122	X			O/CC/CS	Rb, Qb
123	X			O/CC/CS	Tb
124	X			O	Ln
125			C	O/CC/CS	Rb, Q
126	X	X	X	O	Tb, Rb, Qn, Qc, Qb
127	X		X	N	Tb, Rb, Qn, Qb
128			G	O	Rb
129			G	O	Rb, Qn
130	X	X	X	O	Tb, Qn, Qc, Qb, Pn, Ln
131		X	X	O	Rb, Qn, Qc, Qb
132	X			O	Tb, Rb, Qb
133			C	CC/CS	Rb
134			C	CC/CS	Rb, Q
135	X			O/CC/CS	Ln
136			G	CC/CS	Rb
137	X			CC/CS	Qb
138	X			CC/CS	Rb
139	X	X	X	CC/CS	Tb, Rb, Qn, Qc, Ln

LEYENDA/LEGEND

Registros/ Records

X = Registrados durante el inventario biológico rápido/ Registered during the rapid biological inventory

C = Reportados en las comunidades durante el inventario social rápido/ Reported in the communities during the rapid social inventory

G = Reportados en Graham (2002)/ Reported in Graham (2002)

S = Reportados en Schleser (2000)/ Reported in Schleser (2000)

Uso

O = Ornamental

CS = Consumo de subsistencia/ Subsistence consumption

CC = Consumo comercial/ Commercial consumption

N = No conocido/ Unknown

Hábitat

R = Río/ River

Q = Quebrada/ Stream

L = Cocha/ Lake

P = Poza en el bosque/ Pool in forest interior

T = Tipishca/ Oxbow lake in formation

b = Agua blanca/ Whitewater

n = Agua negra/ Blackwater

c = Agua clara/ Clearwater

Peces/Fishes

	PECES / FISHES	
	Nombre científico/ Scientific name	Nombre común/ Common name
	Ctenoluciidae	
140	*Boulengerella* sp.	aguja, picudo
	Lebiasinidae	
141	*Copeina guttata*	urquisho
142	*Copeina* sp.	urquisho
143	*Nannostomus* aff. *trifasciatus*	pez lápiz
144	*Nannostomus* sp.	pez lápiz
145	*Nannostomus trifasciatus*	pez lápiz
146	*Pyrrhulina brevis*	urquisho
147	*Pyrrhulina semifasciata*	urquisho
148	*Pyrrhulina* sp.	urquisho
	Parodontidae	
149	*Parodon* sp.	julilla
	Prochilodontidae	
150	*Prochilodus nigricans*	boquichico
	Curimatidae	
151	*Curimata* sp. 1	chiochio
152	*Curimata* sp. 2	chiochio
153	*Curimatella* sp.	chiochio
154	*Curimatido* sp. 1	chiochio
155	*Curimatido* sp. 2	chiochio
156	*Potamorhina altamazonica*	yahuarachi
157	*Steindachnerina guentheri*	chiochio
158	*Steindachnerina* sp. 1	chiochio
159	*Steindachnerina* sp. 2	chiochio
	Anostomidae	
160	*Anostomido* sp.	lisa
161	*Anostomus taeniatus*	lisa
162	*Leporinus agassizi*	lisa
163	*Leporinus friderici*	lisa
164	*Leporinus* aff. *moralesi*	lisa
165	*Leporinus* sp.	lisa
166	*Rhytiodus argenteofuscus*	lisa
	Chilodontidae	
167	*Chilodus punctatus*	mojara
168	*Chilodus* sp.	mojara

	Registros/ Records			Uso actual o potencial/ Current or potential uses	Hábitat/ Habitat
	Yaguas	Maronal	Apayacu		
140			X	O/CC/CS	Rb
141			G	O	Qn
142			X	O	Qn
143	X	X	X	O	Qn, Qc, Qb, Ln
144			X	O	Rb, Qc
145			S	O	Rb, Qn
146	X	X	X	O	Qn, Qc, Pn, Ln
147			G	O	Rb, Qn
148	X	X		O	Qb, Ln
149	X			N	Tb
150			C	O/CC/CS	Rb, Q
151	X		X	CC/CS	Tb, Qc, Pn
152			X	CC/CS	Qc
153			X	CC/CS	Tb, Qc
154		X	X	CC/CS	Qn, Qc
155	X			CC/CS	Tb
156			C	CC/CS	Rb, Q, L
157	X		X	CC/CS	Tb, Rb, Qc, Pn, Ln
158	X			CC/CS	Tb, Pn, Ln
159			X	CC/CS	Qc
160	X			N	Tb
161			S	O/CS	Q, P
162			S	O/CC/CS	Qb
163	X			O/CC/CS	Pn
164			C	O/CC/CS	Rb, Q
165	X			O/CC/CS	Rb
166			G	O/CC/CS	Qn
167			G	O	Rb
168	X		X	O	Rb, Qc, Qb, Ln

LEYENDA/LEGEND

Registros/ Records

X = Registrados durante el inventario biológico rápido/ Registered during the rapid biological inventory

C = Reportados en las comunidades durante el inventario social rápido/ Reported in the communities during the rapid social inventory

G = Reportados en Graham (2002)/ Reported in Graham (2002)

S = Reportados en Schleser (2000)/ Reported in Schleser (2000)

Uso

O = Ornamental

CS = Consumo de subsistencia/ Subsistence consumption

CC = Consumo comercial/ Commercial consumption

N = No conocido/ Unknown

Hábitat

R = Río/ River

Q = Quebrada/ Stream

L = Cocha/ Lake

P = Poza en el bosque/ Pool in forest interior

T = Tipishca/ Oxbow lake in formation

b = Agua blanca/ Whitewater

n = Agua negra/ Blackwater

c = Agua clara/ Clearwater

Apéndice/Appendix 3

Peces/Fishes

	PECES / FISHES Nombre científico/ Scientific name	Nombre común/ Common name
	GYMNOTIFORMES	
	Gymnotidae	
170	*Gymnotus carapo*	macana
171	*Gymnotus* sp. 1	macana
172	*Gymnotus* sp. 2	macana
	Electrophoridae	
173	*Electrophorus electricus*	anguila eléctrica
	Sternopygidae	
174	*Sternopygus* sp.	macana
	Hypopomidae	
175	*Brachyhypopomus* sp. 1	macana
176	*Brachyhypopomus* sp. 2	macana
177	*Hypopomus* sp.	macana
178	*Steatogenys elegans*	macana
	Rhamphychthyidae	
179	*Gymnorhamphichthys* sp.	macana
180	*Rhamphychthys rostratus*	macana
181	*Rhamphychthys* sp.	macana
	SILURIFORMES	
	Doradidae	
182	*Amblydoras hancocki*	pirillo
183	*Anadoras grypus*	pirillo
184	*Doradido* sp.	pirillo
185	*Doras* sp. 1	pirillo
186	*Leptodoras* sp.	pirillo
	Auchenipteridae	
187	*Auchenipterus nuchalis*	cunchi novia
188	*Centromochlus heckeli*	
189	*Tatia perugiae altae*	
190	*Tatia* sp.	
	Ageneiosidae	
191	*Ageneiosus marmoratus*	bocón, cunchi novi
192	*Ageneiosus* sp.	bocón, cunchi novi
	Aspredinidae	
193	*Agmus lyriformis*	sapocunchi, banjo
194	*Bunocephalus* sp. 1	sapocunchi, banjo
195	*Bunocephalus* sp. 2	sapocunchi, banjo
196	*Disyichthys* sp.	sapocunchi, banjo

	Registros/ Records			Uso actual o potencial/ Current or potential uses	Hábitat/ Habitat
	Yaguas	Maronal	Apayacu		
170			G	O/CS	Qn
171		X		O	Qn, Qb
172			X	O	Qn
173			S	O	Qb, Rb
174		X		O	Qc
175	X			O	Ln
176			X	O	Qn
177			S	O	Qn
178			S	O	Qn
179			X	O	Rb
180			S	O	Qb
181	X			O	Tb
182			G	O	Rb
183			S	O	Qb
184			X	N	Qc
185			G	O	Qn
186	X			O	Tb
187			C	O/CS	Rb
188			G	O	Rb
189		X		O	Qc, Qb
190		X		O	Qn, Qc, Qb
191			G	O/CC/CS	Qn
192	X			O/CC/CS	Rb
193			G	O	Rb
194		X	X	O	Qc
195			X	O	Qc
196	X			O	Tb

LEYENDA/LEGEND

Registros/ Records

X = Registrados durante el inventario biológico rápido/ Registered during the rapid biological inventory

C = Reportados en las comunidades durante el inventario social rápido/ Reported in the communities during the rapid social inventory

G = Reportados en Graham (2002)/ Reported in Graham (2002)

S = Reportados en Schleser (2000)/ Reported in Schleser (2000)

Uso

O = Ornamental

CS = Consumo de subsistencia/ Subsistence consumption

CC = Consumo comercial/ Commercial consumption

N = No conocido/ Unknown

Hábitat

R = Río/ River

Q = Quebrada/ Stream

L = Cocha/ Lake

P = Poza en el bosque/ Pool in forest interior

T = Tipishca/ Oxbow lake in formation

b = Agua blanca/ Whitewater

n = Agua negra/ Blackwater

c = Agua clara/ Clearwater

Apéndice/Appendix 3

Peces/Fishes

PECES / FISHES		
	Nombre científico/ Scientific name	**Nombre común/ Common name**
	Pimelodidae	
197	*Brachyplatystoma filamentosum*	saltón
198	*Cetopsorhamdia* sp. nov.	bagre
199	*Goldiella equis*	cunchi
200	*Heptapterus* sp.	bagre
201	*Megalonema* sp.	bagre
202	*Microglanis* sp.	bagre
203	*Phractocephalus hemioliopterus*	pejetorre
204	*Pimelodella gracilis*	cunchi
205	*Pimelodella* sp. 1	cunchi
206	*Pimelodella* sp. 2	cunchi
207	*Pimelodus blochii*	cunchi
208	*Pimelodus* cf. *clarias*	cunchi
209	*Pimelodus pictus*	cunchi
210	*Pimelodus* sp. 1	cunchi
211	*Pimelodus* sp. 2	cunchi
212	*Pseudoplatystoma fasciatum*	doncella
213	*Rhamdella* sp.	cunchi
214	*Rhamdia* sp.	cunchi
215	*Sorubimichthys planiceps*	achacubo
216	*Zungaro zungaro*	zungaro
	Cetopsidae	
217	*Cetopsido* sp. 1	canero
218	*Cetopsido* sp. 2	canero
	Trichomycteridae	
219	*Ochmacanthus* sp.	canero
220	*Vandellia* sp.	canero
	Callichthyidae	
221	*Callichthys callichthys*	shirui
222	*Corydoras acutus*	shirui, coridora
223	*Corydoras* aff. *ambiacus*	shirui, coridora
224	*Corydoras* aff. *arcuatus*	shirui, coridora
225	*Corydoras arcuatus*	shirui, coridora
226	*Corydoras elegans*	shirui, coridora
227	*Corydoras hastatus*	shirui, coridora
228	*Corydoras pastazensis*	shirui, coridora
229	*Corydoras* sp. 1	shirui, coridora
230	*Corydoras* sp. 2	shirui, coridora

	Registros/ Records			Uso actual o potencial/ Current or potential uses	Hábitat/ Habitat
	Yaguas	Maronal	Apayacu		
197			C	O/CC/CS	Rb
198		X		N	Qn, Qc
199			S	N	Qb
200			S	N	Qn, P, Q
201	X			N	Tb
202			G	O	Qn
203			G	O/CC/CS	Rb, Qn
204			S	O/CC/CS	Qn, Qb
205	X		X	O/CC/CS	Tb, Rb, Qb
206			X	O/CC/CS	Qc
207			G	O/CC/CS	Qn
208	X			O/CC/CS	Tb
209			S	O/CC/CS	Qb
210	X			O/CC/CS	Tb
211	X			O/CC/CS	Rb
212			C	O/CC/CS	Rb
213			X	N	Tb, Qc
214			C	CC/CS	Q
215			G	CC/CS	Rb
216	X	X		CC/CS	Rb, Qb
217	X	X		N	Qn, Qc, Qb
218		X		N	Qn
219	X	X	X	N	Tb, Rb, Qn, Qc, Qb, Ln
220	X			N	Tb, Rb
221			X	O/CS	Qn
222			G	O	Rb
223			X	O	Tb, Rb, Qb
224			X	O	Tb, Rb, Qc
225			G	O	Rb
226			S	O	Qn
227			G	O	Rb
228	X		X	O	Rb, Qb
229	X			O	Tb, Rb, Qb
230		X		O	Qn, Qc

LEYENDA/LEGEND

Registros/ Records

- X = Registrados durante el inventario biológico rápido/ Registered during the rapid biological inventory
- C = Reportados en las comunidades durante el inventario social rápido/ Reported in the communities during the rapid social inventory
- G = Reportados en Graham (2002)/ Reported in Graham (2002)
- S = Reportados en Schleser (2000)/ Reported in Schleser (2000)

Uso

- O = Ornamental
- CS = Consumo de subsistencia/ Subsistence consumption
- CC = Consumo comercial/ Commercial consumption
- N = No conocido/ Unknown

Hábitat

- R = Río/ River
- Q = Quebrada/ Stream
- L = Cocha/ Lake
- P = Poza en el bosque/ Pool in forest interior
- T = Tipishca/ Oxbow lake in formation
- b = Agua blanca/ Whitewater
- n = Agua negra/ Blackwater
- c = Agua clara/ Clearwater

Apéndice / Appendix 3

Peces / Fishes

PECES / FISH		
	Nombre científico/ Scientific name	**Nombre común/ Common name**
231	*Corydoras* sp. 3	shirui, coridora
232	*Dianema longibarbis*	shirui
233	*Dianema* sp.	shirui
234	*Hoplosternum thoracatum*	shirui
	Loricariidae	
235	*Ancistrus* aff. *teminckii*	carachama
236	*Ancistrus* sp.	carachama
237	*Cochliodon* sp.	carachama
238	*Farlowella* aff. *smithi*	shitari
239	*Farlowella* sp.	shitari
240	*Glyptoperichthys* sp.	carachama
241	*Hypoptopoma* sp.	carachama
242	*Hypostomus* sp.	carachama
243	*Limatulichthys* sp.	shitari
244	*Loricaria* aff. *clavipinna*	shitari
245	*Loricaria* sp.	shitari
246	*Otocinclus* sp. 1	carachamita
247	*Otocinclus* sp. 2	carachamita
248	*Otocinclus* sp. 3	carachamita
249	*Otocinclus vestitus*	carachamita
250	*Oxyropsis* sp.	carachama
251	*Rineloricaria* aff. *morrowi*	shitari
252	*Rineloricaria* sp. 1	shitari
253	*Rineloricaria* sp. 2	shitari
254	*Sturisoma nigrirostrum*	shitari
BATRACHOIDIFORMES		
	Batrachoididae	
255	*Thalassophryne amazonica*	peje sapo
CYPRINODOTIFORMES		
	Rivulidae	
256	*Rivulus atratus*	
257	*Rivulus elongatus*	
258	*Rivulus* sp. 1	
259	*Rivulus* sp. 2	
260	*Rivulus* sp. 3	
ATHERINIFORMES		
	Belonidae	
261	*Potamorrhaphis* sp.	pez aguja
262	*Potamorrhaphis* sp.	pez aguja

	Registros/ Records			Uso actual o potencial/ Current or potential uses	Hábitat/ Habitat
	Yaguas	Maronal	Apayacu		
231			X	O	Qc
232			G	O	Qn
233	X			O	Ln
234			G	O/CC/CS	Rb
235		X		O/CS	Qc, Qb
236		X	X	O/CS	Rb, Qc
237	X			O	Tb
238	X		X	O	Rb, Qc
239		X	X	O	Qn, Qc, Qb
240			S	O/CC/CS	Qb
241	X		X	O	Tb, Rb, Qn
242			G	O/CC/CS	Rb
243	X		X	O	Tb, Rb
244	X			O/CC/CS	Rb
245	X			O/CC/CS	Tb
246	X	X	X	O	Qc, Qb
247	X			O	Qn
248		X		O	Qb
249			G	O	Rb
250	X	X	X	O	Rb, Qn, Qc, Qb
251	X		X	O	Tb, Rb
252		X		O	Qn, Qc
253	X			O	Qb
254	X			O	Tb, Rb, Qb
255			X	O	Rb
256			G	O	Rb
257			G	O	Rb
258	X	X	X	O	Rb, Qn, Qc, Qb, Pn, Ln
259		X	X	O	Qn, Qc
260			X	O	Qc
261	X	X		O	Rb, Qn, Qc
262	X			O	Tb

LEYENDA/LEGEND

Registros/ Records

X = Registrados durante el inventario biológico rápido/ Registered during the rapid biological inventory

C = Reportados en las comunidades durante el inventario social rápido/ Reported in the communities during the rapid social inventory

G = Reportados en Graham (2002)/ Reported in Graham (2002)

S = Reportados en Schleser (2000)/ Reported in Schleser (2000)

Uso

O = Ornamental

CS = Consumo de subsistencia/ Subsistence consumption

CC = Consumo comercial/ Commercial consumption

N = No conocido/ Unknown

Hábitat

R = Río/ River

Q = Quebrada/ Stream

L = Cocha/ Lake

P = Poza en el bosque/ Pool in forest interior

T = Tipishca/ Oxbow lake in formation

b = Agua blanca/ Whitewater

n = Agua negra/ Blackwater

c = Agua clara/ Clearwater

Apéndice/Appendix 3

Peces/Fishes

PECES / FISHES		
	Nombre científico/ Scientific name	Nombre común/ Common name
SYNBRANCHIFORMES		
Synbranchidae		
263	*Synbranchus* sp.	atinga
PERCIFORMES		
Nandidae		
264	*Monocirrhus polyacanthus*	pez hoja
Cichlidae		
265	*Acaronia nassa*	bujurqui
266	*Aequidens diadema*	bujurqui
267	*Aequidens tetramerus*	bujurqui
268	*Apistogramma* aff. *agassii*	bujurqui
269	*Apistogramma bitaeniata*	bujurqui
270	*Apistogramma cacatuoides*	bujurqui
271	*Apistogramma* sp.	bujurqui
272	*Apistogramma trilineatus*	bujurqui
273	*Biotodoma cupido*	bujurqui
274	*Bujurquina moriorum*	bujurqui
275	*Bujurquina* sp. 1	bujurqui
276	*Bujurquina* sp. 2	bujurqui
277	*Chaetobranchus* sp.	bujurqui
278	*Cichla monoculus*	tucunaré
279	*Crenicichla* aff. *anthurus*	añashua
280	*Crenicichla cincta*	añashua
281	*Crenicichla johanna*	añashua
282	*Crenicichla proteus*	añashua
283	*Crenicichla* sp.	añashua
284	*Heros* sp.	bujurqui
285	*Laetacara* sp.	bujurqui
286	*Mesonauta insignis*	bujurqui
287	*Pterophyllum scalare*	escalar, pez angel
288	*Satanoperca jurupari*	bujurqui
TETRAODONTIFORMES		
Tetraodontidae		
289	*Colomesus asellus*	pez globo
TOTAL		**131**

	Registros/ Records			Uso actual o potencial/ Current or potential uses	Hábitat/ Habitat
	Yaguas	Maronal	Apayacu		
263		X	X	N	Qn, Qc
264		X	X	O	Qn, Qc
265			G	O	?
266	X	X	X	O	Qn, Qc, Pn
267	X			O/CC/CS	Pn, Ln
268			G	O	Rb, Qn
269			G	O	Qn
270			G	O	Rb, Qn
271	X		X	O	Qn, Pn
272	X	X	X	O	Qn, Qc, Qb, Pn, Ln
273			G	O	Rb
274			G	O/CS	Rb
275	X	X	X	O/CS	Tb, Rb, Qn, Qc, Qb
276		X		O/CS	Qb
277	X			O/CC/CS	Ln
278	X			O/CC/CS	Rb
279		X	X	O/CC/CS	Qn, Qc
280			S	O/CC/CS	Qb, Qn
281			S	O/CC/CS	Qb
282			S	O/CC/CS	Qb
283	X	X	X	O/CC/CS	Rb, Qn, Qc, Qb
284			X	O/CC/CS	Rb
285	X	X		O/CS	Qn, Pn, Ln
286			G	O/CS	Rb
287			G	O	Rb, Qn
288			G	O/CC/CS	Rb
289			G	O	Rb, Qn
	79	**112**			

LEYENDA/LEGEND

Registros/ Records

X = Registrados durante el inventario biológico rápido/ Registered during the rapid biological inventory

C = Reportados en las comunidades durante el inventario social rápido/ Reported in the communities during the rapid social inventory

G = Reportados en Graham (2002)/ Reported in Graham (2002)

S = Reportados en Schleser (2000)/ Reported in Schleser (2000)

Uso

O = Ornamental

CS = Consumo de subsistencia/ Subsistence consumption

CC = Consumo comercial/ Commercial consumption

N = No conocido/ Unknown

Hábitat

R = Río/ River

Q = Quebrada/ Stream

L = Cocha/ Lake

P = Poza en el bosque/ Pool in forest interior

T = Tipishca/ Oxbow lake in formation

b = Agua blanca/ Whitewater

n = Agua negra/ Blackwater

c = Agua clara/ Clearwater

Apéndice/Appendix 4

Anfibios y Reptiles/ Amphibians and Reptiles

Anfibios y reptiles observados en tres sitios durante el inventario biológico rápido en las cabeceras de los ríos Yaguas, Ampiyacu y Apayacu en agosto 2003, por L. Rodríguez y G. Knell.

ANFIBIOS Y REPTILES / AMPHIBIANS AND REPTILES

	Nombre científico/ Scientific name	Abundancia en los sitios visitados/ Abundance in the sites visited		
		Yaguas	Maronal	Apayacu
	AMPHIBIA			
	Plethodontidae			
001	*Bolitoglossa peruviana*			L
	Caeciliidae			
002	*Oscaecilia* sp.	L		
	Centrolenidae			
003	*Hyalinobatrachium* sp.		L	
	Hylidae			
004	*Hyla albopunctulata*		H	
005	*Hyla boans*	M		VH
006	*Hyla calcarata*	L		
007	*Hyla fasciata*	L	L	L
008	*Hyla geographica*		M	H
009	*Hyla granosa*	L	L	
010	*Hyla lanciformis*	L	L	L
011	*Hyla punctata*	L		
012	*Hyla marmorata*	L	M	L
013	*Osteocephalus buckleyi*		M	M
014	*Osteocephalus cabrerai*		L	M
015	*Osteocephalus deridens*	M	VH	H
016	*Osteocephalus mutabor*		L	
017	*Osteocephalus planiceps*		M	H
018	*Osteocephalus taurinus*	L	M	M
019	*Osteocephalus* cf. *yasuni*			VH
020	*Osteocephalus* sp. (puntos blancos)		L	
021	*Phrynohyas resinifictrix*	L	M	M
022	*Phyllomedusa atelopoides*		L	
023	*Phyllomedusa vaillanti*	L	L	L
024	*Scinax cruentomma*			L
	Microhylidae			
025	*Chiasmocleis anatipes*			L
026	*Chiasmocleis bassleri*			L
027	*Hamptophryne boliviana*			L
028	*Syncope antenori*		L	L
	Leptodactylidae			
029	*Adenomera hylaedactyla*	M	M	M
030	*Edalorhina perezi*		M	L
031	*Eleutherodactylus acuminatus*		M	L

Amphibians and reptiles recorded during the rapid biological inventory of three sites in the headwaters of the Yaguas, Ampiyacu and Apayacu rivers in August 2003. Compiled by L. Rodríguez and G. Knell.

Anfibios y Reptiles/ Amphibians and Reptiles

	Microhábitat/ Microhabitat	Actividad/ Activity	SVL Máximo (mm)/ Maximum SVL (mm)	Vouchers (L. Rodríguez)
001	LV	N		10364
002	F	D		10322
003	R	N		
004	A	N		
005	R	N	110	
006	LV	N	61	
007	LV	N	51	
008	A, LV	N	83	
009	LV	N	54	
010	LV	N	94	
011	LV	N	41	
012	A	N	56	
013	A	N	49.1	10340, 10339
014	A	N	50.1	10346
015	A	N	30.1	10304, 10342, 10359
016	A	N	60.5	10333
017	A	N	59.5	10310
018	A	N	76.4	10309, 10337, 10338, 10323
019	A	N	34.2	10354
020	A	N	42.3	10347, 10345
021	A	N	76	
022	A	N	45	
023	A	N	84	
024	LV	N	31	10363
025	F	N	30	
026	F	N	28	
027	F	N	44	
028	F	N	11	
029	T	D	23	10320
030	T	D	40	
031	LV	N	34	

LEYENDA/LEGEND

Abundancia/ Abundance

L = Baja/ Low

M = Media/ Medium

H = Alta/ High

VH = Muy alta/Very high

Microhabitats

T = Terrestre/ Terrestrial

A = Arbóreo/ Arboreal

LV = Vegetación baja/ Low vegetation

R = Ripario/ Riparian

F = Fossorial

Actividad/ Activity

D = Diurna/ Diurnal

N = Nocturna/ Nocturnal

* = Un espécimen encontrado a 30 m de altura, en una bromeliácea epífita/ One specimen recorded 30 m above the ground in an epiphytic bromeliad

** = Reportado en la comunidad Cuzco del río Apayacu/ Reported in the community of Cuzco on the Apayacu River

*** = Reportado en la comunidad de Sabalillo del río Apayacu/ Reported in the community of Sabalillo on the Apayacu River

Apéndice/Appendix 4

Anfibios y Reptiles/
Amphibians and Reptiles

ANFIBIOS Y REPTILES / AMPHIBIANS AND REPTILES

Nombre científico/ Scientific name	Abundancia en los sitios visitados/ Abundance in the sites visited		
	Yaguas	Maronal	Apayacu
032 *Eleutherodactylus altamazonicus*	M		L
033 *Eleutherodactylus carvalhoi*	L		
034 *Eleutherodactylus conspicillatus*	L		L
035 *Eleutherodactylus croceoinguinus*		L	
036 *Eleutherodactylus lanthanites*		M	L
037 *Eleutherodactylus malkini*	M	M	L
038 *Eleutherodactylus ockendeni*			L
039 *Eleutherodactylus sulcatus*			L
040 *Eleutherodactylus variabilis*	L		L
041 *Eleutherodactylus ventrimarmoratus*			L
042 *Eleutherodactylus* sp. 1			L
043 *Eleutherodactylus* sp. 2 (gr. conspicillatus)			L
044 *Ischnocnema quixensis*	M	M	M
045 *Leptodactylus leptodactyloides*	H	H	M
046 *Leptodactylus pentadactylus*	H	M	H
047 *Leptodactylus petersi*	H	H	H
048 *Lithodytes lineatus*			L
049 *Phyllonastes myrmecoides*			L
050 *Physalaemus petersi*	M	M	H
Dendrobatidae			
051 *Colostethus* cf. *marchesianus*		L	
052 *Colostethus trilineatus*	H		
053 *Colostethus* sp. (garganta amarillenta)		M	M
054 *Dendrobates "amazonicus"* (rojo)		H	M
055 *Dendrobates "tinctorius igneus"*		L	L
056 *Epipedobates femoralis*	M	H	H
057 *Epipedobates hanheli*	M	H	H
058 *Epipedobates parvulus*		M	M
059 *Epipedobates trivittatus*	L	M	M
Bufonidae			
060 *Bufo glaberrimus*	L		
061 *Bufo marinus*	L		
062 *Bufo typhonius* sp. 1	VH	VH	
063 *Bufo typhonius* sp. 2		VH	VH
064 *Dendrophryniscus minutus*	L	M	M
REPTILIA			
Colubridae			
065 *Atractus* cf. *snethlageae*	L		

	Microhábitat/ Microhabitat	Actividad/ Activity	Máximo SVL (mm)/ Maximum SVL (mm)	Vouchers (L. Rodríguez)
032	LV	N	29	10318, 10325, 10326
033	LV	N	20.1	10321
034	LV	N	26.1	10315, 10351, 10366
035	LV	N	20.1	10335
036	LV	N	30.8	10349, 10348
037	LV	N	36.5	10306, 10308
038	LV	N	21.7	10365
039	T	N	54	
040	LV	N	21.2	10316, 10357
041	T	N	25.7	10355
042	LV	N	27.7	10332, 10358
043	LV	N	20.1	10365
044	T	N	55	
045	R	N		
046	T	N	180	
047	R	N	71	
048	T	N	56	
049	T	N	14	
050	T	N	36	
051	T	D	20.3	10317
052	T	D	16.6	10305
053	T	D	16.5	10334
054	T	D	15.6	10350, 10327
055	T	D	17.1	10343
056	T	D	25.8	10324
057	T	D	24.3	10328
058	T	D	18.7	10329
059	T	D	38.4	10341
060	T	N	80	
061	T	N	110	
062	T	D	51.6	10336, 10330, 10356, 10360
063	T	D	56.1	10302, 10331, 10303
064	T	D	24	10246
065	T	D		10311

LEYENDA/LEGEND

Abundancia/ Abundance

L = Baja/ Low
M = Media/ Medium
H = Alta/ High
VH = Muy alta/Very high

Microhabitats

T = Terrestre/ Terrestrial
A = Arbóreo/ Arboreal
LV = Vegetación baja/ Low vegetation
R = Ripario/ Riparian
F = Fossorial

Actividad/ Activity

D = Diurna/ Diurnal
N = Nocturna/ Nocturnal
* = Un espécimen encontrado a 30 m de altura, en una bromeliácea epífita/ One specimen recorded 30 m above the ground in an epiphytic bromeliad
** = Reportado en la comunidad Cuzco del río Apayacu/ Reported in the community of Cuzco on the Apayacu River
*** = Reportado en la comunidad de Sabalillo del río Apayacu/ Reported in the community of Sabalillo on the Apayacu River

Anfibios y Reptiles/ Amphibians and Reptiles

ANFIBIOS Y REPTILES / AMPHIBIANS AND REPTILES				
	Nombre científico/ Scientific name	Abundancia en los sitios visitados/ Abundance in the sites visited		
		Yaguas	Maronal	Apayacu
066	*Chironius* cf. *fuscus*	L		
067	*Clelia clelia*	L		
068	*Imantodes cenchoa*		L	L
069	*Leptodeira annulata*		L	
070	*Pseudoboa coronata*			L
071	*Rhadinea brevirostris*	L		
072	*Rhinobothryum lentiginosum*			L
073	*Xenodon rabdocephalus*		L	
074	*Xenopholis scalaris*	H		
075	*Xenoxybelis argenteus*			L
	Viperidae			
076	*Bothrops atrox**		H	
	Elapidae			
077	*Micrurus langsdorffi*	L		
078	*Micrurus lemniscatus helleri*	L		
	Boidae			
079	*Corallus hortulanus*		L	H
	Gekkonidae			
080	*Gonatodes concinnatus*	L	L	H
081	*Gonatodes humeralis*	H	M	
082	*Lepidoblepharis* cf. *hoogmoedi*		L	
083	*Pseudogonatodes guianensis*	L	L	L
	Hoplocercidae			
084	*Enyalioides laticeps*		M	M
	Polychrotidae			
085	*Anolis fuscoauratus*	H	L	M
086	*Anolis nitens scypheus*	M	H	H
087	*Anolis ortonii*	L		M
088	*Anolis punctatus*	L		
089	*Anolis trachyderma*	L		
090	*Anolis transversalis*		L	
	Tropiduridae			
091	*Plica plica*			L
092	*Plica umbra*	M	L	
	Gymnophthalmidae			
093	*Alopoglossus atriventris*	H	M	M
094	*Neusticurus ecpleopus*	L		
095	*Prionodactylus argulus*	H	H	M

Anfibios y Reptiles/ Amphibians and Reptiles

	Microhábitat/ Microhabitat	Actividad/ Activity	Máximo SVL (mm)/ Maximum SVL (mm)	Vouchers (L. Rodríguez)
066	T	D		
067	T	N		
068	LV	N		
069	T	N		
070	A	D		
071	T	D		10344
072	T	N		
073	T	D		
074	T	N		
075	A	D		
076	T	D		
077	F, T	D		10312
078	F, T	N		10319
079	A	N		
080	LV	D		
081	LV	D		
082	T	D		
083	T	D		10313
084	A, LV	D		
085	LV	D		
086	LV, T	D		
087	LV	D		
088	A	D		
089	A, LV	D		
090	A, LV	D		
091	A	D		
092	A	D		
093	T	D		10314
094	T	D		
095	T	D		

LEYENDA/LEGEND

Abundancia/ Abundance

L = Baja/ Low
M = Media/ Medium
H = Alta/ High
VH = Muy alta/Very high

Microhabitats

T = Terrestre/ Terrestrial
A = Arbóreo/ Arboreal
LV = Vegetación baja/ Low vegetation
R = Ripario/ Riparian
F = Fossorial

Actividad/ Activity

D = Diurna/ Diurnal
N = Nocturna/ Nocturnal
* = Un espécimen encontrado a 30 m de altura, en una bromeliácea epífita/ One specimen recorded 30 m above the ground in an epiphytic bromeliad
** = Reportado en la comunidad Cuzco del río Apayacu/ Reported in the community of Cuzco on the Apayacu River
*** = Reportado en la comunidad de Sabalillo del río Apayacu/ Reported in the community of Sabalillo on the Apayacu River

Apéndice/Appendix 4

Anfibios y Reptiles/ Amphibians and Reptiles

ANFIBIOS Y REPTILES / AMPHIBIANS AND REPTILES

Nombre científico/ Scientific name	Abundancia en los sitios visitados/ Abundance in the sites visited		
	Yaguas	Maronal	Apayacu
096 *Ptychoglossus brevifrontalis*			L
Teiidae			
097 *Kentropix pelviceps*	H	H	H
098 *Tupinambis teguixin*		L	L
Crocodylidae			
099 *Caiman crocodilus*	M		
100 *Melanosuchus niger*	L		
101 *Paleosuchus trigonatus*		L	H
Testudinidae			
102 *Geochelone denticulata*	L		
Pelomedusidae			
103 *Podocnemis sextuberculata****	L		
Chelidae			
104 *Chelus fimbriatus***	L		

Anfibios y Reptiles/ Amphibians and Reptiles

	Microhábitat/ Microhabitat	Actividad/ Activity	Máximo SVL (mm)/ Maximum SVL (mm)	Vouchers (L. Rodríguez)
096	T	D		
097	T	D		
098	T	D		
099	R	N		
100	R	N		
101	R	N		
102	T	D		
103	R	D		
104	R	D		

LEYENDA/LEGEND

Abundancia/ Abundance

L = Baja/ Low

M = Media/ Medium

H = Alta/ High

VH = Muy alta/Very high

Microhabitats

T = Terrestre/ Terrestrial

A = Arbóreo/ Arboreal

LV = Vegetación baja/ Low vegetation

R = Ripario/ Riparian

F = Fossorial

Actividad/ Activity

D = Diurna/ Diurnal

N = Nocturna/ Nocturnal

* = Un espécimen encontrado a 30 m de altura, en una bromeliácea epífita/ One specimen recorded 30 m above the ground in an epiphytic bromeliad

** = Reportado en la comunidad Cuzco del río Apayacu/ Reported in the community of Cuzco on the Apayacu River

*** = Reportado en la comunidad de Sabalillo del río Apayacu/ Reported in the community of Sabalillo on the Apayacu River

Apéndice/Appendix 5

Aves/Birds

Aves registradas durante el inventario biológico rápido de agosto 2003 de las cabeceras de los ríos Yaguas, Ampiyacu y Apayacu. Compilado por D. Stotz y T. Pequeño.

AVES / BIRDS

Nombre científico/ Scientific name	Abundancia en los sitios visitados/ Abundance in the sites visited			Hábitat/ Habitat
	Yaguas	Maronal	Apayacu	
Tinamidae				
Tinamus major	F	F	F	Br, Tf
Tinamus guttatus	R	C	U	Tf
Crypturellus cinereus	C	F	F	Br, Tf
Crypturellus undulatus	C			Br
Crypturellus variegatus		F	F	Tf
Crypturellus bartletti			R	Tf
Cracidae				
Penelope jacquacu	F	F	C	Tf, Br
Pipile cumanensis	F		R	Br
Nothocrax urumutum		R	R	Tf
Crax salvini	F		R	Br
Odontophoridae				
Odontophorus gujanensis	R	U	U	Tf
Anhingidae				
Anhinga anhinga			R	Ri
Ardeidae				
Tigrisoma lineatum	R		U	A, Co
Cochlearius cochlearius	R			Ri
Butorides striatus	R			Ri
Threskiornithidae				
Mesembrinibis cayennensis	U			Ri, Br
Cathartidae				
Cathartes aura	U			O, Br
Cathartes melambrotus	F	F	F	O, Br
Coragyps atratus	F		R	O, Br
Sarcoramphus papa	U	U		O
Accipitridae				
Leptodon cayanensis			R	Br
Elanoides forficatus			R	O
Harpagus bidentatus	R		R	Tf
Ictinia plumbea	F		U	O, Br
Accipiter superciliosus		R		Tf
Leucopternis schistacea			R	A, Br
Leucopternis albicollis	R	R		Tf
Buteogallus urubitinga			R	Br
Busarellus nigricollis				A
Buteo magnirostris	U		R	Br

Aves/Birds

Birds registered during the August 2003 rapid biological inventory in the headwaters of the Yaguas, Ampiyacu and Apayacu rivers. Compiled by D. Stotz and T. Pequeño.

AVES / BIRDS

Nombre científico/ Scientific name	Abundancia en los sitios visitados/ Abundance in the sites visited			Hábitat/ Habitat
	Yaguas	Maronal	Apayacu	
Harpia harpyja		R		Tf
Spizaetus tyrannus		R	U	Tf, O
Spizaetus ornatus	U	R	U	Tf, O
Falconidae				
Daptrius ater	F	F	F	Br
Ibycter americanus	F	C	C	Tf, Br
Herpetotheres cachinnans	F		U	Br, Tf
Micrastur ruficollis		R	R	Tf
Micrastur gilvicollis	R	U	R	Tf
Falco rufigularis		R	R	Br
Psophiidae				
Psophia crepitans	F	C	F	Br, Tf, Bq
Rallidae				
Aramides cajanea	R		R	A, Br
Amaurolimnas concolor			R	A
Heliornithidae				
Heliornis fulica	R		R	Ri, Co
Scolopacidae				
Sandpiper sp.			R	Ri
Columbidae				
Columba cayennensis			R	Br
Columba plumbea	C	C	C	Tf, Br
Columba subvinacea	C	R	F	Br, Tf
Leptotila rufaxilla	C	U	F	Br, A, Co, Bq
Geotrygon montana	U	U	U	Tf, Br
Psittacidae				
Ara ararauna	C	F	C	O (A)
Ara macao	R	U	U	O
Ara chloroptera	U	U		O
Ara severa	F	U	F	O
Ara manilata	C	C	C	O (A)
Aratinga leucophthalmus		F	F	O
Pyrrhura melanura	C	C	C	Tf, Br
Forpus (sclateri?)	R		R	O
Brotogeris cyanoptera	C	U	F	O
Touit purpurata	R	R		Tf
Pionites melanocephala	C	C	C	Tf, Br
Pionopsitta barrabandi	F	F	C	Tf, Br

LEYENDA/LEGEND

Hábitats/Habitats

Tf = Bosque de tierra firme/ Terra firme forest

Bq = Bosque de quebrada/ Streamside forest

Br = Bosque ripario/Riverine forest

O = Aire/Overhead

Ri = Río/River

A = Aguajal/*Mauritia* palm swamp

Co = Cocha/Lake

Abundancia/Abundance

C = Común (varios individuos registrados a diario)/Common (recorded daily in numbers)

F = Relativamente común (pocos individuos registrados a diario)/Fairly common (recorded daily, but in very small numbers)

U = Poco común (no registrada a diario)/Uncommon (less than daily)

R = Infrecuente (uno o dos registros)/ Rare (one or two records)

Apéndice/Appendix 5

Aves/Birds

Nombre científico/ Scientific name	Abundancia en los sitios visitados/ Abundance in the sites visited			Hábitat/ Habitat
	Yaguas	Maronal	Apayacu	
Graydidascalus brachyurus	R			O
Pionus menstruus	C	F	F	O
Amazona ochrocephala		R	R	O
Amazona farinosa	F	F	C	O
Ophisthocomidae				
Opisthocomus hoazin	C			Co
Cuculidae				
Piaya cayana	C	U	F	Br, Tf, A
Piaya melanogaster	U	U	U	Tf, Br
Crotophaga major	F		U	Br, Co
Crotophaga ani	R			Co
Dromococcyx phasianellus	F			Br
Neomorphus pucheranii		R		Tf
Strigidae				
Otus choliba	F			Br
Otus watsonii	C	F	U	Br, Tf
Lophostrix cristata	U	R	R	Tf
Pulsatrix perspicillata		R	R	Tf, Br
Ciccaba virgata	R	R		Tf
Ciccaba huhula			R	Tf
Glaucidium hardyi	U	U	F	Br, Tf
Glaucidium brasilianum		U		Bq
Nyctibiidae				
Nyctibius grandis	R	R		Tf, Br
Nyctibius griseus	U			Br
Nyctibius bracteatus			R	Tf
Caprimulgidae				
Lurocalis semitorquatus	R	R	R	O
Nyctidromus albicollis	F		F	Ri
Apodidae				
Chaetura cinereiventris	C	C	C	O
Chaetura brachyura		R	R	O
Tachornis squamata	C		C	O, A, Co
Panyptila cayennensis			R	O
Trochilidae				
Glaucis hirsuta	R		R	Br, A
Threnetes leucurus	R		R	Br
Phaethornis ruber	R	U	U	Tf

AVES / BIRDS

Nombre científico/ Scientific name	Abundancia en los sitios visitados/ Abundance in the sites visited			Hábitat/ Habitat
	Yaguas	Maronal	Apayacu	
Phaethornis hispidus	U	U	F	Br, Bq, Tf
Phaethornis superciliosus	R	U	R	Tf
Campylopterus largipennis	R		R	A, Bq
Florisuga mellivora	R	R	U	Tf, Br, A
Thalurania furcata	F	F	C	Tf, Br, A
Hylocharis sapphirina			R	A
Heliodoxa schreibersii	R		U	A
Topaza pyra	R		R	A, Bq
Heliothryx aurita	R		U	Br, Tf
Heliomaster longirostris			R	Br
Trogonidae				
Trogon viridis	F	F	C	Tf, Br
Trogon curucui	F	U	F	Br, Tf
Trogon violaceus	F	F	F	Tf, Br
Trogon collaris	F	U	U	Br
Trogon rufus	R	F	F	Tf, Br
Trogon melanurus	F	F	F	Tf, Br
Pharomachrus pavoninus	R	U	U	Tf
Alcedinidae				
Chloroceryle amazona	R		U	Ri
Chloroceryle americana	R		U	Ri
Chloroceryle inda		R		Ri
Chloroceryle aenea	R			Co
Momotidae				
Baryphthengus martii	R	F	F	Tf
Momotus momota	F		F	Br
Galbulidae				
Galbula albirostris	U		U	Br, Tf
Galbula dea	R	F	U	Tf
Jacamerops aurea	F	F	F	Br, Bq, A
Bucconidae				
Notharchus macrorhynchos	R	R		Br, Tf
Bucco macrodactylus		R	R	Br
Bucco capensis	R	R		Tf
Malacoptila fusca	U	U		Tf, Br
Malacoptila rufa		R		Tf
Nonnula rubecula			R	Br
Monasa nigrifrons	C		F	Br, Co

LEYENDA/LEGEND

Hábitats/Habitats

Tf = Bosque de tierra firme/ Terra firme forest

Bq = Bosque de quebrada/ Streamside forest

Br = Bosque ripario/Riverine forest

O = Aire/Overhead

Ri = Río/River

A = Aguajal/*Mauritia* palm swamp

Co = Cocha/Lake

Abundancia/Abundance

C = Común (varios individuos registrados a diario)/Common (recorded daily in numbers)

F = Relativamente común (pocos individuos registrados a diario)/Fairly common (recorded daily, but in very small numbers)

U = Poco común (no registrada a diario)/Uncommon (less than daily)

R = Infrecuente (uno o dos registros)/ Rare (one or two records)

Apéndice/Appendix 5

Aves/Birds

AVES / BIRDS				
Nombre científico/ Scientific name	**Abundancia en los sitios visitados/ Abundance in the sites visited**			**Hábitat/ Habitat**
	Yaguas	Maronal	Apayacu	
Monasa morphoeus	R	C	C	Tf
Monasa flavirostris			R	Br
Capitonidae				
Capito aurovirens	R		R	A, Br
Capito auratus	C	C	C	Tf, Br
Eubucco richardsoni	F	F	F	Tf, Br
Ramphastidae				
Pteroglossus inscriptus	R		R	Br
Pteroglossus azara	U	U	F	Tf, Br
Pteroglossus castanotis	U	F	R	Br, Tf
Pteroglossus pluricinctus		U	U	Tf
Selenidera reinwardtii	F	F	F	Tf, Br
Ramphastos vitellinus	C	F	F	Tf, Br
Ramphastos tucanus	C	C	C	Tf, Br
Picidae				
Melanerpes cruentatus	C	U	U	Br, Tf
Veniliornis passerinus	R		R	Br
Veniliornis affinis	U	F	U	Tf
Piculus flavigula	R	F	U	Tf, Br
Piculus chrysochloros	F	R	U	Br, A
Colaptes punctigula	R			Br
Celeus grammicus	F	C	F	Tf, Br
Celeus elegans	R	F	F	Tf, Br, A
Celeus flavus	F	R		Br
Celeus torquatus	R	R	R	Tf
Dryocopus lineatus	F		R	Br
Campephilus rubricollis	F	F	F	Tf
Campephilus melanoleucos	C	F	F	Br, Tf
Dendrocolaptidae				
Dendrocincla fuliginosa	F	U	F	Tf
Dendrocincla merula	R	R	R	Tf
Deconychura longicauda	U	R	U	Tf
Deconychura stictolaema			R	Tf
Sittasomus griseicapillus	R	R		Br
Glyphorynchus spirurus	C	C	C	Tf, Br, A
Nasica longirostris	C	C	F	Br, Bq, A, Co, Tf
Dendrexetastes rufigula	C	U	F	Br, Tf
Xiphocolaptes promeropirhynchus	R	U	U	Tf, Br

Aves/Birds

AVES / BIRDS

Nombre científico/ Scientific name	Abundancia en los sitios visitados/ Abundance in the sites visited			Hábitat/ Habitat
	Yaguas	Maronal	Apayacu	
Dendrocolaptes certhia	U	U	R	Tf, Br
Dendrocolaptes picumnus	R	R	U	Tf
Xiphorhynchus obsoletus	F		R	Br, Co
Xiphorhynchus ocellatus			U	A
Xiphorhynchus elegans	F	F	U	Tf, Br
Xiphorhynchus guttatus	C	C	C	Br, Tf, A
Lepidocolaptes albolineatus	R	R	R	Tf
Furnariidae				
Synallaxis rutilans		U		Tf
Synallaxis gujanensis	R			Br
Cranioleuca gutturata	R		R	Br
Berlepschia rikeri			U	A
Ancistrops strigilatus	U	U	U	Tf
Hyloctistes subulatus	R	R	R	Tf, Br
Philydor ruficaudatum		R	R	Tf
Philydor erythrocercum	R	R	R	Tf
Philydor erythropterum	R	U	U	Tf
Philydor pyrrhodes		R	R	Tf
Anabazenops dorsalis	R			Br
Automolus ochrolaemus	F	U	F	Br, Tf
Automolus infuscatus	U	C	F	Tf, Br
Automolus rubiginosus		R		Tf
Sclerurus mexicanus		R		Tf
Sclerurus rufigularis			R	Tf
Sclerurus caudacutus	R		R	Tf
Xenops milleri		R	R	Tf
Xenops minutus	R	R	F	Tf, Br
Thamnophilidae				
Cymbilaimus lineatus	U	F	F	Tf, Br
Frederickena unduligera	R	U	U	Br, Tf
Taraba major	F		U	Br, Co
Thamnophilus schistaceus	C	F	F	Br, Bq, Tf
Thamnophilus murinus	U	C	C	Tf
Megastictus margaritatus		U	R	Tf
Thamnomanes ardesiacus	C	C	C	Tf, Br
Thamnomanes caesius	C	C	C	Tf, Br
Pygiptila stellaris	F	F	F	Tf, Br
Myrmotherula haematonota		R	F	Tf

LEYENDA/LEGEND

Hábitats/Habitats

Tf = Bosque de tierra firme/ Terra firme forest

Bq = Bosque de quebrada/ Streamside forest

Br = Bosque ripario/Riverine forest

O = Aire/Overhead

Ri = Río/River

A = Aguajal/*Mauritia* palm swamp

Co = Cocha/Lake

Abundancia/Abundance

C = Común (varios individuos registrados a diario)/Common (recorded daily in numbers)

F = Relativamente común (pocos individuos registrados a diario)/Fairly common (recorded daily, but in very small numbers)

U = Poco común (no registrada a diario)/Uncommon (less than daily)

R = Infrecuente (uno o dos registros)/ Rare (one or two records)

Apéndice/Appendix 5

Aves/Birds

AVES / BIRDS				
Nombre científico/ Scientific name	**Abundancia en los sitios visitados/ Abundance in the sites visited**			**Hábitat/ Habitat**
	Yaguas	Maronal	Apayacu	
Myrmotherula ornata			R	Tf
Myrmotherula erythrura		U	R	Tf
Myrmotherula brachyura	C	F	F	Tf, Br
Myrmotherula ignota	F	C	C	Tf, Br
Myrmotherula surinamensis	F		F	Br, Co
Myrmotherula hauxwelli	R	F	F	Tf
Myrmotherula axillaris	C	C	C	Br, Tf, A
Myrmotherula longipennis	R	U		Tf
Myrmotherula menetriesii	F	C	C	Tf, Br
Dichrozona cincta	R	U	U	Tf
Herpsilochmus dugandi	R	U	R	Tf, Br
Terenura spodioptila	R	U	R	Tf
Cercomacra cinerascens	F	F	U	Tf
Cercomacra serva	R	F	U	Bq
Myrmoborus myotherinus	F	C	C	Tf, Br, Co
Hypocnemis cantator	F	U	F	Br, Tf
Hypocnemis hypoxantha	U	F	C	Tf, Br
Sclateria naevia	U	F	U	Bq
Percnostola rufifrons			R	Tf
Percnostola schistacea		U	R	Tf
Percnostola leucostigma	U	F	F	Bq
Myrmeciza atrothorax	R		U	Br, Co, A
Myrmeciza melanoceps	C	R	U	Br
Myrmeciza hyperythra		R	R	Bq
Myrmeciza fortis	R	C	C	Tf, Br
Pithys albifrons	U	C	F	Tf, Br
Gymnopithys leucaspis	F	C	F	Tf, Br, A
Rhegmatorhina melanosticta	F	U	U	Tf
Hylophylax naevia	R	C	C	Tf, Bq
Hylophylax punctulata		R	U	A, Bq
Hylophylax poecilinota	U	C	F	Tf, Br
Phlegopsis erythroptera	U	F	R	Tf
Formicariidae				
Formicarius colma	R	C	F	Tf
Formicarius analis		C	F	Br, Tf
Chamaeza nobilis		C	F	Tf
Grallaria varia		U	U	Tf
Grallaria dignissima	U	F	U	Tf

Nombre científico/ Scientific name	Abundancia en los sitios visitados/ Abundance in the sites visited			Hábitat/ Habitat
	Yaguas	Maronal	Apayacu	
Myrmothera campanisona	C	C	C	Br, Tf
Conopophagidae				
Conopophaga aurita		U		Tf
Rhinocryptidae				
Liosceles thoracicus	F	C	C	Tf, Br
Tyrannidae				
Tyrannulus elatus	C	F	F	Br, A, Tf
Myiopagis caniceps	R	R	U	Tf
Myiopagis gaimardii	F	F	C	Tf, Br
Ornithion inerme	R	U	F	Tf, Br
Corythopis torquata	U	U	U	Tf
Zimmerius gracilipes	F	F	F	Tf, Br
Mionectes oleagineus	F	F	F	Tf, Br
Myiornis ecaudatus	U			Br
Lophotriccus vitiosus	C	F	F	Tf, Br
Lophotriccus galeatus			F	A, Tf
Hemitriccus iohannis	R			Br
Todirostrum chrysocrotaphum			R	Br
Cnipodectes subbrunneus	R	U	U	Tf, Bq
Rhynchocyclus olivaceus	R			Tf
Tolmomyias assimilis	F	F	F	Tf, Br
Tolmomyias poliocephalus	F	F	F	Br, Tf
Tolmomyias flaviventris	F		R	Br, Co
Platyrinchus coronatus		U	R	Bq
Onychorhynchus coronatus		R		Bq
Myiobius barbatus		U		Tf
Terenotriccus erythrurus	U	C	F	Tf, Br
Lathrotriccus euleri	U	R		Br, Bq
Pyrocephalus rubinus			R	Br
Ochthornis littoralis	U		U	Ri
Legatus leucophaius	R			Br
Myiozetetes similis	F		R	Br
Myiozetetes luteiventris	R	F	F	Tf
Pitangus sulphuratus	F			Br
Pitangus lictor	U			Co
Conopias parva	U	U	F	Tf
Myiodynastes maculatus	R	R		Br, Tf
Tyrannopsis sulphurea			U	A

LEYENDA/LEGEND

Hábitats/Habitats

Tf = Bosque de tierra firme/ Terra firme forest

Bq = Bosque de quebrada/ Streamside forest

Br = Bosque ripario/Riverine forest

O = Aire/Overhead

Ri = Río/River

A = Aguajal/*Mauritia* palm swamp

Co = Cocha/Lake

Abundancia/Abundance

C = Común (varios individuos registrados a diario)/Common (recorded daily in numbers)

F = Relativamente común (pocos individuos registrados a diario)/Fairly common (recorded daily, but in very small numbers)

U = Poco común (no registrada a diario)/Uncommon (less than daily)

R = Infrecuente (uno o dos registros)/ Rare (one or two records)

AVES / BIRDS				
Nombre científico/ Scientific name	**Abundancia en los sitios visitados/ Abundance in the sites visited**			**Hábitat/ Habitat**
	Yaguas	Maronal	Apayacu	
Empidonomus aurantioatrocristatus	F		U	Br
Tyrannus melancholicus	F		U	Br
Rhytipterna simplex	F	F	C	Tf, Br
Sirystes sibilator		R	U	Tf
Myiarchus tuberculifer			R	Br
Myiarchus ferox	U		F	Br
Ramphotrigon ruficauda	U	U	F	Tf
Attila citriniventris	F		F	Tf, Br
Attila spadiceus	F	F	U	Br, Tf
Cotingidae				
Tityra cayana	U		R	Br, A
Tityra semifasciata	U	U	R	Tf, Br
Schiffornis major	C		F	Br, Co
Schiffornis turdinus	F	U	F	Tf
Laniocera hypopyrra	U	F	F	Tf
Iodopleura isabellae			R	Br
Pachyramphus castaneus			R	Br
Pachyramphus polychopterus	R			Br
Pachyramphus marginatus	R	U	U	Tf
Pachyramphus minor		U	R	Tf
Phoenicircus nigricollis	U	R	R	Tf
Cotinga cayana		R	U	Br, Tf
Lipaugus vociferans	C	C	C	Tf
Gymnoderus foetidus	R			Br
Querula purpurata	F	U	F	Tf, Br
Pipridae				
Tyranneutes stolzmanni	C	F	C	Tf
Machaeropterus regulus	R	R	R	Tf, Br
Lepidothrix coronota	F	C	C	Tf, Br
Chiroxiphia pareola	U	C	F	Tf
Dixiphia pipra	U		F	Tf
Pipra filicauda	C	R	U	Br, Bq
Pipra erythrocephala	C	F	C	Tf, Br
Piprites chloris	F	F	F	Tf
Vireonidae				
Vireolanius leucotis		F		Tf
Hylophilus thoracicus	U		U	Br, Bq
Hylophilus hypoxanthus	C	C	C	Tf, Br

Nombre científico/ Scientific name	Abundancia en los sitios visitados/ Abundance in the sites visited			Hábitat/ Habitat
	Yaguas	Maronal	Apayacu	
Hylophilus ochraceiceps		F	R	Tf
Corvidae				
Cyanocorax violaceus	R			Br, Co
Hirundinidae				
Tachycineta albiventer	R		R	Ri
Progne chalybea	F			Ri
Atticora fasciata	F		U	Ri
Neochelidon tibialis	R			Ri
Stelgidopteryx ruficollis	R			Ri
Troglodytidae				
Campylorhynchus turdinus	C		R	Br
Thryothorus coraya	F	R	C	Br, Co, Bq
Thryothorus leucotis			R	Br
Microcerculus marginatus	U	F	F	Tf, Br
Cyphorhinus arada		F	F	Tf, Br
Sylviidae				
Microbates collaris		F	U	Tf
Ramphocaenus melanurus			R	Tf
Turdidae				
Catharus (minimus)			R	Br
Turdus lawrencii	U	U	C	Bq, Br
Turdus albicollis	R	F	U	Bq
Thraupidae				
Cissopis leveriana			R	Br
Tachyphonus cristatus	U	U	U	Tf, Br
Tachyphonus surinamus			R	A
Lanio fulvus		F	F	Tf
Ramphocelus nigrogularis	F		F	Br, Co
Ramphocelus carbo	U		F	Br, Co
Thraupis palmarum	R		F	A, Br
Tangara mexicana	R		R	Br
Tangara chilensis	F	F	F	Tf, Br
Tangara schrankii	F	U	F	Tf, Br
Tangara xanthogastra	R	R		Tf, Bq
Tangara nigrocincta			R	Tf
Tangara velia	R	U	R	Tf, Br
Tangara callophrys	U	U	R	Tf, Br
Dacnis lineata	U	U	U	Br, Tf

LEYENDA/LEGEND

Hábitats/Habitats

Tf = Bosque de tierra firme/ Terra firme forest
Bq = Bosque de quebrada/ Streamside forest
Br = Bosque ripario/Riverine forest
O = Aire/Overhead
Ri = Río/River
A = Aguajal/*Mauritia* palm swamp
Co = Cocha/Lake

Abundancia/Abundance

C = Común (varios individuos registrados a diario)/Common (recorded daily in numbers)
F = Relativamente común (pocos individuos registrados a diario)/Fairly common (recorded daily, but in very small numbers)
U = Poco común (no registrada a diario)/Uncommon (less than daily)
R = Infrecuente (uno o dos registros)/ Rare (one or two records)

AVES / BIRDS				
Nombre científico/ Scientific name	**Abundancia en los sitios visitados/ Abundance in the sites visited**			**Hábitat/ Habitat**
	Yaguas	Maronal	Apayacu	
Dacnis flaviventer	R	R	R	Br
Dacnis cayana		U	U	Br, Tf
Cyanerpes nitidus		R	U	Tf, A
Cyanerpes caeruleus	U	R	F	Tf, Br
Chlorophanes spiza	U	F	F	Tf, Br
Hemithraupis flavicollis	U	U	F	Tf, Br
Habia rubica	R	C	F	Tf, Br
Euphonia chrysopasta	F	U	U	Tf
Euphonia minuta			R	Br
Euphonia xanthogaster	F	F	F	Tf, Br
Euphonia rufiventris	C	C	C	Tf, Br
Cardinalidae				
Paroaria gularis	R		R	Ri
Parkerthraustes humeralis		R		Tf
Saltator grossus	U	F	F	Tf, Br
Saltator maximus	R		U	Br
Cyanocompsa cyanoides		R	U	Bq
Parulidae				
Phaeothlypis fulvicauda	U	U	F	Bq
Icteridae				
Psarocolius angustifrons		R		Tf
Psarocolius viridis	R		F	Br
Psarocolius yuracares	C	R	C	Br, Tf
Psarocolius oseryi	U	F	U	Tf, Br
Psarocolius latirostris		R		Tf
Cacicus solitarius	U	R		Br
Cacicus cela	C	F	C	Br, Tf, Co, A
Cacicus haemorrhous		R	R	Tf, A
Icterus chrysocephalus	R		U	Tf
Scaphidura oryzivora			R	Ri
TOTAL	**272**	**241**	**301**	

Apéndice / Appendix 5

Aves / Birds

LEYENDA/LEGEND

Hábitats/Habitats

Tf = Bosque de tierra firme/ Terra firme forest

Bq = Bosque de quebrada/ Streamside forest

Br = Bosque ripario/Riverine forest

O = Aire/Overhead

Ri = Río/River

A = Aguajal/*Mauritia* palm swamp

Co = Cocha/Lake

Abundancia/Abundance

C = Común (varios individuos registrados a diario)/Common (recorded daily in numbers)

F = Relativamente común (pocos individuos registrados a diario)/Fairly common (recorded daily, but in very small numbers)

U = Poco común (no registrada a diario)/Uncommon (less than daily)

R = Infrecuente (uno o dos registros)/ Rare (one or two records)

Mamíferos/ Mammals

Mamíferos registrados durante el inventario biológico rápido de agosto 2003 en las cabeceras del río Yaguas, las cabeceras del río Ampiyacu, y las cabeceras del río Apayacu, y su estado de conservación a nivel mundial y nacional. La lista está basada en el trabajo de campo de O. Montenegro, M. Escobedo y asistentes locales. Los nombres Bora son de Hernán López; los nombres Yagua de Manuel Ramírez; y los nombres Huitoto de Melitón Diaz Vega. Las categorías de amenaza de la UICN y los apéndices de CITES son de 2003 y disponible en *www.redlist.org* y *www.cites.org*.

MAMÍFEROS / MAMMALS

	Nombre científico/ Scientific name	Nombres indígenas/ Indigenous names		
		Bora	Yahua	Huitoto
	DIDELPHIMORPHIA			
	Didelphidae			
001	*Philander andersoni*	Óówaá	Uitheñó	Tuiro
002	*Didelphis marsupialis*	Óówaá	Uanknañú	Uɨyɨ
003	*Marmosa* sp.	Óówaá		
	CINGULATA			
	Dasypodidae			
004	*Cabassous unicinctus*	Cáápinau	Manató	
005	*Dasypus novemcinctus*	Llééu	Manató	
006	*Priodontes maximus*	Núlliba	Arpúe	
	VERMILINGUA			
	Myrmecophagidae			
007	*Myrmecophaga tridactyla*	Ííju	Zukio	Ereño
008	*Tamandua tetradactyla*	Tohji	Anutio	Doboyi
	CHIROPTERA	Kikiijye	Rcható	
	Emballonuridae			
009	*Rhynchonycteris naso*			
010	*Saccopteryx bilineata*			
	Phyllostomidae			
	Phyllostominae			
011	*Phyllostomus elongatus*			
012	*Phyllostomus hastatus*			
013	*Phyllostomus* sp.			
014	*Trachops cirrhosus*			
015	*Tonatia silvicola*			
	Glossophaginae			
016	*Anoura caudifer*			

LEYENDA/LEGEND

Especies/Species

** = reportada por los miembros de las comunidades, pero solo para la parte baja del río Apayacu. No la incluimos en el conteo de especies encontradas./Reported by local communities, but only for the lower Apayacu River; not included in the list of registered species.

C = Cuevas/Caves

A = Avistamiento/Direct sighting

R = Rastro de actividad (alimentación, afilamiento de garras, etc.)/ Signs of activity (feeding marks, scratchmarks, etc.)

Ca = Captura (número de capturas)/ Capture (number of captures)

H = Huellas/Tracks

V = Vocalizaciones/Calls

Mamíferos/ Mammals

Mammals registered during the August 2003 rapid biological inventory in the headwaters of the Yaguas, Ampiyacu and Apayacu rivers, and their conservation status at the global and national level. The list is based on field work by O. Montenegro, M. Escobedo, and local assistants. The Bora names are courtesy of Hernán López; Yagua names are courtesy of Manuel Ramírez; and Huitoto names courtesy of Melitón Diaz Vega. IUCN threat categories and CITES categories are from 2003 and available at *www.redlist.org* and *www.cites.org*.

	Otros nombres/ Other names		**Inventario biológico rápido/ Rapid biological inventory**			**Estado de conservación/ Conservation status**		
	Inglés/English	Español/Spanish	R. Yaguas	Maronal	R. Apayacu	UICN/IUCN	Pacheco (2002)	CITES
001	Four-eyed opossum			A				
002	Common opossum			A				
003	Mouse opossum				A			
004	Naked-tailed armadillo	Carachupa pequeño		C,H				
005	Nine-banded armadillo	Carachupa	C,H	C,H	C,H		SI	
006	Giant armadillo	Carachupa mama	C	C	C,H	EN	VU*	I
007	Giant anteater	Oso hormiguero	H			VU	VU*	II
008	Southern tamandua	Shiui		A			R	
	Bats	Másho						
009	Sharp-nosed bat			A	A			
010	Two-lined bat				Ca(2)			
011	Spear-nosed bat		Ca(6)		Ca(3)			
012	Spear-nosed bat				Ca(1)			
013	Spear-nosed bat			Ca(1)				
014	Fringe-lip bat		Ca(1)					
015					Ca(5)			
016	Tailless bat		Ca(1)					

Categorías de la UICN/IUCN categories

EN = En peligro/Endangered

VU = Vulnerable

NT = Casi amenazado/Near Threatened

DD = Datos insuficientes/Data Deficient

Categorías de amenaza de Pacheco (2002)/ Pacheco (2002) threat categories

EP = En peligro de extinción/Endangered

VU = Vulnerable

R = Rara/Rare

SI = Situación indeterminada/ Status unknown

* = La especie se encuentra en la misma categoría en la lista oficial de Ministerio de Agricultura del Perú (Pacheco 2002)./The species has the same category in the official red list of the Peruvian Ministry of Agriculture (Pacheco 2002).

Apéndices CITES/CITES Appendices

CITES I = Especies amenazadas de extinción. No está permitido el trafico de ejemplares de estas especies, salvo en circunstancias muy excepcionales./Species threatened with extinction. Traffic in listed species is only permitted in exceptional cases.

CITES II = Especies que pueden llegar a estar amenazadas si su comercio no es regulado estrictamente./ Species which may become threatened if their trade is not strictly regulated.

Apéndice/Appendix 6

Mamíferos/
Mammals

MAMÍFEROS / MAMMALS

Nombre científico/ Scientific name	Nombres indígenas/ Indigenous names			
	Bora	Yahua	Huitoto	
Carollinae				
017 *Carollia brevicauda*				
018 *Carollia castanea*				
019 *Carollia perspicillata*				
020 *Rhinophylla pumilio*				
Sturnirinae				
021 *Sturnira aratathomasi*				
022 *Sturnira ludovici*				
023 *Sturnira tildae*				
Stenodermatinae				
024 *Artibeus glaucus*				
025 *Artibeus jamaicensis*				
026 *Artibeus lituratus*				
027 *Artibeus obscurus*				
028 *Mesophylla macconnelli*				
Vespertilionidae				
029 *Myotis* sp.				
PRIMATES				
Callitrichidae				
030 *Cebuella pygmaea*	Úpilleji		Zumiki	
031 *Saguinus nigricollis*	Óhtsariji	Raboñé	Jiziki	
032 *Saguinus fuscicollis*	Óhtsariji	Raboñé	Aiki	
Cebidae				
033 *Alouatta seniculus*	Namé	Canná	Íu	
034 *Callicebus torquatus*	Wááií	Nókóó	Nemo aiki	
035 *Cebus albifrons*	Umoba	Uatá	Joma	
036 *Cebus apella*	Tsoríri	Senekío	Jitijoma	

LEYENDA/LEGEND

Especies/Species

** = reportada por los miembros de las comunidades, pero solo para la parte baja del río Apayacu. No la incluimos en el conteo de especies encontradas./Reported by local communities, but only for the lower Apayacu River; not included in the list of registered species.

C = Cuevas/Caves

A = Avistamiento/Direct sighting

R = Rastro de actividad (alimentación, afilamiento de garras, etc.)/ Signs of activity (feeding marks, scratchmarks, etc.)

Ca = Captura (número de capturas)/ Capture (number of captures)

H = Huellas/Tracks

V = Vocalizaciones/Calls

	Otros nombres/ Other names		Inventario biológico rápido/ Rapid biological inventory			Estado de conservación/ Conservation status		
	Inglés/English	Español/Spanish	R.Yaguas	Maronal	R. Apayacu	UICN/IUCN	Pacheco (2002)	CITES
017	Short-tailed bat			Ca(1)				
018	Short-tailed bat		Ca(3)	Ca(2)	Ca(1)			
019	Short-tailed bat		Ca(6)	Ca(1)	Ca(1)			
020				Ca(1)				
021	Yellow-shouldered bat				Ca(1)	NT		
022	Yellow-shouldered bat		Ca(1)					
023	Yellow-shouldered bat				Ca(1)			
024	Fruit-eating bat		Ca(1)					
025	Fruit-eating bat		Ca(1)					
026	Fruit-eating bat				Ca(2)			
027	Fruit-eating bat			Ca(2)	Ca(3)	NT		
028				Ca(2)				
029	Little brown bat		Ca(1)					
030	Pygmy marmoset	Leoncito	A		A		R	II
031	Black-mantle tamarin	Pichico	A	A	A		R	II
032	Saddleback tamarin	Pichico	A				R	II
033	Red howler monkey	Coto	A	V	V		VU*	II
034	Yellow-handed titi monkey	Tocón negro	A	V			R	II
035	White-fronted capuchin	Mono blanco	A	A	A		VU*	II
036	Brown capuchin monkey	Machin negro	A				VU*	II

Categorías de la UICN/IUCN categories

EN = En peligro/Endangered

VU = Vulnerable

NT = Casi amenazado/Near Threatened

DD = Datos insuficientes/Data Deficient

Categorías de amenaza de Pacheco (2002)/ Pacheco (2002) threat categories

EP = En peligro de extinción/Endangered

VU = Vulnerable

R = Rara/Rare

SI = Situación indeterminada/ Status unknown

* = La especie se encuentra en la misma categoría en la lista oficial de Ministerio de Agricultura del Perú (Pacheco 2002)./The species has the same category in the official red list of the Peruvian Ministry of Agriculture (Pacheco 2002).

Apéndices CITES/CITES Appendices

CITES I = Especies amenazadas de extinción. No está permitido el trafico de ejemplares de estas especies, salvo en circunstancias muy excepcionales./Species threatened with extinction. Traffic in listed species is only permitted in exceptional cases.

CITES II = Especies que pueden llegar a estar amenazadas si su comercio no es regulado estrictamente./ Species which may become threatened if their trade is not strictly regulated.

Apéndice/Appendix 6

Mamíferos/ Mammals

MAMÍFEROS / MAMMALS			
Nombre científico/ Scientific name	**Nombres indígenas/ Indigenous names**		
	Bora	Yahua	Huitoto
037 *Lagothrix lagothricha*	Cuúmu	Cashúno	
038 *Pithecia monachus*	Óbawa	Uasha	
039 *Saimiri sciureus*	Cuhllíba	Múllo	Tiyi
CARNIVORA			
Canidae			
040 *Atelocynus microtis*	Vúúhoó	Nopo nebí	
Procyonidae			
041 *Bassaricyon gabbii*		Mueshóó	
042 *Potos flavus*	Wachaá	Rámue	Kuita
Mustelidae			
043 *Eira barbara*	Namooó	Záno	Égai
044 *Lontra longicaudis*	Tsojco	Janái	Iye jiko
Felidae			
045 *Leopardus pardalis*	Ohíbye	Canóo	Jirako
046 *Panthera onca*	Ohíbye	Amara nebí	Jáanayari
CETACEA			
Delphinidae			
047 *Sotalia fluviatilis*	Tsitsiine Amanaá		
Platanistidae			
048 *Inia geoffrensis*	Træjpañe Amanaá		
SIRENIA**			
Trichechidae**			
049 *Trichechus inunguis***			
PERISSODACYTLA			
Tapiridae			
050 *Tapirus terrestris*	Ocajií	Nechá	Zuruma

LEYENDA/LEGEND

Especies/Species

** = reportada por los miembros de las comunidades, pero solo para la parte baja del río Apayacu. No la incluimos en el conteo de especies encontradas./Reported by local communities, but only for the lower Apayacu River; not included in the list of registered species.

C = Cuevas/Caves

A = Avistamiento/Direct sighting

R = Rastro de actividad (alimentación, afilamiento de garras, etc.)/ Signs of activity (feeding marks, scratchmarks, etc.)

Ca = Captura (número de capturas)/ Capture (number of captures)

H = Huellas/Tracks

V = Vocalizaciones/Calls

Mamíferos/ Mammals

	Otros nombres/ Other names		Inventario biológico rápido/ Rapid biological inventory			Estado de conservación/ Conservation status		
	Inglés/English	Español/Spanish	R.Yaguas	Maronal	R. Apayacu	UICN/IUCN	Pacheco (2002)	CITES
037	Woolly monkey	Choro	A	A	A		EP*	II
038	Monk saki monkey	Huapo negro	A	A	A		R	II
039	Squirrel monkey	Fraile	A	A	A			II
040	Short-eared dog	Sachaperro		A,H		DD	R	
041	Olingo	Buri-buri			A	NT		
042	Kinkajou	Shoshna	A	A	A			
043	Tayra	Manco	A	A	A			
044	Southern river otter	Nutria	R		A	DD	EP*	I
045	Ocelot	Tigrillo	R		R		SI*	I
046	Jaguar	Otorongo	H,R	H,R		NT	VU*	I
047	Gray dolphin	Bufeo gris	A			DD		I
048	Pink river dolphin	Bufeo colorado	A			VU		
049	Manatee	Vaca marina			**			I
050	Lowland tapir	Sachavaca	A,H	A,H	A,H	VU	VU*	II

Categorías de la UICN/IUCN categories

EN = En peligro/Endangered

VU = Vulnerable

NT = Casi amenazado/Near Threatened

DD = Datos insuficientes/Data Deficient

Categorías de amenaza de Pacheco (2002)/ Pacheco (2002) threat categories

EP = En peligro de extinción/Endangered

VU = Vulnerable

R = Rara/Rare

SI = Situación indeterminada/ Status unknown

* = La especie se encuentra en la misma categoría en la lista oficial de Ministerio de Agricultura del Perú (Pacheco 2002)./The species has the same category in the official red list of the Peruvian Ministry of Agriculture (Pacheco 2002).

Apéndices CITES/CITES Appendices

CITES I = Especies amenazadas de extinción. No está permitido el trafico de ejemplares de estas especies, salvo en circunstancias muy excepcionales./Species threatened with extinction. Traffic in listed species is only permitted in exceptional cases.

CITES II = Especies que pueden llegar a estar amenazadas si su comercio no es regulado estrictamente./ Species which may become threatened if their trade is not strictly regulated.

Apéndice/Appendix 6

Mamíferos/ Mammals

MAMÍFEROS / MAMMALS				
Nombre científico/ Scientific name		**Nombres indígenas/ Indigenous names**		
		Bora	Yahua	Huitoto
ARTIODACTYLA				
	Tayassuidae			
051	*Pecari tajacu*	Meéni	Júte	Émoi
052	*Tayassu pecari*	Mineebe	Áunn	Mero
	Cervidae			
053	*Mazama americana*	Nívuwa	Janare	
054	*Mazama gouazoubira*	Iíba	Uírinó	
RODENTIA				
	Sciuridae			
055	*Microsciurus* sp.		Nesú	
056	*Sciurus igniventris*		Macáitío	
	Hydrochaeridae			
057	*Hydrochaeris hydrochaeris*	Óhba	Capiéra	
	Dasyproctidae			
058	*Dasyprocta fuliginosa*	Birúmuji	Móto	
059	*Myoprocta pratti*	Ucume	Mokóze	
	Agoutidae			
060	*Agouti paca*	Tájcu	Úáño	
	Echimyidae			
061	*Proechimys* sp.	Ilihpye	Mómúe	

LEYENDA/LEGEND

Especies/Species

** = reportada por los miembros de las comunidades, pero solo para la parte baja del río Apayacu. No la incluimos en el conteo de especies encontradas./Reported by local communities, but only for the lower Apayacu River; not included in the list of registered species.

C = Cuevas/Caves

A = Avistamiento/Direct sighting

R = Rastro de actividad (alimentación, afilamiento de garras, etc.)/ Signs of activity (feeding marks, scratchmarks, etc.)

Ca = Captura (número de capturas)/ Capture (number of captures)

H = Huellas/Tracks

V = Vocalizaciones/Calls

Mamíferos/ Mammals

	Otros nombres/ Other names		Inventario biológico rápido/ Rapid biological inventory			Estado de conservación/ Conservation status		
	Inglés/English	Español/Spanish	R.Yaguas	Maronal	R. Apayacu	UICN/IUCN	Pacheco (2002)	CITES
051	Collared peccary	Sajino	A,H	A,H	A,H		SI	II
052	White-lipped peccary	Huangana	A,H	A,H	H		SI	II
053	Red brocket deer	Venado rojo	A,H	A,H	A,H	DD		
054	Gray brocket deer	Venado gris		H		DD	SI*	
055	Dwarf squirrel	Ardilla pequeña	A	A	A			
056	N. Amazon red squirrel	Ardilla	A	A	A			
057	Capybara	Ronsoco	A				SI	
058	Black agouti	Añuje	A	A	A			
059	Green agouchy	Punchana		A				
060	Paca	Majás	H	H	H		SI	
061	Spiny rat	Sacha cuy		A	A			

Categorías de la UICN/IUCN categories

EN = En peligro/Endangered
VU = Vulnerable
NT = Casi amenazado/Near Threatened
DD = Datos insuficientes/Data Deficient

Categorías de amenaza de Pacheco (2002)/ Pacheco (2002) threat categories

EP = En peligro de extinción/Endangered
VU = Vulnerable
R = Rara/Rare
SI = Situación indeterminada/ Status unknown
* = La especie se encuentra en la misma categoría en la lista oficial de Ministerio de Agricultura del Perú (Pacheco 2002)./The species has the same category in the official red list of the Peruvian Ministry of Agriculture (Pacheco 2002).

Apéndices CITES/CITES Appendices

CITES I = Especies amenazadas de extinción. No está permitido el trafico de ejemplares de estas especies, salvo en circunstancias muy excepcionales./Species threatened with extinction. Traffic in listed species is only permitted in exceptional cases.
CITES II = Especies que pueden llegar a estar amenazadas si su comercio no es regulado estrictamente./ Species which may become threatened if their trade is not strictly regulated.

Apéndice/Appendix 7

Comunidades Nativas/ Indigenous Communities

Información de las comunidades nativas tituladas en el entorno a la propuesta Zona Reservada. Datos de SICNA, IBC 1998.

COMUNIDADES NATIVAS/INDIGENOUS COMMUNITIES

	Comunidad/ Community	Etnia/ Culture	Subcuenca/ Watershed	Area titulada (ha)/ Titled area (ha)
001	San José de Pirí	Yagua	Ampiyacu	507.5
002	Santa Lucía de Pro	Yagua	Ampiyacu	320.8
003	Betania	Bora	Ampiyacu	247
004	Boras de Pucaurquillo	Bora	Ampiyacu	1395.3552
005	Huitotos de Pucaurquillo	Huitoto	Ampiyacu	466.8252
006	Huitotos del Estirón	Huitoto	Ampiyacu	990.8786
007	Nueva Esperanza	Ocaina	Ampiyacu	1766
008	Estirón del Cusco	Bora	Ampiyacu	3462.8
009	Tierra Firme	Huitoto	Ampiyacu	1451
010	Nuevo Porvenir	Huitoto	Ampiyacu	7989.69
011	Nuevo Perú	Bora	Ampiyacu	1944
012	Puerto Isango	Ocaina	Ampiyacu	2157.4835
013	Boras de Brillo Nuevo	Bora	Ampiyacu	3518.9422
014	Boras de Colonia	Bora	Ampiyacu	2503.2
015	Cuzco	Yagua	Apayacu	3302.56
016	Sabalillo	Yagua	Apayacu	1068.58
017	Yanayacu	Yagua	Apayacu	6840.5
018	La Florida	Cocama	Putumayo	1736
019	Esperanza	Huitoto	Putumayo	6609.2
020	Puerto Milagro	Quichua	Putumayo	11056.305
021	Nuevo Perú	Yagua	Putumayo	9214.37
022	Nuevo Porvenir	Quichua	Putumayo	7989.69
023	Mairidicai	Huitoto	Putumayo	3467.715
024	Puerto Aurora	Quichua	Putumayo	3930.56
025	Puerto Elvira	Quichua	Putumayo	4284.27
026	San Pablo de Totolla	Mayjuna-Orejón	Algodón	4403.5
	Totales			**92624.7247**

Information on the titled indigenous communities in the vicinity of the proposed Zona Reservada. Data from SICNA, IBC 1998.

Comunidades Nativas/ Indigenous Communities

	Cesión en uso (ha)	Ampliación (ha)	Total (ha)	Población/ Population	Familias/ Families	Estudiantes/ Students	Viviendas/ Houses
001	26.5		534	137	30	22	25
002	1296.8		1617.6	202	35	11	25
003	330.464		577.464	97	19	24	16
004	848.65	849	3093.0052	215	52	104	28
005	994.95	262.8	1724.5752	215	43	96	26
006		609.8	1600.6786	85	14	12	10
007	392.8		2158.8	102	25	25	15
008			3462.8	171	35	31	25
009	1451.4475		2902.4475	68	16	18	12
010	2312.5		10302.19	14	5	0	4
011	676.8		2620.8	103	22	30	12
012			2157.4835	36	9	8	11
013	510.4	1256.8	5286.1422	230	40	120	34
014	1910.4		4413.6	33	11	8	8
015			3302.56	87	24	27	20
016	269.78		1338.36	100	18	22	16
017	1800.06		8640.56	186	34	54	32
018	4568.08		6304.08	53	8	11	8
019			6609.2	54	7	15	8
020	1767.07		12823.375	20	5	0	4
021	2636.005		11850.375	68	9	14	10
022	2312.5		10302.19	53	10	14	9
023	1100		4567.715	180	34	115	28
024	695		4625.56	86	17	20	14
025	1220.13		5504.4	27	5	0	5
026	5520		9923.5	59	9	10	10
	32640.3365	**2978.4**	**128243.4612**	**2681**	**536**	**811**	**415**

Datos de cobertura del Sistema Nacional de Áreas Naturales Protegidas del Perú en la selva baja amazónica en diciembre de 2003. Aquí se define la selva baja como los 578.588 km² debajo de los 500 msnm./Coverage of Peru's protected areas network (SINANPE) in the Amazonian lowlands as of December 2003. We define the lowlands as the 578.588 km² below 500 m elevation.

Cobertura de Áreas de Conservación en la Amazonía Peruana/Conservation Coverage in the Peruvian Amazon

COBERTURA DE CONSERVACIÓN EN LA AMAZONÍA PERUANA/CONSERVATION COVERAGE IN THE PERUVIAN AMAZON

	Área legal total/ Official territory (km²)	Área debajo de los 500 msnm/ Territory under 500 m elevation (km²)	Porcentaje del área debajo de los 500 msnm/ Percentage of territory under 500 m elevation
Departamentos con territorio en la selva baja amazónica del Perú (<500 msnm)/Peruvian departments that include lowland Amazonian forest (<500 m elevation)			
Loreto	368,852	362,827	98.4%
Ucayali	102,411	91,319	89.2%
Madre de Dios	85,183	70,133	82.3%
Huánaco	18,871	7,977	42.3%
Pasco	18,381	5,594	30.4%
San Martín	50,916	15,455	30.4%
Amazonas	36,540	9,820	26.9%
Junín	25,011	5,297	21.2%
Puno	16,810	3,555	21.1%
Cuzco	38,652	6,612	17.1%
Parques Nacionales/National Parks			
Bahuaja Sonene	10,914	5,838	53.5%
Cordillera Azul	13,532	2,773	20.5%
Manu	17,163	8,122	47.3%
Río Abiseo	2,745	10	0.4%
Yanachaga-Chemillen	1,220	6	0.5%
Total	**44,354**	**16,748**	**37.8%**
Reservas Nacionales/National Reserves			
Pacaya Samiria	20,800	20,800	100.0%
Tambopata	2,765	2,651	95.9%
Allpahuayo Mishana	577	577	100.0%
Total	**24,142**	**24,028**	**99.5%**
Reservas Comunales/Communal Reserves			
Amarakaeri	4,023	842	20.9%
El Sira	6,164	1,096	17.8%
Yanesha	347	84	24.1%
Total	**10,535**	**2,021**	**19.2%**
Zonas Reservadas/Reserved Zones			
Alto Purús	27,243	25,806	94.7%
Apurímac	16,692	2,047	12.3%
Güeppí	6,260	6,260	100.0%
Santiago Comaina	16,426	8,403	51.2%
Total	**66,620**	**42,516**	**63.8%**
Bosques de Protección			
San Matías San Carlos	1,458	429	29.4%
Total	**3,878**	**429**	**11.1%**
TOTALES/TOTALS	**149,529**	**85,743**	

Apéndice / Appendix 8B

Cobertura de Áreas de Conservación en la Amazonía Peruana/Conservation Coverage in the Peruvian Amazon

Datos de cobertura del Sistema Nacional de Áreas Naturales Protegidas del Perú en la selva baja amazónica en diciembre de 2003. Aquí se define la selva baja como los 578.588 km² debajo de los 500 msnm.

COBERTURA DE CONSERVACIÓN EN LA AMAZONÍA PERUANA / CONSERVATION COVERAGE IN THE PERUVIAN AM

	Área Protegida/ Protected Area	Área debajo de los 500 msnm/ Territory under 500 m elevation (km²)	El área en km² de cada área protegi en cada departamento, solo debajo de los 500 msnm, y el porcentaje d departamento ocupado por el área./	
			Loreto 368,852 km²	Ucayali 102,441 km²
	Parques Nacionales/National Parks			
001	Bahuaja Sonene	5,838		
002	Cordillera Azul	2,773	1,541 (*0.4%*)	64 (*0.1%*)
003	Manu	8,122		1 (*0.001%*
004	Río Abiseo	10		
005	Yanachaga-Chemillen	6		
	Total	**16,748**	**1,541** (*0.4%*)	**65** (*0.1%*)
	Reservas Nacionales/National Reserves			
006	Pacaya Samiria	20,800	20,800 (*5.6%*)	
007	Tambopata	2,651		
008	Allpahuayo Mishana	577	577 (*0.2%*)	
	Total	**24,028**	**21,377** (*5.8%*)	
	Reservas Comunales/Communal Reserves			
009	Amarakaeri	842		
010	El Sira	1,096		892 (*0.9%*)
011	Yanesha	84		
	Total	**2,021**		**892** (*0.9%*)
	Zonas Reservadas/Reserved Zones			
012	Alto Purús	25,806		14,224 (*13.9%*)
013	Apurímac	2,047		4 (*0.004%*
014	Güeppí	6,260	6,260 (*1.7%*)	
015	Santiago Comaina	8,403	2,854 (*0.8%*)	
	Total	**42,516**	**9,114** (*2.5%*)	**14,228** (*13.9%*)
	Bosques de Protección			
016	San Matías San Carlos	429		
	Total	**429**		
	TOTAL	**85,743**	**32,794** (*8.9%*)	**15,185** (*14.8%*)

Coverage of Perú's protected areas network (SINANPE) in the Amazonian lowlands as of December 2003. We define the lowlands as the 578.588 km² below 500 m elevation.

Cobertura de Áreas de Conservación en la Amazonía Peruana/Conservation Coverage in the Peruvian Amazon

The area in km² of each protected area in each department, only below 500m, and the percent of the entire department occupied in parenthesis.

Madre de Dios 85,183 km²	**Huánaco** 18,871 km²	**Pasco** 18,381 km²	**San Martín** 50,916 km²	**Amazonas** 36,540 km²	**Junín** 25,011 km²	**Puno** 16,810 km²	**Cusco** 38,652 km²
2,428 (2.8%)						3,410 (20.3%)	
			1168 (2.3%)				
8,119 (9.5%)							2 (0.006%)
			10 (0.02%)				
		6 (0.03%)					
10,546 (12.4%)			**1,177** (2.3%)			**3,410** (20.3%)	**2** (0.006%)
2,651 (3.1%)							
2,651 (3.1%)							
842 (1.0%)							
	94 (0.5%)	110 (0.6%)					
		84 (0.5%)					
842 (1.0%)	**94** (0.5%)	**194** (1.1%)					
11,582 (13.6%)							
					1,110 (4.4%)		934 (2.4%)
				5,550 (15.2%)			
11,582 (13.6%)				**5,550** (15.2%)	**1,110** (4.4%)		**934** (2.4%)
		429 (2.3%)					
		429 (2.3%)					
25,621 (30.1%)	**94** (0.5%)	**629** (3.4%)	**1,177** (2.3%)	**5,550** (15.2%)	**1,110** (4.4%)	**3,410** (20.3%)	**936** (2.4%)

LITERATURA CITADA/LITERATURE CITED

Alberico, M., A. Cadena, J. Hernández-Camacho and Y. Muñoz-Saba. 2000. Mamíferos (Synapsida: Theria) de Colombia. Biota Colombia 1(1): 43-75.

Álvarez Alonso, J., and B. M. Whitney. 2003. New distributional records of birds from white-sand forests of the northern Peruvian Amazon, with implications for biogeography of northern South America. Condor 105: 552-566.

Aquino, R., and F. Encarnación. 1994. Primates of Peru. Annual Scientific Report. Gottingen: German Primate Center (DPZ).

Bardales, A. 1999. Conociendo Loreto. Iquitos: Dirección Departamental de Estadística e Informática de Loreto, INEI.

Bedoya, M. 1999. Patrones de cacería en una comunidad indígena Ticuna en la Amazonia colombiana. Pages 71-75 in T. Fang, O. Montenegro and R. Bodmer (eds.), Manejo y conservación de fauna silvestre en América Latina. La Paz: Instituto de Ecología.

Benavides, M., M. Pariona, M. Lázaro and M. Vásquez. 1993. Los cambios en la economía de las comunidades Bora, Huitoto y Ocaina de la cuenca del río Ampiyacu. Informe final: Investigación sobre estrategias económicas. Lima: COICA/AIDESEP/Oxfam America.

Benavides, M., M. Lázaro, M. Pariona, and M. Vásquez. 1996. Continuidad y cambio entre los Bora, Huitoto y Ocaina de la cuenca del Ampiyacu, Perú. In R. C. Smith and N. Wray (eds.), Amazonía: Economía indígena y mercado. Quito: Oxfam America and COICA.

Birdlife International. 2000. Threatened birds of the world. Cambridge and Barcelona: Lynx Edicions.

Bodmer, R. E., P. Puertas, L. Moya and T. Fang. 1993. Evaluación de las poblaciones de tapir de la Amazonía peruana: Fauna en camino de extinción. Boletín de Lima 88: 33-42.

Bodmer, R. E., J. F. Eisenberg and K. H. Redford. 1997. Hunting and the likelihood of extinction of Amazonian mammals. Conservation Biology 11(2): 460-466.

Brako, L., and J. L. Zarucchi. 1993. Catalogue of the flowering plants and gymnosperms of Peru. Monographs in Systematic Botany 45. St. Louis: Missouri Botanical Garden.

Brown, I. F., A. Alechandre, H. Sassagawa and M. de Aquino. 1995. Empowering local communities in land use management: The Chico Mendes Extractive Reserve, Acre, Brazil. Cultural Survival Quarterly, Winter 1995: 54-57.

Capparella, A. P. 1987. Effects of riverine barriers on genetic differentiation of Amazonian forest undergrowth birds. Ph.D. dissertation. Baton Rouge: Louisiana State University.

Cardiff, S. W. 1985. Three new bird species for Peru, with other distributional records from northern Departamento de Loreto. Gerfaut 73: 185-192.

CEDIA (Centro para el Desarrollo del Indígena Amazónico). 1995a. Dispositivos legales referidos a Comunidades Nativas. Serie: Documentos legales. Segunda edición. Lima.

CEDIA (Centro para el Desarrollo del Indígena Amazónico). 1995b. Documentación legal básica en las Comunidades Nativas. Serie: Organización Lima.

CEDIA (Centro para el Desarrollo del Indígena Amazónico). 1995c. Legislación peruana y Comunidades Nativas. Serie: Cartilla de capacitación No. 20. Segunda edición. Lima.

CEDIA (Centro para el Desarrollo del Indígena Amazónico). 1996. La Comunidad Nativa y sus autoridades. Serie: Organización No. 1. Cuarta edición corregida. Lima.

CEDIA (Centro para el Desarrollo del Indígena Amazónico). 1999. Manual básico del gobernador. Serie: Documentos Legales No. 1. Lima.

Chang, F., and H. Ortega. 1995. Additions and corrections to the list of freshwater fishes of Peru. Publicaciones del Museo de Historia Natural UNMSM (A) 50: 1-11.

Chang, F. 1998. The fishes of the Tambopata-Candamo Reserved Zone, southeastern Peru. Revista Peruana de Biología 2: 17–27.

Chapin, M., and B. Threlkeld. 2001. Indigenous landscapes: A study in ethnocartography. Arlington: Center for the Support of Native Lands.

Chernoff, B., et al. (eds.). In press. Biological assessment (ichthyology and limnology) of the Pastaza River basin (Ecuador and Peru). Bulletin of Biological Assessment. Washington, DC: Conservation International.

Chernoff, B. (ed.). 1997. Aquatic Rapid Assessment Program: A rapid approach to identifying conservation priorities and sustainable management opportunities in tropical aquatic ecosystems. Washington, DC: Conservation International.

Chirif, A., R. Smith and P. García. 1991. El indígena y su territorio son uno solo. Lima: Oxfam America and COICA.

Cope, E. D. 1872. On the fishes of the Ambyiacu River. Proceedings of the Academy of Natural Sciences of Philadelphia 23: 250-294.

Cope, E. D. 1878. Synopsis of the fishes of the Peruvian Amazon, obtained by Professor Orton during his expeditions of 1873 and 1877. Proceedings of the American Philosophical Society 17 (101): 673-701.

Cracraft, J. 1985. Historical biogeography and patterns of differentiation within the South American avifauna: areas of endemism. Pages 49-84 in P. A. Buckley, M. S. Foster, E. S. Morton, R. S. Ridgely, and F. G. Buckley (eds.), Neotropical Ornithology. Ornithological Monographs 36. Washington, DC: American Ornithologists' Union.

Denevan, W., J. M. Treacy, J. Alcorn, C. Padoch, J. Denslow and S. Flores. 1986. Agricultura forestal indígena en la Amazonía peruana: Mantenimiento Bora de los cultivos. Amazonía Peruana 13(7): xxx-xxx.

de Rham, P., M. Hidalgo and H. Ortega. 2001. Peces. Pages 64-69 en W. S. Alverson, L. O. Rodríguez and D. Moskovits (eds.), Perú: Biabo Cordillera Azul. Rapid Biological Inventories Report 2. Chicago: The Field Museum.

Dolanc, C. R., D. L. Gorchov and F. Cornejo. 2003. The effects of silvicultural thinning on trees regenerating in strip clear-cuts in the Peruvian Amazon. Forest Ecology and Management 182(2003): 103-116.

Duellman, W. E., and Mendelson, J. R. 1995. Amphibians and reptiles from northern Departamento Loreto, Peru: Taxonomy and biogeography. University of Kansas Science Bulletin: 55: 329-376.

Dugand, A. 1947. Aves del Departamento de Atlántico, Colombia. Caldasia 4: 499-648.

Duivenvoorden, J. F., H. Balslev, J. Cavelier, C. Grández, H. Tuomisto, and R. Valencia (eds.). 2001. Evaluación de recursos vegetales no maderables en la Amazonía noroccidental. Amsterdam: IBED, Universiteit van Amsterdam.

Eghenter, C. 2000. Mapping peoples' forests: The role of mapping in planning community-based management of conservation areas in Indonesia. Washington, DC: Biodiversity Support Program.

Eigenmann, C. H., and W. R. Allen. 1942. The fishes of western South America. Part II. Lexington: University of Kentucky.

Eisenberg, J. F., and K. H. Redford. 1999. Mammals of the Neotropics. The Central Tropics. Volume III: Ecuador, Peru, Bolivia, Brazil. Chicago: University of Chicago Press.

Escobedo, M. 2003. Murciélagos. Pages 82-84 in N. Pitman, C. Vriesendorp and D. Moskovits (eds.), Perú: Yavarí. Rapid Biological Inventories Report 11. Chicago: The Field Museum.

Géry, J. 1977. Characoids of the World. Neptune City: TFH Editions.

Graham, D. 2002. Annotated checklist of the fish of project Amazonas. Published on the internet at www.projectoamazonas.com.

Grández, C., A. García, A. Duque and J. F. Duivenvoorden. 2001. La composición florística de los bosques en las cuencas de los ríos Ampiyacu y Yaguasyacu (Amazonía Peruana). Pages 163-176 in J. F. Duivenvoorden, H. Balslev, J. Cavelier, C. Grández, H. Tuomisto and R. Valencia (eds.), Evaluación de recursos vegetales no maderables en la Amazonía noroccidental. Amsterdam: IBED, Universiteit van Amsterdam.

Gullison, R. E., S. N. Panfil, J. J. Strouse and S. P. Hubbell. 1996. Ecology and management of mahogany (*Swietenia macrophylla* King) in the Chimanes Forest, Beni, Bolivia. Botanical Journal of the Linnean Society 122 (1): 9-34.

Hardenburg, W. E. 1912. The Putumayo: The devil's paradise. London: T. Fisher Unwin.

Heymann, E. W., F. Encarnación and J. E. Canaquin. 2002. Primates of the Río Curaray, northern Peruvian Amazon. International Journal of Primatology 23(1): 191-201.

Hidalgo, M. 2003. Evaluación taxonómica de la ictiofauna del río Morona, Perú. Libro de Resúmenes de la XII Reunión Científica ICBAR-UNMSM. Lima.

Hu, Da-Shih, L. Joseph and D. Agro. 2000. Distribution, variation, and taxonomy of *Topaza* hummingbirds (Aves: Trochilidae). Ornitología Neotropical 11: 123-142.

Humphrey, S. R., and F. J. Bonaccorso. 1979. Population and community ecology. Pages 409-441 in R. J. Baker, J. Knox Jones, Jr., and D. C. Carter (eds.), Biology of the bats of the new world family Phyllostomidae. Part III. Special Publications of the Texas Tech University No. 16. Lubbock: Texas Tech.

Hutson, A. M., S. P. Mickleburgh and P. A. Racey. (eds.). 2001. Microchiropteran bats: Global status survey and conservation action plan. IUCN/SSC Chiroptera Specialist Group. Gland and Cambridge: IUCN.

IBC (Instituto del Bien Común). 2003. Expediente Técnico: Propuesta para la creación de una Zona Reservada Ampiyacu, Apayacu y Medio Putumayo. IBC, FECONA, FEPYROA and FECONAFROPU.

INRENA (Instituto Nacional de Recursos Naturales). 1999. Categorización de especies de fauna amanezadas. D.S. No. 013-99-AG, 19 de mayo de 1999. Lima: INRENA. Available at www.inrena.gob.pe.

IUCN. 2002. Red list of globally threatened plants and animals. Published on the web at www.redlist.org.

Kalliola, R., K. Ruokolainen, H. Tuomisto, A. Linna and S. Mäki. 1998. Mapa geoecológico de la zona de Iquitos y variación ambiental. Pages 443-457 in R. Kalliola and S. Flores-Paitán (eds.), Geoecología y desarrollo Amazónico: Estudio integrado en la zona de Iquitos, Perú. Turku, Finland: Annales Universitatis Turkuensis Ser A II 144.

Lamar, W. 1998. A checklist with common names of the reptiles of the Peruvian lower Amazon. Published on the internet at www.greentracks.com/RepList.htm.

Lane, D. F., T. Pequeño and J. Flores Villar. 2003. Birds. Pages 150-156, 254-267 in N. Pitman, C. Vriesendorp, and D. Moskovits (eds.), Perú: Yavarí. Rapid Biological Inventories Report No. 11. Chicago: The Field Museum.

Lescure, J., and J. P. Gasc. 1986. Partage de l'espace forestier par les amphibiens et les reptiles en Amazonie du nord-ouest. Caldasia 15: 705-723.

Lynch, J. D. and Lescure, J. 1980. A collection of eleutherodactyline frogs from Northeastern Amazonian Peru with descriptions of two new species (Amphibia, Salientia, Leptodactylidae). Bulletin Museo Historia Natural de Paris, 4 serie: 303-316.

McCarthy, T. J., L. J. Barkley and L. Albuja. 1991. Significant range extension of the giant Andean fruit bat, *Sturnira aratathomasi*. The Texas Journal of Science 43(4): 437-438.

Montenegro, O. 1998. The behavior of lowland tapir (*Tapirus terrestris*) at a natural mineral lick in the Peruvian Amazon. Master's thesis. Gainesville: University of Florida.

Montenegro, O., and M. Romero. 1999. Murciélagos del sector sur de la Serranía de Chiribiquete, Caquetá, Colombia. Caldasia 23: 641-649.

Nelson B. W., V. Kapos, J. B. Adams, W. J. Oliveira, O. P. G. Braun and I. L. Doamaral. 1994. Forest disturbance by large blowdowns in the Brazilian Amazon. Ecology 75 (3): 853-858.

ORAI (Organización Regional AIDESEP Iquitos), Federación de Comunidades Nativas del Ampiyacu (FECONA), Federación de Pueblos Yagua de los Ríos Oroza y Apayacu (FEPYROA), Federación de Comunidades Nativas del Medio Putumayo (FECONAMPU) and the Instituto del Bien Común (IBC). 2001. Expediente Tecnico: Propuesta Reserva Comunal Ampiyacu-Apayacu-Medio Putumayo. Report presented to INRENA-DGANP, Ministerio de Agricultura, in May 2001.

Ortega, H., and F. Chang. 1992. Ictiofauna del Santuario Nacional Pampas del Heath, Madre de Dios, Perú. Memorias del X Congreso Col. Nac. Biól. Lima: 215-221.

Ortega, H. 1996. Ictiofauna del Parque Nacional del Manu. Pages 453-482 in D. E. Wilson and A. Sandoval (eds.), Manu: The biodiversity of southeastern Peru. Washington, DC: Smithsonian Institution.

Ortega, H., and F. Chang. 1998. Peces de aguas continentales del Perú. Pages 151-160 in G. Haffter (ed.), La diversidad biológica de Iberoamérica III. Volumen especial de Acta Zoológica Mexicana, nueva serie. Xalapa: Instituto de Ecología, A.C.

Ortega, H., M. Hidalgo, N. Salcedo, E. Castro and C. Riofrio. 2001. Diversity and conservation of fish of the lower Urubamba region, Peru. Pages 143-150 in A. Alonso, F. Dallmeier and P. Campbell (eds.), Urubamba: The biodiversity of a Peruvian rainforest. SI/MAB Series # 7. Washington, DC: Smithsonian Institution.

Ortega, H., M. Hidalgo and G. Bértiz. 2003a. Peces. Pages 59-63 in N. Pitman, C. Vriesendorp and D. Moskovits (eds.), Perú: Yavarí. Rapid Biological Inventories Report 11. Chicago: The Field Museum.

Ortega, H., M. McClain, I. Samanez, B. Rengifo, E. Castro, M. Hidalgo, J. Riofrío and L. Chocano. 2003b. Diversidad de peces, ambientes acuáticos, uso y conservación en la cuenca del río Pachitea (Pasco-Huánuco). Libro de resúmenes, XII Reunión Científica ICBAR-UNMSM. Lima.

Ortega, H., and J. I. Mojica. 2002. Evaluación taxonómica de los peces de la cuenca del Río Putumayo. Informe final. Iquitos: INADE, SINCHI, FAO.

Ortega, H., and R. P. Vari. 1986. Annotated checklist of the freshwater fishes of Peru. Smithsonian Contributions to Zoology 437: 1-25.

Pacheco, V. 2002. Mamíferos del Perú. Pages 503-549 in G. Ceballos and J. A. Simonetti (eds.), Diversidad y conservación de los mamíferos Neotropicales. Mexico City: CONABIO-UNAM.

Pacheco, V., H. de Macedo, E. Vivar, C. F. Ascorra, R. Arana-Cardó and S. Solari. 1995. Lista anotada de los mamíferos peruanos. Occasional Papers in Conservation Biology, Conservation International 2: 1-35.

Pacheco, V., and S. Solari. 1997. Manual de los murciélagos peruanos con énfasis en especies hematófagas. Organización Panamericana de la Salud.

Paynter, R. A., Jr. 1995. Nearctic passerine migrants in South America. Publications, Nuttall Ornithological Club, no. 25. Cambridge, Mass.

Pedreira Pereira de Sá, S. 2000. Estudo da confiabilidade de método original de coleta de dados sobre o uso dos recursos naturais por populações tradicionais do Parque Nacional do Jaú, Amazonas. Master's thesis. Manaus: Universidade da Amazônia.

Peterson, R. L., and J. R. Tamsitt. 1968. A new species of bat of the genus *Sturnira* (Family Phyllostomidae) from northwestern South America. Life Sciences Occasional Papers, Royal Ontario Museum of Zoology 12: 1-8.

Pitman, N., H. Beltrán, R. Foster, R. Garcia, C. Vriesendorp and M. Ahuite. 2003. Flora y Vegetacion. Pages 52-59 in N. Pitman, C. Vriesendorp and D. Moskovits (eds.), Perú: Yavarí. Rapid Biological Inventories Report 11. Chicago: The Field Museum.

Polanco, R., W. Piragua and V. Jaimes. 1999. Los mamíferos del Parque Nacional Natural La Paya, Amazonia colombiana. Caldasia 23: 671-682.

Poole, P. 1999. Indigenous lands and power mapping in the Americas. Native Americas 5(4): 34-44.

Project Amazonas. 2003. Flora & Fauna. Published on the web at www.projectamazonas.com.

Puertas, P. E. 1999. Hunting effort analysis in northeastern Peru: The case of the Reserva Comunal Tamshiyacu-Tahuayo. Master's thesis. Gainsville: University of Florida.

Pulido, V. 1991. El libro rojo de la fauna silvestre del Perú. Lima: Instituto Nacional de Investigación Agraria y Agroindustrial, World Wildlife Fund, US Fish and Wildlife Service.

Rodríguez, L., and W. E. Duellman. 1994. Guide to the frogs of the Iquitos region. University of Kansas Museum of Natural History, Lawrence, Special Publication No. 22: 1-80.

Rodríguez, L. O. (ed.) 1996. Diversidad biológica del Perú: Zonas prioritarias para su conservación. Proyecto de Cooperación Técnica Ayuda en la Planificación de una Estrategia para el Sistema Nacional de Áreas Naturales Protegidas. Lima: Proyecto FANPE GTZ-INRENA.

Rodríguez, L. O., and G. Knell. 2003. Anfibios y reptiles. Pages 63-67 in N. Pitman, C. Vriesendorp and D. Moskovits (eds.), Perú: Yavarí. Rapid Biological Inventories Report 11. Chicago: The Field Museum.

Rylands, A. B., A. F. Coimbra-Filho and R. A. Mittermeier. 1993. Systematics, geographic distribution, and some notes on the conservation status of the Callitrichidae. Pages 11-77 in A. B. Rylands (ed.), Marmosets and tamarins: Systematics, behaviour, and ecology. Oxford: Oxford University Press.

Salovaara, K., R. Bodmer, M. Recharte and C. Reyes F. 2003. Diversidad y abundancia de mamíferos. Pages 74-82 in N. Pitman, C. Vriesendorp and D. Moskovits (eds.), Perú: Yavarí. Rapid Biological Inventories Report 11. Chicago: The Field Museum.

Saragoussi, M., M. R. Pinheiro, M. do Perpétuo Socorro, R. Chaves, A. W. Murchie and S. H. Borges. 1999. Mapeamento participativo: Realidade ou ficção?; a experiência do Parque Nacional do Jaú. In: Conference on Patterns and Processes of Land Use and Forest Change in the Amazon. Gainesville: University of Florida, Center for Latin American Studies.

Schleser, D. 2000. Comprehensive fish list. Published on the internet at www.petsforum.com/FNExplore2000/Fishlist.htm

Smith, R. 1996. Biodiversity won't feed our children: Biodiversity conservation and economic development in indigenous Amazonia. Pages 197-217 in K. H. Redford and J. A. Mansour (eds.), Traditional peoples and biodiversity conservation in large tropical landscapes. Arlington: The Nature Conservancy.

Smith, R., and N. Wray (eds.). 1996. Amazonía: Economía indígena y mercado, los retos del desarrollo autónomo. Quito: COICA and Oxfam America.

Soriano, P. J., and J. Molinari. 1984. Hallazgo de *Sturnira aratathomasi* (Mammalia: Chiroptera) en Venezuela y descripción de su cariotipo. Acta Científica Venezolana 35: 310-311.

Soriano, P. J., and J. Molinari. 1987. *Sturnira aratathomasi.* Mammalian Species 284: 1-4.

Stotz, D. F., J. W. Fitzpatrick, T. A. Parker, III, and D. K. Moskovits. 1996. Neotropical birds: Ecology and conservation. Chicago: University of Chicago Press.

ter Steege, H., N. Pitman, D. Sabatier, H. Castellanos, P. Van der Hout, D. C. Daly, M. Silveira, O. Phillips, R. Vasquez, T. Van Andel, J. Duivenvoorden, A. A. De Oliveira, R. Ek, R. Lilwah, R. Thomas, J. Van Essen, C. Baider, P. Maas, S. Mori, J. Terborgh, P. N. Vargas, H. Mogollón and W. Morawetz. 2003. A spatial model of tree alpha-diversity and tree density for the Amazon. Biodiversity and Conservation 12(11): 2255-2277.

Tirira, D. 1999. Mamíferos del Ecuador. Quito: Pontificia Universidad Católica del Ecuador.

Tuomisto, H., K. Ruokolainen, M. Aguilar and A. Sarmiento. 2003. Floristic patterns along a 43-km transect in an Amazonian rain forest. Journal of Ecology 91: 743-756.

Vásquez-Martínez, R. 1997. Flórula de las reservas biológicas de Iquitos, Perú. St. Louis: Missouri Botanical Garden.

Vormisto, J. 2000. Palms in the rainforests of Peruvian Amazonia: Uses and distribution. Ph.D. thesis. Turku, Finland: University of Turku.

Willis, E. O. 1977. Lista preliminar das aves da parte noroeste e áreas vizinhas da Reserva Ducke, Amazonas, Brasil. Revista Brasileira de Biología 37: 585-601.